MANFRED STÖCKLER

Philosophische Probleme der relativistischen Quantenmechanik

Philosophische Probleme
der relativistischen Quantenmechanik

Von

Dr. Manfred Stöckler

DUNCKER & HUMBLOT / BERLIN

Gedruckt mit Unterstützung der Deutschen Forschungsgemeinschaft

CIP-Kurztitelaufnahme der Deutschen Bibliothek

Stöckler, Manfred:
Philosophische Probleme der relativistischen
Quantenmechanik / von Manfred Stöckler. —
Berlin: Duncker und Humblot, 1984.
   (Erfahrung und Denken; Bd. 65)
   ISBN 3-428-05527-6
NE: GT

Für die Sonntagskinder

Vorwort

Diese Arbeit wurde im Jahre 1981 vom Fachbereich Geschichtswissenschaften der Justus-Liebig-Universität Gießen als Dissertation angenommen. Für die davor erfahrene Hilfe und Unterstützung möchte ich mich herzlich bedanken: Bei den Mitarbeitern des Zentrums für Philosophie, die schuld daran sind, daß aus einem Physiker mit philosophischen Neigungen ein Philosoph mit physikalischen Neigungen wurde; bei meinen Kollegen und Freunden Horst Groß und Dipl. Math. Andreas Bartels, die frühere Fassungen der Arbeit gelesen haben und dabei für die Aussonderung zahlreicher sprachlicher Mißbildungen und inhaltlicher Unklarheiten gesorgt haben; bei Herrn Dr. Rainer Born für wichtige Hinweise; bei Frau Christel Dörr, die meine Blättersammlung in ein lesbares Manuskript verwandelt hat; bei Herrn Prof. Dr. Walter Biem für ausführliche Diskussionen, denen ich zahlreiche Verbesserungsvorschläge verdanke; bei der Justus-Liebig-Universität für die Dissertationsauszeichnung; bei der Deutschen Forschungsgemeinschaft, die den Druck der Arbeit ermöglichte. Besonders danke ich meinem Lehrer, Herrn Prof. Dr. B. Kanitscheider. Er regte das Thema an, er begleitete die Arbeit in zahlreichen Diskussionen über große und kleine Schwierigkeiten, er gab mir Raum für konzentriertes Arbeiten, und er sorgte schließlich für einen rechtzeitigen Abschluß.

Beim Schreiben der Arbeit habe ich nicht nur an Wissenschaftstheoretiker gedacht, sondern auch an Studenten und Lehrer der Physik. Die hier philosophisch untersuchten Theorien gehören zu dem an der Universität gelehrten Stoff, der historische Hintergrund und die methodologischen Grundlagen sind in brauchbarer Form jedoch nur schwer zugänglich und deshalb noch wenig bekannt. Ich hoffe, daß darüber hinaus die wichtigsten Teile des Buches für alle verständlich sind, die Freude an der Physik und ein Herz für philosophische Fragestellungen haben.

Manfred Stöckler

Inhalt

Verwendete Abkürzungen

AR	=	Allgemeine Relativitätstheorie
Dgl	=	Differentialgleichung
QED	=	Quantenelektrodynamik
QFTh	=	Quantenfeldtheorie
QM	=	Quantenmechanik
RQM	=	Relativistische Quantenmechanik
RT	=	Relativitätstheorie
SR	=	Spezielle Relativitätstheorie

Einleitung

The problem must concern real science and it must be a philosophical problem if it is to be a problem in the philosophy of science.

M. Bunge [1]

Die Wissenschaftstheorie hat die Aufgabe, zum Verstehen der Voraussetzungen, der Mittel, der Produkte und der Ziele wissenschaftlicher Forschung beizutragen. Diese Aufgabe kann sie nur erfüllen, wenn sie sich immer wieder neu an dem von den Einzelwissenschaften vorgegebenen Material orientiert. Um zu einer Rückkoppelung von Wissenschaftstheorie und Spezialwissenschaft beizutragen und die Gefahr einer nutzlosen „Metascience of science fiction" [2] zu vermeiden, ist die Gliederung der vorliegenden Untersuchung nicht an einem systematischen Problemzusammenhang, sondern an einer Entwicklungslinie einer physikalischen Theorie orientiert.

Als Fallbeispiel wurden die Bemühungen um eine (speziell) relativistische Quantenmechanik ausgewählt, die in der von Dirac aufgestellten Gleichung für das Elektron einen ersten Höhepunkt erreichten. Die beiden großen Theorien der Physik des 20. Jahrhunderts, Relativitätstheorie und Quantenmechanik, sind zwar einzeln ausgiebig metatheoretisch untersucht worden, es existieren jedoch nur wenige Arbeiten, die die Versuche einer Verbindung von Relativitätstheorie und Quantenmechanik aus philosophischer Sicht behandeln. Es ist ein Ziel der vorliegenden Arbeit, der wissenschaftstheoretischen Diskussion neues Material zu erschließen und sie dadurch näher an die gegenwärtig aktuelle Forschung der Physik heranzuführen. Die relativistische Quantenmechanik ist aber auch deshalb wissenschaftstheoretisch fruchtbar, weil an ihr das Streben nach einer einheitlichen Theorie in der Physik studiert werden kann.

Die Aufgabenstellung der vorliegenden Arbeit macht ein tiefes Eindringen in einzelwissenschaftliche Problementwicklungen notwendig. Die hier untersuchten physikalischen Theorien spielen nicht die Rolle von illustrierenden, nach didaktischen Gesichtspunkten ausgewählten Beispielen zur Veranschaulichung allgemeiner wissenschaftstheoretischer Theoreme. Ähnlich wie die angewandte Physik einen größeren experimentellen und mathematischen Aufwand erfordert, als er für die Lehrbuchbeispiele und Vorlesungsexperimente notwendig ist, so muß auch eine „angewandte Wissenschaftstheorie", die ein-

---

[1] Bunge (1973a), S. 16.
[2] Stegmüller (1973), Teil A, S. 26.

zelwissenschaftliche Relevanz beansprucht, mit dem Einsatz höherentwickelter (und damit weniger allgemein verbreiteter) physikalischer Voraussetzungen arbeiten. Das amphibische Wesen des Wissenschaftsphilosophen kann sich nicht mehr vorwiegend in philosophischen Lüften aufhalten, sondern muß zuweilen tief in die Wasser der Wissenschaft eintauchen[3].

Es ist ein Anliegen dieser Untersuchung zu zeigen, daß metatheoretische Erörterungen keine nutzlosen Spielereien sind, sondern im Verlauf der wissenschaftlichen Forschung auch von Physikern und auch in physikalischen Fachzeitschriften immer wieder angestellt werden. Jede empirische Forschung muß von (wenn auch meist nicht reflektierten) metaphysischen und methodologischen Voraussetzungen ausgehen. Die Einzelwissenschaftler sind jedoch häufig nicht die geeigneten Autoren einer Philosophie ihrer eigenen physikalischen Arbeiten. Dies kann man wohl feststellen, ohne sich gleich der „Lieblingsthese" von Imre Lakatos anzuschließen, daß die meisten Wissenschaftler die metatheoretischen Aspekte der Wissenschaft kaum besser verstehen als Fische die Hydrodynamik[4].

So wird es eine Aufgabe der Wissenschaftstheorie, die undiskutierten Voraussetzungen und stillschweigend befolgten Regeln wissenschaftlicher Forschung zu Bewußtsein zu bringen und einer rationalen Kontrolle zugänglich zu machen. Diese methodischen Vorbemerkungen sollen durch einen Überblick über den Inhalt der Arbeit abgeschlossen werden.

Das erste Kapitel untersucht die Bemühungen um eine relativistische Quantenmechanik bis zum Jahre 1928. Am Beispiel der Theorien von A. Sommerfeld, Louis de Broglie, E. Schrödinger und an der Diskussion zwischen Einstein und Bohr wird gezeigt, wie diese Physiker von Anfang an danach strebten, Relativitätstheorie und Quantentheorie miteinander in Verbindung zu bringen, und wie sie an diesem Ziel festhielten, obwohl sie nur zu provisorischen Formen einer relativistischen Quantenmechanik gelangen konnten.

Im Mittelpunkt des zweiten Kapitels steht die relativistische Dirac-Gleichung des Elektrons. An diesem Beispiel werden intertheoretische Relationen und die Rolle von Invarianzüberlegungen in der Physik untersucht.

Das dritte Kapitel befaßt sich mit der Interpretation der Dirac-Gleichung. Zunächst wird die Geschichte der Deutung der Zustände mit negativer Energie im Detail verfolgt, wobei auch einige Aspekte der zweiten Quantisierung behandelt werden. Daran schließen sich philosophische Überlegungen zu Semantik und Ontologie physikalischer Theorien an.

Im vierten Kapitel wird eines der klassischen Grundlagenprobleme der Quantenmechanik aufgegriffen, das Paradoxon von Einstein, Podolsky und Rosen. Die unübersehbare Diskussion zu diesem Gedankenexperiment wird dabei nur

---

[3] Vgl. Bunge (1973a), S. 19.
[4] Lakatos (1974 b), S. 144.

insoweit herangezogen, als in ihr relativistische Argumente eine Rolle spielen. Gerade unter diesem Gesichtspunkt scheint das EPR-Paradoxon (zumindest bei bestimmten metatheoretischen Voraussetzungen) auf noch ungelöste Schwierigkeiten der Vereinigung von Quantenmechanik und Relativitätstheorie hinzuweisen.

Im abschließenden fünften Kapitel wird die relativistische Quantenmechanik in die Bemühungen um eine einheitliche Theorie in der Physik eingeordnet. Die Überlegungen zum Einheitsgedanken führen dabei über eine wissenschaftstheoretische Untersuchung im engeren Sinne hinaus, indem gezeigt wird, wie innerhalb der Physik metaphysische Programme fortgeführt werden.

I. Die Frühgeschichte der relativistischen Quantenmechanik (bis 1928)

1. Die Anfänge der RQM

Ich brüte in meiner freien Zeit immer über das Quantenproblem vom Standpunkt der Relativität.

Albert Einstein[1]

„Die Geschichte der zeitgenössischen theoretischen Physik wird vor allem durch das Auftauchen von zwei großen Theorien gekennzeichnet: der Relativitätstheorie und der Quantentheorie. Sie haben sich großenteils unabhängig voneinander entwickelt. Da aber beide Lehren einen allgemeinen Charakter haben und beanspruchen, über die ganze Physik zu herrschen, mußten sie eines Tages aufeinanderprallen."[2] Diese Sätze schrieb Louis de Broglie. Seine frühen Versuche einer relativistischen Quantenmechanik werden uns im folgenden ausführlich beschäftigen, aber zunächst wollen wir seinen allgemeineren Ausführungen noch etwas weiter folgen.

In der Tat haben sich QM und SR zunächst unabhängig voneinander entwickelt, wobei sich sowohl die Fragestellungen als auch die entscheidenden Experimente grundsätzlich unterscheiden. Die Relativitätstheorie handelte von der Struktur von Raum und Zeit, von Bezugssystemen und Transformationseigenschaften. Diskutiert wurde über Experimente, bei denen es etwa um den Nachweis einer Bewegung der Erde relativ zum Äther ging. Die Quantentheorie nahm ihren Ausgang von den Untersuchungen zur Energieverteilung der Strahlung von schwarzen Körpern. Das Hauptinteresse der meisten Physiker konzentrierte sich auf die Erklärung der Atomspektren. Die experimentellen spektroskopischen Forschungen hatten hierzu ein reiches und differenziertes Datenmaterial zur Verfügung gestellt.

Trotz der scheinbar getrennten Entwicklung datiert de Broglie die Geburtsstunde der RQM auf das Jahr 1905: Zwar habe sich die erste Entwicklung der Quantentheorie vollständig unabhängig von den Ideen der Relativität vollzogen. Es gebe jedoch einen Aspekt der Quantentheorie, der Beziehungen zur Relativität hat, einen Aspekt, auf den Einstein aufmerksam gemacht hat. Im Jahre

---

[1] A. Einstein in einem Brief an M. Born vom 3.3.1920, in: Einstein / Born (1969), S. 48.

[2] de Broglie (1943), S. 186.

1905, als Einstein im Alter von fünfundzwanzig Jahren die Grundlagen der Relativitätstheorie entwarf, hatte er gleichzeitig eine andere geniale Idee. Er erkannte, daß der photoelektrische Effekt durch eine Körnchenstruktur der Lichtenergie erklärt werden konnte, wobei die Lichtenergie von der Frequenz v in Körnchen (Quanten) des Wertes hv konzentriert schien. De Broglie weist nun darauf hin, daß nach der relativistischen Dynamik die Energie E und der Impuls p einer Korpuskel von der Geschwindigkeit v durch die Relation $p = (E/c^2)$ v verbunden ist. Für die „Lichtkörnchen" erhält man (mit c = Lichtgeschwindigkeit) $p = hv/c$. „So sind in der neuen Körnchentheorie des Lichtes (Theorie der Lichtquanten oder Photonen) Relativität und Quanten zum erstenmal gewissermaßen aufeinandergeprallt: das Wirkungsquantum einerseits, das seinen Ausdruck in dem der Energie des Lichtkörnchens zugeordneten Wert hv findet, und die Relativität andererseits, die den Wert des Verhältnisses Bewegungsgröße zu Energie gibt und so der Bewegungsgröße den Wert hv/c zuteilt, während die alte Mechanik einen ganz anderen Wert ergeben hatte."[3]

Die Datierung der Geburtsstunde der RQM auf das Jahr 1905 ist jedoch nur in einer wohlwollenden Rekonstruktion möglich. Einstein trennte anfangs auffallend zwischen seinen Arbeiten zur Quantentheorie und zur Relativitätstheorie[4]. Die Vorstellung, daß die Lichtquanten Teilchen im eigentlichen Sinne sind, äußerte Einstein 1909. Erst 1917 schrieb Einstein dem Lichtquant den Impuls $p = hv/c$ zu, der Name „Photon" taucht zum erstenmal 1926 im Titel eines Aufsatzes des Physikochemikers Gilbert Newton Lewis auf[5]. So glatt, wie es de Broglies Bericht nahezulegen scheint, verlief die Entwicklung zu einer RQM des Photons nicht. A. Pais, der die Beiträge Einsteins zur Quantentheorie sehr genau untersucht hat, vermutet, daß die anfängliche Zurückhaltung Einsteins bei der Fusion von SR und QM in dessen Auffassung begründet war, daß die Quantentheorie einen provisorischen Charakter habe, während er von der Richtigkeit der SR überzeugt war[6]. Auch bei der Aufschlüsselung der Atomspektren spielte die Relativitätstheorie eine große Rolle: „Zum zweiten Male prallten diese beiden großen Lehren, die Relativitätstheorie und die Quantentheorie, aufeinander, als im Jahre 1916 Sommerfeld seine Theorie der Feinstruktur des Wasserstoffspektrums und der regulären Dubletts der Röntgenspektren schuf."[7]

---

[3] de Broglie (1943), S. 192-193.

[4] Pais (1979), S. 908 f.

[5] Pais (1979), S. 887.

[6] In dieser Einschätzung hat sich Einstein von vielen seiner Kollegen unterschieden. Als Indiz für die größere Würdigung, die die *QM* erfahren hat, führt H. Dehnen (1980, S. 162) an, daß im Gegensatz zur Quantentheorie für die Entwicklung der Relativitätstheorie kein einziger Nobelpreis verliehen wurde.

[7] de Broglie (1943), S. 193.

2. Das Bohr-Sommerfeldsche Atommodell

Dass auch die relativistische Mechanik sich nicht nur ganz zwanglos in die Quantentheorie einfügt, sondern den Tatsachen merklich besser gerecht wird als die klassische Mechanik, ist wirklich alles, was man verlangen und wünschen kann.

Max Planck an A. Sommerfeld[8]

Im Jahre 1913 war Niels Bohr der entscheidende Durchbruch zur Klärung des Wasserstoffspektrums gelungen[9]. Bohr ging von einem Atommodell aus, in dem das Elektron wie ein Planet den schweren Kern umkreist. Er nahm dabei, in Abweichung von der Elektrodynamik, bestimmte stationäre Bahnen an, auf denen sich das Elektron ohne Strahlungsabgabe bewegen konnte. Für Kreisbahnen ergab sich, daß sie dann stationär sind, wenn der Drehimpuls des Elektrons ein ganzzahliges Vielfaches von $\hbar$ ist. Es gelang Bohr, die Frequenzen der Strahlung zu bestimmen, die bei Übergängen zwischen verschiedenen Bahnen ausgestrahlt wird:

$$(1) \qquad \nu = (2\pi^2 m e^4/h^3)\,(1/n_1{}^2 - 1/n_2{}^2)$$

h Plancksches Wirkungsquantum
m Elektronenmasse
e Ladung des Elektrons
n_1, n_2 ganze Zahlen

Noch im gleichen Jahr gelang es Bohr, die Übereinstimmung mit dem experimentellen Material zu verbessern, indem er die Bewegung des Atomkerns mit der Masse M berücksichtigte und in (1) m durch die reduzierte Masse $mM/(m+M)$ ersetzte.

Bohr hat zunächst nur kreisförmige Bahnen des Elektrons betrachtet und auch mögliche relativistische Aspekte der Bahnbewegung außer Acht gelassen. Aufgrund einer kleinen systematischen Abweichung seiner theoretischen Werte von neu vorgelegten experimentellen Werten führte Bohr 1915 die relativistische Massenveränderung ein[10]. Dies ergab eine weitere Korrektur von Formel (1)

---

8   In einem Brief vom 11. Februar 1916 (zitiert nach Benz (1975), S. 97).

9   Vgl. zu Bohr: Jammer (1966), S. 69 f.

10   Die Frage, warum Bohr nicht von Anfang an die relativistische Massenkorrektur verwendet, kann hier nicht im Detail verfolgt werden. Wichtig war dabei wohl, daß der relativistische Effekt so klein ist, daß erst 1914 Experimente systematische Abweichungen von Bohrs theoretischen Werten ergaben, die relativistisch zu deuten waren (vgl. Jammer (1966), S. 89). Außerdem ist denkbar, daß sich relativistische Überlegungen auch deshalb nicht aufdrängten, weil die relativistisch formulierbare Elektrodynamik im Bohrschen Modell z.T. außer Kraft gesetzt ist.

$$(2) \qquad \nu = (2\pi^2 e^4/h^3)\,(mM/m + M)\,(1/n_1^2 - 1/n_2^2)\cdot$$

$$\cdot[1 + (\pi^2 e^4/c^2 h^2)\,(1/n_1^2 + 1/n_2^2)]\,.$$

Auch durch diese Korrektur konnte die Übereinstimmung mit den experimentellen Ergebnissen weiter verbessert werden.

Bohr konnte jedoch nicht erklären, warum die Linien der Balmer-Serie des Wasserstoffatoms eine Dublettstruktur zeigten (eine Beobachtung, die Michelson schon 1891 gemacht hatte). A. Sommerfeld versuchte dieser Dublettstruktur gerecht zu werden, indem er die Bohrsche Theorie auf mehr als einen Freiheitsgrad ausweitete. Als Polarkoordinaten führte er den Radiusvektor r und den Azimutalwinkel φ ein, die er beide einer Quantisierungsbedingung unterwarf, nach der das Phasenintegral für jede Koordinate ein ganzzahliges Vielfaches des Wirkungsquantums ist:

$$(3) \qquad \oint p_r\,dr = n_r h \qquad \oint p_\varphi\,d\varphi = n_\varphi h\,.$$

In seinen Vorlesungen in München pflegte Sommerfeld die Quantisierung auch der radialen Bewegung so zu kommentieren: „Was dem φ recht ist, ist dem r billig!"[11] Zunächst erhält man dadurch keine gegenüber Bohr neuen Zustände, da die Energieniveaus nur von der „Hauptquantenzahl" $n = n_r + n_\varphi$ abhängen. Zum Grundniveau der Balmer-Serie ($n = 2$) gehören so zwei Zustände ($n_r = 0$, $n_\varphi = 2$ sowie $n_r = 1$, $n_\varphi = 1$), die aber die gleiche Energie haben. Sommerfeld fand jedoch 1915/1916, daß diese Entartung aufgehoben wird, wenn man die von der Relativitätstheorie geforderte Abhängigkeit der Masse des Elektrons von seiner Geschwindigkeit berücksichtigt. Anschaulich kann man sich vorstellen, daß die zu einer Hauptquantenzahl gehörenden Zustände Ellipsenbahnen verschiedener Exzentrizität sind, wobei die Massenzunahme der Elektronen von dem jeweiligen Kernabstand abhängt. Die Aufhebung der Entartung des Grundzustandes der Balmer-Serie führt zu ihrer Dublettstruktur, so daß die Feinstruktur des Wasserstoffspektrums als relativistischer Effekt identifiziert war.

Für die Energieniveaus erhält man

$$(4) \qquad E\,(n_r, n_\varphi) = mc^2\,(1 + \alpha^2/(n_r + \sqrt{n_\varphi^2 - \alpha^2})^2)^{-1/2} - mc^2\,.$$

Dabei ist $\alpha = e^2/\hbar c$ die Feinstrukturkonstante. Die Entwicklung in Potenzen von α ergibt (bis zur Ordnung α^2)

$$(5) \qquad E\,(n_r, n_\varphi) = -(2\pi^2 e^4/h^2)\,m\,\{1/n^2 + (\alpha^2/n^4)\,(n_r/n_\varphi - 3/4)\}\,.$$

---

[11] Vgl. Jammer (1966), S. 93.

Für Kreisbahnen $n_r = n_\varphi$ erhält man daraus das Ergebnis (2) von Bohr (wenn man hier von der Mitbewegung des Kerns absieht).

An dieser kurz skizzierten Entwicklung ist von einem wissenschaftstheoretischen Blickpunkt zunächst bemerkenswert, mit welcher Selbstverständlichkeit in den Formeln für die Spektrallinien die Masse des Elektrons durch einen relativistischen Massenausdruck ersetzt wurde. Es gab keinerlei Skrupel wegen einer möglichen Inkompatibilität des relativistischen mit dem nichtrelativistischen Massebegriff. Dabei hatte nicht nur Sommerfeld keine Bedenken, dem nachgesagt wird, er hätte seine hervorragenden mathematischen Fähigkeiten in den Dienst jeder Theorie gestellt, die es erlaubte, quantitative Vorhersagen über realisierbare Experimente zu deduzieren[12]. Auch für Bohr, der ein großes Interesse für Grundlagenfragen der Physik hatte, war diese Verwendung des relativistischen Masseausdrucks problemlos. Sicherlich war das Vorgehen von Bohr und Sommerfeld durch die unmittelbare Bestätigung durch das spektroskopische Material erleichtert worden. Sommerfelds Berechnungen wurden allgemein begeistert aufgenommen[13]. Ein solches Verhalten der Forschergemeinschaft muß unverständlich in den Augen der Wissenschaftstheoretiker erscheinen, die zwischen den Paradigmen der Newtonschen Physik und der SR einen solchen Bruch sehen, daß etwa der Begriff Masse in den beiden Theorien nicht einmal mehr vergleichbar ist[14]. Gerade das Beispiel der relativistischen Erweiterung des Bohrschen Atommodells zeigt sehr schön, wie übertrieben diese Inkommensurabilitätsthese ist[15].

Sommerfeld war sich durchaus darüber klar, daß seine Theorie noch nicht eine vollkommene RQM war. Erst bei Diracs Theorie wird die SR durch die Forderung nach Lorentz-Invarianz in vollem Umfang berücksichtigt, während in der älteren Bahntheorie des Elektrons nur ein einzelnes Theorem der SR, das Gesetz der relativistischen Massenveränderlichkeit, in die Quantentheorie eingebaut wird[16]. Gerade in der Frühzeit der QM war es den Forschern klar, daß sie immer wieder in Situationen kommen, wo sie sich „außerhalb der Reichweite einer logisch abgeschlossenen Theorie befinden, wo man wieder auf das Erraten der richtigen Endformeln angewiesen ist"[17]. In solchen Situationen werden wohl leichter einzelne Theoreme aus verschiedenen Theorien kombiniert, ohne daß das logische Verhältnis dieser Theorien geklärt ist. Die Anwendung der relativistischen Massenveränderlichkeit auf das Bohrsche

---

12   Heilbron (1977), S. 78.

13   Benz (1975), S. 96.

14   Diese These vom „Radikalen Bedeutungswandel" hat z.B. Thomas S. Kuhn (1973, S. 140) vertreten, wobei er das mittlerweile klassisch gewordene Beispiel des Massebegriffs in Relativitätstheorie und klassischer Mechanik benutzte.

15   Eine eingehende Kritik dieser These findet sich bei Kordig (1971) und bei Krajewski (1977, S. 55 f.). Vgl. auch die Diskussion in Kap. II, 4 dieser Arbeit.

16   Vgl. Sommerfeld (1940), S. 419/420.

17   Pauli (1948), S. 132. Vgl. auch Kap. I.9 dieser Arbeit.

Atommodell zeigt zumindest, daß ein solches „Flickwerk" sehr fruchtbar sein und durch die Erfahrung gut bestätigt werden kann.

Die Sommerfeldsche Theorie gibt außerdem Anlaß zum Studium zahlreicher zwischentheoretischer Beziehungen. Für $c \to \infty$ geht sie in die alte Bohrsche Theorie über. Die Quantisierungsbedingungen (3) folgen mit einem Näherungsverfahren, der sogenannten WKB-Methode, aus der Schrödingergleichung[18] (wobei allerdings auch die Semantik geändert werden muß). Die Beziehung zwischen der Dirac-Gleichung und der Sommerfeld-Theorie wird im folgenden noch aufgegriffen werden[19].

Zum Abschluß der wissenschaftstheoretischen Betrachtungen zur Sommerfeldtheorie soll noch darauf hingewiesen werden, daß die Sommerfeldsche Quantentheorie ein hervorragend geeignetes Beispiel darstellt, um das Verhältnis von Theorie und Modell zu erläutern. Dabei wird von einer grundlegenden Unterscheidung ausgegangen, die Mario Bunge eingeführt hat[20]. Danach ist ein *Modell* — genauer ein *Modellobjekt* — eine schematische, begriffliche Repräsentation eines Gegenstandes oder eines Prozesses. Das der kinetischen Gastheorie zugrundeliegende Modell ist beispielsweise ein Behälter mit Billardkugeln. Der Referent eines Modellobjektes ist ein reales physikalisches System, das jedoch nur unvollkommen, vereinfacht und symbolisch wiedergegeben wird. Möglicherweise stellt sich heraus, daß das durch das Modellobjekt abgebildete Objekt gar nicht existiert. Dennoch ist der Wirklichkeitsbezug immer zumindest intendiert. Wendet man nun auf ein Modellobjekt eine allgemeine Theorie an (klassische Mechanik, spezielle Relativitätstheorie), so erhält man ein *theoretisches Modell* (d.h. eine *spezifische Theorie*). So ergibt die Anwendung der klassischen statistischen Mechanik auf das Billardmodell des Gases die kinetische Gastheorie als spezifische Theorie. Ein theoretisches Modell ist ein hypothetisch-deduktives System, das sich direkt auf das Modellobjekt, indirekt aber auf die physikalische Realität bezieht. Der Sommerfeldschen Quantentheorie liegt als Modellobjekt das Planetenmodell des Atoms zugrunde. Das gleiche Planetenmodell verwendete auch schon Bohr. Dies zeigt, daß das gleiche Modellobjekt in verschiedenen spezifischen Theorien verwendet werden kann. Während Bohr im Jahre 1913 die klassische Mechanik zur Berechnung der stationären Bahnen heranzog, wendete Sommerfeld die Relativitätstheorie an. Allgemeine Theorien werden erst durch Anwendung auf Modellobjekte testbar. So konnte Sommerfelds Theorie als indirekte Bestätigung der Einsteinschen Relativitätstheorie dienen[21]. Das Planetenmodell konnte durch die Hinzunahme der Vorstellung des rotierenden Elektrons später noch erweitert werden. Da in einer spezifischen Theorie eine allgemeine Theorie und ein

---

18 Vgl. Jammer (1966), S. 277.

19 Im Kap. II.4 dieser Arbeit.

20 Vgl. Bunge (1973a, S. 91) und Bunge (1970 b).

21 Vgl. Jammer (1966), S. 95.

Modellobjekt vereinigt sind, kann das Scheitern einer spezifischen Theorie zunächst nicht eindeutig auf eine der Komponenten zurückgeführt werden. Beim Übergang von der relativistischen Sommerfeldtheorie zur Theorie des Elektrons von Dirac blieb die allgemeine Theorie (d.h. die SR) gleich, während das Modellobjekt gewechselt wurde. So erweist sich die Unterscheidung von Modellobjekt und spezifischer Theorie auch bei der Untersuchung intertheoretischer Beziehungen als hilfreich.

3. Die Anfänge der Wellenmechanik bei Louis de Broglie

> *Pour réussir, en effet, la Mécanique ondulatoire a dû naître relativiste avec Louis de Broglie, et redevenir relativiste avec Dirac.*
>
> O. *Costa de Beauregard*[22]

Die Namen Einstein und Bohr / Sommerfeld kennzeichnen die Problemlage, der sich de Broglie gegenübersah. In der Theorie der Lichtquanten trat neben die Korpuskelvorstellung der „Gedanke der Periodizität"[23], der sich in der Beziehung $E = h\nu$ äußerte. Für das Licht existierten also zwei Theorien, die nicht recht vereinbar schienen. Neben diesem Dualismus gab es ein weiteres Rätsel: die Begründung der Stabilität der Bahnen im Atom. Bei der Bestimmung der stabilen Bahnen spielten ganze Zahlen eine Rolle, die eigentlich eher an Interferenzerscheinungen und Eigenschwingungen denken ließen als an ein Kepler-Problem mit Partikeln.

Das brachte nun Louis de Broglie dazu, einen Zusammenhang zwischen diesen bisher getrennt behandelten Problemen zu sehen. So kam er zu folgender Idee, die seine weiteren Forschungen geleitet hat: sowohl für die Materie wie für die Strahlung, insbesondere für das Licht, ist es geboten, den Korpuskel- und Wellenbegriff gleichzeitig einzuführen: „Mit anderen Worten, man muß in beiden Fällen die Existenz von Korpuskeln annehmen, die von Wellen begleitet werden ... Da aber Korpuskeln und Wellen nicht voneinander unabhängig sein können, da sie, wie Bohr es ausdrückt, zwei komplementäre Gesichter der Wirklichkeit bilden, muß man einen gewissen Parallelismus feststellen können zwischen der Bewegung einer Korpuskel und der Fortpflanzung der ihr zugeordneten Welle. Als erstes galt es nunmehr, diese Zusammengehörigkeit zu begründen."[24] De Broglie gelang es, einen *quantitativen* Zusammenhang zwischen der Bewegung des Teilchens und der zugehörigen Welle herzuleiten, und zwar mit Hilfe relativistischer Überlegungen. Damit ist der erste Anstoß zur

---

22   Costa de Beauregard (1944).

23   Vgl. für das folgende de Broglie (1943), S. 309.

24   de Broglie (1943 b), S. 309.

Wellenmechanik[25] gleichzeitig auch ein Kapitel der RQM. De Broglies Grundgedanken sollen jetzt rekonstruiert werden, wobei wir uns an eine Darstellung von de Broglie aus späterer Zeit halten wollen[26].

Ein Teilchen soll sich mit konstanter Geschwindigkeit v_0 entlang der x-Achse eines (im folgenden als „ruhend" bezeichneten) Bezugssystems K bewegen. Ein in K ruhender Beobachter wird dem Teilchen eine Energie von

$$(6) \qquad E = m_0\, c^2 / \sqrt{1 - \beta^2}$$

zuschreiben und einen Impuls von

$$(7) \qquad p = m_0 v_0 / \sqrt{1 - \beta^2}$$

(Hierbei ist m_0 die Ruhemasse des Teilchens und $\beta = v_0/c$, die durch die Lichtgeschwindigkeit dividierte Geschwindigkeit des Teilchens). Man betrachtet nun das Bezugssystem K', in dem das Teilchen ruht. Der Zusammenhang von $K'(x', t')$ und $K(x, t)$ wird bei relativistischer Betrachtung durch die Lorentz-Transformation gegeben:

$$(8) \qquad x' = (x - v_0 t)/\sqrt{1 - \beta^2} \qquad t' = (t - \frac{\beta}{c} x)/\sqrt{1 - \beta^2}$$

Ohne weitere Begründung führt de Broglie an dieser Stelle in seiner Dissertation die „Quantenbeziehung" ein: „Die Grundidee der Quantentheorie ist wohl die Unmöglichkeit, ein isoliertes Energiestück zu betrachten, ohne diesem eine gewisse Frequenz zuzuordnen. Diese Begriffsverbindung drückt sich in folgender Beziehung aus, die ich die Quantenbeziehung nennen will:

Energie = h · Frequenz,

wobei h die Plancksche Konstante ist."[27] Wissenschaftshistorische Untersuchungen haben gezeigt, daß diese Argumentation eher eine persönliche Interpretation durch de Broglie darstellt und zu der damaligen Zeit nicht als Allgemeingut aufzufassen ist[28]. Im mitbewegten System $K'(x', t')$ wird damit

---

[25] de Broglie (1923 a).

[26] Vgl. de Broglie (1960), Kap. I.

[27] de Broglie (1927), S. 10.

[28] F. Kubli (1970/71, S. 36) bemerkt hierzu: „Diese Argumentation verdient insofern Beachtung, als sie eine persönliche Interpretation der Quantentheorie durch de Broglie darstellt, mit der sich vermutlich die wenigsten der klassischen Autoren einverstanden erklärt hätten ... Einstein nahm in seiner Lichtquantentheorie die Plancksche Gleichung auf. Hier hat ν die Bedeutung der Frequenz der elektromagnetischen Welle, welche z.B. ein Photoelektron auszulösen vermag. Die Idee, einer beliebigen isolierten Energie gemäß dieser Formel eine Frequenz zuzuordnen, findet sich bei Einstein nicht ... de Broglie verallgemeinert hier die Einsteinsche Lichtquantentheorie in entscheidender Weise."

dem Teilchen ein periodischer Vorgang

$$(9) \qquad \Psi'(x', t') = a\, e^{2\pi i \nu' t'}$$

zugeordnet. Anders ausgedrückt ordnet man dem materiellen Teilchen eine im ganzen Raum synchrone Schwingung mit der Frequenz $\nu' = E'/h = m_0 c^2/h$ zu. De Broglie schreibt zwar in seiner Dissertation keine Formel der Art (9) auf, aber er *verwendet* sie sinngemäß im weiteren bei der Berechnung von Frequenzen[29]. Auch Einstein benutzt in seiner sehr prägnanten, das Wesentliche hervorhebenden Darstellung der de Broglieschen Idee[30] eine im ganzen Raum ausgebreitete synchrone Schwingung. Zur Veranschaulichung kann man sich eine Anordnung gleicher Oszillatoren denken, die insbesondere alle die gleiche Frequenz haben. Man kann sich weiter vorstellen, daß diese Oszillatoren auf der ganzen Geraden verteilt sind und für den mitbewegten Beobachter alle in Phase sind. Auf die Bedeutung dieses „anschaulichen mechanischen Vergleichs" in de Broglies Dissertation[31] soll später noch näher eingegangen werden.

Der Beobachter im ruhenden System K wird das „periodische Element" wie folgt sehen (man setze (8) in (9) ein):

$$(10) \qquad \Psi(x, t) = a\, e^{2\pi i \nu (t - x/V)} \, ,$$

wobei

$$(11) \qquad \nu = \nu'/\sqrt{1 - \beta^2} \quad \text{und} \quad V = c/\beta = c^2/v_0 \, .$$

Da die Oszillatoren sich an dem Beobachter in K in verschiedener Entfernung vorbeibewegen, sieht dieser aufgrund relativistischer Effekte eine Phasenverschiebung. Für den Beobachter in K sind die Phasen der Oszillatoren verteilt wie die Phasen einer monochromatischen Welle mit der Frequenz ν und der Phasengeschwindigkeit V. Hätte man beim Übergang von $K'(x', t')$ zu $K(x, t)$ statt der Lorentz-Transformation die Galilei-Transformation benutzt, wären auch für den Beobachter in $K(x, t)$ die Oszillatoren in Phase, und das für de Broglie so wichtige Phänomen der Phasenwellen würde gar nicht auftreten. Man kann sich diese neue Frequenz ν auch so entstanden denken, daß die Gleichung $h\nu' = m_0 c^2$ in jedem Inertialsystem gelten soll.

$$(12) \qquad \nu = E/h = mc^2/h = m_0 c^2/(h\sqrt{1 - \beta^2}) = \nu'/\sqrt{1 - \beta^2} \, .$$

---

[29]   Vgl. etwa auch S. 12 der Dissertation von de Broglie (1927): „Das von uns gedachte periodische Phänomen wird für den gleichen Beobachter durch eine Sinusfunktion von $\nu_0 t_0$ dargestellt."

[30]   Einstein (1925), S. 9-10.

[31]   de Broglie (1927), S. 13.

Betrachtet man jedoch die erwähnten Oszillatoren (mit der Eigenfrequenz ν') als Uhren, so erhält der ruhende Beobachter für jeden der mit v_0 bewegten Oszillatoren aus der Zeitdilatation die Frequenz

$$(13) \qquad \nu_1 = \nu' \sqrt{1 - \beta^2} , \quad \text{d.h.} \quad \nu_1 = \nu (1 - \beta^2) .$$

Man muß also unterscheiden zwischen der Frequenz ν_1 einer bewegten Uhr und der Frequenz ν der mit der Gesamtheit der Oszillatoren verbundenen Phasenwelle: ν_1, berechnet aus der Zeit-Dilatation, ist die Frequenz eines bestimmten herausgegriffenen Oszillators; ν hingegen, berechnet aus der Masse-Energie-Relation (12) gibt die Frequenz an einem festen Punkt des Bezugssystems $K(x, t)$, an dem die Welle „vorüberzieht".

Der Unterschied dieser beiden Frequenzen hat de Broglie lange beschäftigt. Diese Schwierigkeit konnte er durch das „Theorem der Phasenübereinstimmung" überwinden, das einen Zusammenhang zwischen den beiden Frequenzen feststellt[32]: „Das mit dem beweglichen Teilchen fest verbundene periodische Phänomen, welches in bezug auf den ruhenden Beobachter die Frequenz $\nu_1 = (1/h) m_0 c^2 \sqrt{1 - \beta^2}$ hat, erscheint diesem Beobachter beständig in Phase mit einer Welle von der Frequenz $\nu = (1/h) m_0 c^2 / \sqrt{1 - \beta^2}$, die sich in der Bewegungsrichtung des beweglichen Teilchens mit der Geschwindigkeit $V = c/\beta$ ausbreitet."

Wenn man das Modell der aneinandergereihten Oszillatoren ernst nimmt, wird dieses Theorem trivial. Aber de Broglie war zunächst von formalen Beziehungen der Art (12) und (13) ausgegangen, so daß er das zugrundeliegende Modell erst aus der Deutung von formalen Umformungen entwickelte. Übrigens spielt die Frequenz ν_1, die in gewissem Sinn von der Auszeichnung eines der Oszillatoren als dem Teilchen unmittelbar zugeordnete Schwingung herkommt, in allen folgenden Überlegungen de Broglies keine Rolle mehr. In der späteren Zusammenfassung[33] läßt de Broglie das sich nun in der Dissertation anschließende Kapitel über Phasengeschwindigkeit und Gruppengeschwindigkeit weg. Mit gutem Grund, wie wir noch sehen werden.

Aber auch ohne diese Überlegungen kann man einen Zusammenhang herstellen zwischen der in üblicher Weise für $\Psi(x, t)$ definierten Wellenlänge $\lambda = V/\nu$ und dem Impuls $p = m \cdot v_0$ des Teilchens:

$$(14) \qquad p = m_0 v_0 / \sqrt{1 - \beta^2} = (E/c^2) v_0 = h\nu (v_0/c^2) = h\nu/V = h/\lambda$$

(vgl. (10), (6) und (7)).

Die sogenannte de Broglie Beziehung $\lambda = h/p$ wird für kleine Geschwindigkeiten v_0 oft in der angenäherten Form mit $\lambda = h/(m_0 v_0)$ angegeben. Diese Beziehungen liefern den gesuchten quantitativen Zusammenhang zwischen einer

---

[32] Zum Beweis dieses Theorems vgl. de Broglie (1927), S. 12.
[33] de Broglie (1960).

Teilchenbewegung (charakterisiert durch p) und einem Wellenvorgang (charakterisiert durch λ)[34].

4. Die Leistungen der de Broglieschen Theorie

Trotzdem lag zur genannten Zeit (d.h. 1925) kein mathematisch-physikalisches System der Quantentheorie vor, das einheitlich alles bis dahin Bekannte umfaßt hätte; geschweige denn eins, das die monumentale Geschlossenheit des Systems Mechanik-Elektrodynamik-Relativitätstheorie hätte aufweisen können.

Johann von Neumann[35]

Obwohl das der de Broglieschen Theorie zugrunde liegende Modell sehr einfach ist und für eine intuitive Betrachtung wenig zufriedenstellend erscheint, kann die Anwendung der Beziehungen $E = h\nu$ und $p = h/\lambda$ erstaunliche Erklärungserfolge erzielen. Diese Erfolge sind dann indirekt auch ein Hinweis auf die Fruchtbarkeit relativistischer Überlegungen in der Quantentheorie.

Eine der Leistungen der de Broglieschen Überlegungen ist die anschauliche *Begründung* der formalen Analogie zwischen dem Prinzip von Maupertuis und dem Prinzip von Fermat. Das Prinzip von Euler-Maupertius sagt aus, daß bei fester Gesamtenergie die tatsächliche Bahn einer Korpuskel gegenüber anderen Bahnen zwischen Anfangspunkt A und Endpunkt B dadurch ausgezeichnet ist, daß das über die Bahn erstreckte Wegintegral

$$(15) \qquad \int_A^B p \, ds \quad (p \text{ ist Impuls})$$

ein Extremum erreicht (d.h. die tatsächliche Bahn ist durch einen Extremwert der Wirkung ausgezeichnet). Nach dem Fermatschen Prinzip der geometrischen Optik ist das längs eines Lichtstrahls erstreckte Integral über den Brechungsindex n

$$(16) \qquad \int_A^B n \, ds$$

ein Extremum im Vergleich zu Werten auf Nachbarkurven zwischen denselben Endpunkten. Die formale Analogie zwischen (15) und (16) war für de Broglie

---

[34] A. Einstein hat die Beziehung $p = h/\lambda$ für Photonen 1917 angegeben. Den Impuls eines Photons $p = h\nu/c$ verwendete zuerst Johannes Stark 1909 in einer Gleichung, die den Impulserhaltungssatz ausdrückt (vgl. Pais (1979), S. 887 und S. 888).

[35] Neumann (1968), S. 4.

ein weiterer Hinweis auf einen Dualismus von Welle und Teilchen[36]. Mit der de Broglie-Wellenlänge kann man nun das Prinzip der kleinsten Wirkung von Maupertuis und das Prinzip von Fermat auseinander herleiten. Hierzu formuliert man zweckmäßigerweise das Fermat-Prinzip etwas um. Mit $n = c/(\lambda\nu)$ folgt

$$\int\limits_{A}^{B} n \, ds = (c/\nu) \int\limits_{A}^{B} (1/\lambda) \, ds = \text{Extr.}$$

und mit $1/\lambda = p/h$

$$\int\limits_{A}^{B} p \, ds = \text{Extr.}$$

„Daraus ergibt sich, daß das Fermatsche Prinzip eine Übertragung des Prinzips von Maupertuis ist, und umgekehrt: die möglichen Bahnen der Korpuskel sind identisch mit den möglichen Strahlen ihrer Wellen."[37]

Die Analogie zwischen den beiden Extremalprinzipien für Teilchen und Wellen hatte schon W.R. Hamilton gefunden[38]. Im Zusammenhang mit seinen Arbeiten zur Optik versuchte Hamilton ein einheitliches Gesetz für Mechanik und Optik zu finden. Damals war weder die Teilchendeutung noch die Wellendeutung des Lichtes allgemein akzeptiert (es lag also eine ähnliche Situation wie zur Zeit de Broglies vor). Ein Hauptverdienst von Hamiltons Methode der sogenannten charakteristischen Funktion war, daß unabhängig davon die gleiche *formale* Theorie zur Beschreibung der Lichtausbreitung anwendbar wurde. Nur die *Interpretation* der charakteristischen Funktion war dann bei der Wellentheorie und bei der Teilchentheorie verschieden[39].

Hamiltons optisch-mechanische Analogie geriet aber weitgehend in Vergessenheit[40]. Einen Grund hierfür kann man mit M. Jammer auch darin sehen, daß kein quantitativer Zusammenhang zwischen Teilchengeschwindigkeit und Phasengeschwindigkeit angegeben werden konnte. Die optisch-mechanische Analogie wurde aber wohl hauptsächlich deshalb nicht weiter aufgegriffen, weil ein anschauliches Modell für den Zusammenhang von Welle und Teilchen

---

[36]   de Broglie (1966 a), S. 147.

[37]   de Broglie (1943), S. 313.

[38]   Hamilton (1931), etwa S. 168-171 aus dem „Essay on the Theory of Systems of Rays" (ursprünglich erschienen 1828-1837). Weiter findet sich zum Thema in der Sammlung Hamilton (1931) die Schrift „On a general method of expressing the paths of light, and of the planets, by coefficients of a characteristic function" (aus dem Jahre 1833). Zu W.R. Hamilton (geb. 1805 in Dublin, gest. 1865 in Dunsink) vgl. Kubli (1970/71), S. 40 und Jammer (1966), S. 236-238.

[39]   Vgl. hierzu den Hinweis der Herausgeber in Hamilton (1931), S. XXI, aber auch Hamilton selbst (1931, S. 314).

[40]   Eine der wenigen Ausnahmen ist Felix Klein, vgl. Jammer (1966), S. 236-238, und Kubli (1970/71), S. 49 f.

fehlte, so daß die formale Analogie keine Verständnishilfe bot, und weil sie nicht fruchtbar auch auf andere Probleme angewandt werden konnte.

Außerdem hatte in der sich durchsetzenden Wellendeutung des Lichts ein Zusammenhang von Welle und Teilchen keinen rechten Platz mehr. De Broglie war jedoch in einer neuen Lage, und zur Lösung der durch die „revolutionäre" Quantentheorie aufgeworfenen Probleme griff er auf Erkenntnisse von Wissenschaftlern des alten Paradigmas zurück (auch dies ist ein Hinweis, daß die alte und neue Theorie nicht gänzlich inkompatibel sind). Für de Broglie lag es nahe, zwischen dem Prinzip von Fermat, das den Weg der Lichtstrahlen festlegt, und dem Prinzip von Euler und Maupertuis, das die Bahnen von Teilchen festlegt, einen engen Zusammenhang zu vermuten, da für ihn jeder Strahl eine mögliche Teilchenbahn war[41]. Während die Analogie zwischen der klassischen Teilchendynamik und der geometrischen Optik für Forscher wie Hamilton und Jacobi wohl eher eine merkwürdige formale Gleichung war, die es erlaubte, allgemeine Theorien elegant zu formulieren, versuchte de Broglie dieser Beziehung eine physikalisch-anschauliche Grundlage zu geben. Der Parallelismus zwischen Teilchendynamik und Wellenausbreitung sollte weiter entwickelt werden, indem er eine physikalische Bedeutung bekam und indem Quanten eingeführt wurden.

Forschungsstrategisch ist bemerkenswert, daß Hamilton wie de Broglie versuchten, möglichst weit auseinanderliegende Gebiete unter einem einheitlichen Gesetz zusammenzufassen. In beiden Fällen waren diese Bemühungen sehr fruchtbar. Bei Hamilton war die Interpretation des Lichts als Teilchen oder Welle noch ungeklärt. Nachdem sich die Wellentheorie des Lichts durchgesetzt hatte, trat wohl das Bedürfnis nach einer optisch-mechanischen Analogie zurück. Die Teilcheninterpretation des Photoeffekts warf die alte Frage wieder auf. Mit seinem neuen Ansatz gelang es de Broglie, eine alte kontingent erscheinende Gleichheit physikalisch zu begründen.

De Broglie benutzte nun den Zusammenhang zwischen dem Fermatschen Prinzip und dem Prinzip von Maupertuis, um seine Theorie auch auf beschleunigte Teilchen zu erweitern[42]. De Broglies Modellvorstellung ist ja zunächst auf nicht beschleunigte Teilchen beschränkt, da bei der Ableitung der Phasenwellen die Lorentztransformation wesentlich eingeht. Die Analogie von Fermatschem Prinzip und Prinzip von Maupertuis kann dann entsprechend auch nur für konstante Teilchengeschwindigkeiten bewiesen werden. Da die beiden Extremalprinzipien jeweils auch für beschleunigte Bewegungen gelten und die optisch-mechanische Analogie für konstante Geschwindigkeiten bewiesen war, nahm de Broglie an, daß diese Analogie immer gelte. Die durchaus suggestive Wirkung des Oszillatorenmodells ging allerdings dabei verloren: Die an einem anschaulichen Modell gewonnenen formalen Beziehungen wurden auf Gebiete

---

[41] Vgl. für das folgende de Broglie (1966 a), S. 149.
[42] Vgl. Kubli (1970/71), S. 40.

übertragen, in denen das anschauliche Modell nicht mehr verwendbar war. Der Versuch von de Broglie, eine anschauliche Verknüpfung von Welle und Teilchen zu gewinnen, war demnach nur teilweise gelungen. Obwohl für beschleunigte Bewegungen ein anschauliches Modell fehlte, hielt de Broglie an den formalen Beziehungen fest. Die physikalische Veranschaulichung formaler Beziehungen war zwar wünschenswert, aber zur Anwendung der Theorie nicht unbedingt erforderlich.

De Broglie ist sich bewußt, daß die Verallgemeinerung seiner Theorie auf Bewegungen mit nicht konstanter Geschwindigkeit nicht problemlos ist. Dennoch sieht er dazu einen natürlichen Weg: Für jeden Punkt einer gekrümmten Teilchenbahn kann man die Energie und die Geschwindigkeit des Teilchens bestimmen. Der Phasenwelle kann man deshalb an jeder Stelle die Wellenlänge (Geschwindigkeit) zuordnen, die durch die Beziehungen (14) gegeben wäre, wenn sich das Teilchen an dieser Stelle befände. Die von der Gesamtenergie abhängige Frequenz ν der Phasenwelle bleibt konstant, während sich die von der Teilchengeschwindigkeit (und damit von der kinetischen Energie) abhängige Wellenlänge kontinuierlich ändert. Wenn auch diese Theorie noch vorläufig erscheint, so sieht de Broglie doch einen gewissen Wahrheitsgehalt: „Perhaps a new electromagnetism will give us the laws of this complicated propagation, but it seems that we know beforehand the final result: The rays of the phase wave are identical with the paths which are dynamical possible."[43]

De Broglie konnte seine Theorie in verschiedenen Bereichen erfolgreich anwenden, so etwa auch in der statistischen Mechanik. Der spektakulärste Erfolg ist aber wohl die Begründung der Stabilität der Bohrschen Bahnen. De Broglie kann nämlich[44] die stabilen Bahnen des Elektrons im Atom sowohl anschaulich verständlich machen als auch quantitativ herleiten. Hierbei geht er davon aus[45], daß die Teile der Phasenwelle, die sich auf der kreisförmigen Umlaufbahn am gleichen Punkt befinden, miteinander in Phase sind, das heißt, daß die Bahnlänge ein Vielfaches der Wellenlänge sein muß:

$$l = n\lambda$$

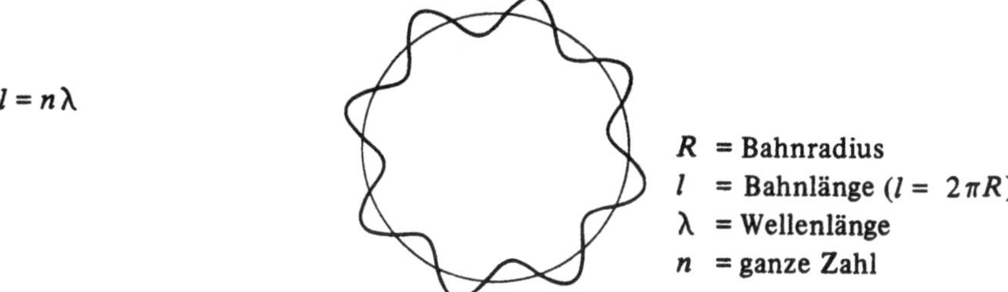

Abb. 1: Erklärung der Bohrschen Bahnen mit Hilfe der Materiewellen (nach Finkelnburg (1967), S. 161)

---

[43] de Broglie (1924), S. 451.
[44] Im dritten Kapitel seiner Dissertation (1927).
[45] „Es ist physikalisch evident, daß" (de Broglie (1927), S. 37).

Mit $\lambda = h/p$ folgt unmittelbar (mit $p = m_0 \omega R$) die Bohrsche Stabilitätsbedingung: $m_0 \omega R^2 = n\hbar$.

„Die Resonanzbedingung ist daher identisch mit der quantentheoretischen Stabilitätsbedingung. Dieses schöne Ergebnis, dessen Ableitung so anschaulich ist, wenn man einmal die Grundvorstellungen des vorhergehenden Kapitels angenommen hat, ist die beste Rechtfertigung unserer Art der Behandlung des Quantenproblems."[46]

Aber nicht nur im inneratomaren Bereich hatte die Idee der Materiewellen Erfolg. Max Born und James Franck in Göttingen vermuteten einen Zusammenhang zwischen den de Broglie-Wellen und sonderbaren Ergebnissen bei der Reflexion von Elektronen an Metalloberflächen, wo Davisson und Kunsman 1923 bei bestimmten Winkeln starke Intenstitätsmaxima gefunden hatten. Sie veranlaßten W. Elsasser, einen ihrer Schüler, die Sache näher zu untersuchen. Elsasser konnte 1925 zeigen, daß man bei Interpretation der Maxima als Folge der Beugung der Elektronenwellen am Kristall gerade die Größenordnung der de Broglie-Wellen erhält. Diese Interpretation wurde 1927 durch die systematischen Experimente von Davisson und Germer sowie von Thomson endgültig bestätigt[47].

5. De Broglie und die Relativität

> *Von jeder mathematisch-physikalischen Disziplin müssen wir heutzutage verlangen, daß sie dem Relativitätsprinzip genügt.*
>
> *A. Sommerfeld*[48]

Die relativistischen Aspekte des Teilchen-Welle-Dualismus sind zum Ansatzpunkt einer Kritik geworden, welche die weithin akzeptierte Interpretation der QM in Frage stellt. In dem Aufsatz „The Decline and Fall of Quantum Dualism" (1971) fährt Alfred Landé großes Geschütz auf: Die Bohr-Heisenbergsche Lehre vom Teilchen-Welle-Dualismus sei in der Vergangenheit hauptsächlich wegen methodologischer Einwände kritisiert worden; er wolle nun zeigen, daß der Dualismus zu falschen empirischen Ergebnissen führe, wenn das Wellenbild in den relativistischen Bereich erweitert werde. „Therefore, when methodological objections were never quite conclusive, the *physical* failure of the duality idea seals its fate irrefutably, together with all its pseudo-philosophical implications."[49]

---

[46]   de Broglie (1927), S. 37.

[47]   Bibliographische Angaben und weitere Einzelheiten über die experimentelle Prüfung der de Broglie-Hypothese finden sich bei Jammer (1966), S. 249 f., und bei Whittaker (1973), S. 217 f.

[48]   Sommerfeld (1929), S. 118.

[49]   Landé (1971), S. 221.

Oder kurz und prägnant formuliert: „The wave picture of matter violates the postulate of relativity."[50]

Das Argument von Landé[51] ist folgendes: Der Zusammenhang $p = h/\lambda$ gilt nur in einem bestimmten Bezugssystem, da sich (bei nichtrelativistischer Näherung) in einem Bezugssystem K'', das sich mit der Geschwindigkeit u in Richtung von $p = m v_0$ bewegt, für p'' der Wert $p'' = p - mu$ ergibt, aber für die Wellenlänge $\lambda'' = \lambda$ gilt, so daß $p'' \neq h/\lambda''$. Da, so Landé, der Zusammenhang $p = h/\lambda$ nicht in allen Bezugssystemen gilt, ist die Zuordnung einer Welle zu einem Teilchen nicht haltbar: Der Wellencharakter stelle nur eine Art Rechenhilfe dar. P.C. Peters[52] hat gezeigt, daß Landés Argument falsch ist. Der entscheidende Punkt ist, daß bei der Umrechnung der Wellenlängen der Phasenwellen auch bei kleinen Teilchengeschwindigkeiten die Lorentz-Transformation benutzt werden muß (die Phasengeschwindigkeit der Phasenwellen ist immer größer als die Lichtgeschwindigkeit).

Auch bei Vernachlässigung von Effekten zweiter Ordnung in u/c ist[53] $h/\lambda'' = (h/\lambda)(1 - u/v_0) = p(1 - u/v_0) = p''$. Die Herleitung de Broglies zeigt schon, daß das Auftreten der Phasenwellen nur mit der SR verständlich wird. Natürlich kann man bei kleinen Geschwindigkeiten gewisse numerische Näherungen anwenden, aber begrifflich gibt es keinen nichtrelativistischen Grenzfall: Die Galilei-Transformation zeigt in jedem Bezugssystem die in Phase schwingenden Oszillatoren[54]. Wir wollen festhalten, daß de Broglies Theorie nicht nur mit der SR vereinbar ist, sondern sich auch in unverzichtbarer Weise auf sie stützt.

6. De Broglie und der Welle-Teilchen-Dualismus

> *Die ganzen 50 Jahre bewusster Grübelei haben mich der Antwort auf die Frage ,Was sind Lichtquanten' nicht näher gebracht.*
>
> *A. Einstein*[55]

Die erfolgreichen Anwendungen von de Broglies relativistischer Theorie lagen alle im nichtrelativistischen Bereich (als Beispiel haben wir die Begründung der Stabilität der Bahnen in Bohrs nichtrelativistischem Atommodell kennengelernt). Mit dieser Tatsache setzt sich E. MacKinnon auseinander.

---

[50] Landé (1969), S. 541.

[51] Wenigstens in der Arbeit von 1969.

[52] Peters (1970).

[53] Vgl. für Details Anhang A.

[54] MacKinnon (1976, S. 1050) hat diesen Punkt betont: „... the phase velocity and the relativistic phase frequency are strictly relativistic phenomena."

[55] A. Einstein in einem Brief an Besso vom 12. Dez. 1951, abgedruckt in Speziali (1972), S. 453.

„Why should an essentially relativistic theory work only in a nonrelativistic approximation? I believe that the resolution of this paradox hinges on the fact that in his thesis de Broglie confused two radically different concepts, the relativistic phase waves he introduced — and the term ‚relativistic phase waves‘ will be used to distinguish them from ordinary phase waves — and the waves that constitute a wave packet. De Broglie identified the two, and subsequent physicists, even those who disagreed with his interpretation, accepted the identification. Yet the identification itself seems to be quite untenable and the results that followed from it seem to be one of the most fortuitous successes in the history of physics."[56]

MacKinnon zeigt, daß der Aufbau von Wellenpaketen aus den Phasenwellen nicht mit de Broglies Ansatz vereinbar ist. Wir werden im folgenden sehen, daß dieser Irrtum de Broglies nur den Zusammenhang von Wellenerscheinungen und Teilchen betrifft. Davon abgesehen, sind die Ergebnisse de Broglies zu retten. Insbesondere kann seine relativistische Theorie auch im nichtrelativistischen Grenzfall in konsistenter Weise angewandt werden.

Im Abschnitt „Phasengeschwindigkeit und Gruppengeschwindigkeit" seiner Dissertation[57] stellt de Broglie folgenden Satz auf: Die Gruppengeschwindigkeit U der Phasenwellen ist gleich der Geschwindigkeit v_0 des bewegten Teilchens. Was ist damit gemeint? Die Überlagerung zweier Wellen mit benachbarten Frequenzen v und $v' = v + \delta v$ und den Geschwindigkeiten V und $V' = V + (dV/dv)\,\delta v$ ergibt wieder eine Sinusschwingung (Schwebung).

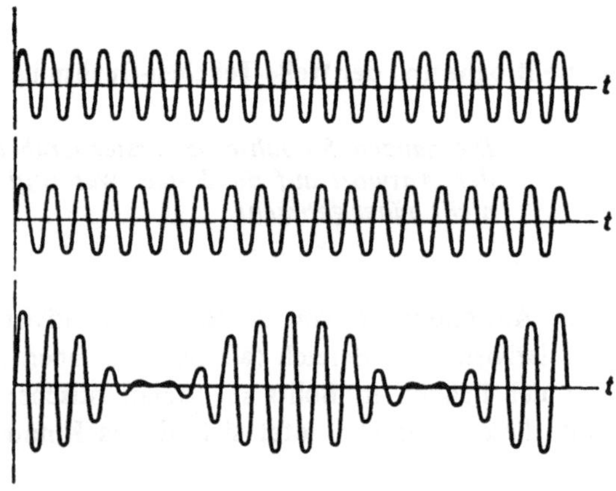

Abb. 2: Zwei Sinusschwingungen mit geringem Frequenzunterschied (oben) und die durch Überlagerung entstehende Schwebung (unten) (nach Gerthsen (1969), S. 90)

---

[56]   MacKinnon (1976), S. 1047.
[57]   de Broglie (1927), S. 14-16.

Für die Ausbreitungsgeschwindigkeit der Schwebung (d.h. für die Gruppengeschwindigkeit U der Wellen) erhält man [58]

$$(17) \qquad \frac{1}{U} = \frac{d\,(d\nu/dV)}{d\nu} .$$

Benutzt man die Formeln

$$(18) \qquad V = c/\beta$$

und

$$(19) \qquad \nu = m_0\,c^2/(h\,\sqrt{1 - \beta^2}) ,$$

so erhält man durch formales Einsetzen [59]

$$(20) \qquad U = (\frac{d\nu}{d\beta})\,(\frac{d\,(\nu/V)}{d\beta})^{-1} = V_0 .$$

Der Begriff der Gruppengeschwindigkeit setzt jedoch mehrere Sinuswellen mit
benachbarten Frequenzen voraus. De Broglie führt diese so ein: „Man erteile
dem beweglichen Teilchen eine Geschwindigkeit $v_0 = \beta c$, indem man β keinen
völlig bestimmten Wert zulegt, sondern nur annimmt, daß dieser Wert zwischen
β und $\beta + \delta\beta$ liegt; die Frequenzen der korrespondierenden Phasenwellen liegen dann in dem kleinen Intervall $\nu, \nu + \delta\nu$."[60] Das geht natürlich nicht: β
ist als c/v_0 definiert und konstant. MacKinnon zeigt, daß die Phasenwellen
keine Dispersion zeigen, daß aus der monochromatischen Welle, die einem Teilchen zugeordnet ist, kein Wellenpaket aufgebaut werden kann. Die Beziehung
von Teilchenbewegung und Phasenwelle ist nicht vergleichbar mit der Beziehung von Gruppengeschwindigkeit und sich zu einem Paket überlagernden Wellen.

Möglicherweise glaubte de Broglie, daß seine Überlegungen zur Gruppengeschwindigkeit etwas zur Beantwortung der Frage beitragen, wie denn nun die
Bewegung des Teilchens mit der Wellenerscheinung zusammenhängt: „Die

---

[58]   Dies ist eine Umformulierung der üblichen Schreibweise $U = V - \lambda\,(dV/d\lambda)$ (vgl.
Pohl (1964), S. 226).

[59]   Mit den Gleichungen (11) und (20) folgt, daß das Produkt von Phasengeschwindigkeit V und Gruppengeschwindigkeit U gerade c^2 ist. Man kann zeigen, daß die Beziehung $V \cdot U = c^2$ notwendig aus einer lorentzinvarianten Theorie folgt. Für Sinuswellen
$\psi = \psi_0 \sin (k_i x_i - \omega t)$ kann man aus dem Transformationsverhalten von $(k_i, i\omega/c)$ die
Beziehung $k^2 - \omega^2/c^2 = $ const herleiten. Durch Differentiation erhält man $d\omega/dk = c^2 k/\omega$
und mit den Definitionen $V = \omega/k$ und $U = d\omega/dk$ folgt $V \cdot U = c^2$ (vgl. Ditchburn (1948)
und Synge (1952)).

[60]   de Broglie (1927), S. 15.

Gruppengeschwindigkeit der Phasenwellen stimmt also mit der Geschwindigkeit des bewegten Teilchens überein. Dieses Ergebnis erfordert eine Bemerkung: In der Wellentheorie der Dispersion ist, abgesehen von den Absorptionsgebieten, die Geschwindigkeit der Energie gleich der Gruppengeschwindigkeit. Hier finden wir von einem ganz anderen Gesichtspunkt aus ein analoges Resultat, denn die Geschwindigkeit des beweglichen Teilchens ist nichts anderes als die Verschiebungsgeschwindigkeit der Energie."[61]

Das Verhältnis von Welle und Teilchen ist de Broglies großes ungelöstes Problem. Das in seiner Dissertation[62] angeführte Theorem der Phasenübereinstimmung (ein mit dem Teilchen fest verbundener Oszillator ist immer in Phase mit den Phasenwellen) hilft hier auch nicht weiter, weil diese Phasenübereinstimmung für alle relativ zum Teilchen ruhenden Oszillatoren gilt und so kein bestimmter Ort ausgezeichnet wird.

Sicherlich dachte de Broglie auch nicht an ein Wellenpaket in unserem heutigen Sinn, eine Vorstellung, die erst von Schrödinger eingeführt wurde. Allerdings scheint eine weit verbreitete Auffassung nicht zwischen de Broglies und Schrödingers Wellen zu unterscheiden[63]. In seiner Disseration äußert er sich nicht sehr klar zu der Frage des Zusammenhangs von Teilchen und Welle.

„Muß man das periodische Phänomen als auf das Innere des Energiestückes beschränkt annehmen? Das ist keineswegs erforderlich, aus Paragraph III vielmehr wird gefolgert werden, daß es über einen größeren Raumteil verbreitet ist. Was soll man andererseits unter dem Innern eines Energiestückes verstehen? Der Typus eines isolierten Energiestückes ist für uns das Elektron, das wir, vielleicht unberechtigterweise, am besten zu kennen glauben; nun ist aber gemäß den üblichen Vorstellungen die Energie des Elektrons über den ganzen Raum verteilt mit einer sehr starken Verdichtungsstelle in einem Bereich von sehr kleinen Dimensionen, dessen Eigenschaften uns überdies nur wenig bekannt sind. Was das Elektron als Energieatom charakterisiert, ist nicht etwa der kleine Platz, den es im Raum einnimmt, den es, ich betone nochmals, vollständig erfüllt, sondern vielmehr die Tatsache, daß es völlig unteilbar ist, daß es eine Einheit darstellt."[64]

In der Zeit kurz nach der Beendigung seiner Dissertation im Jahre 1924 sah de Broglie wohl in der Korpuskel eine Art von Singularität innerhalb einer aus-

---

[61]   de Broglie (1927), S. 16.

[62]   de Broglie (1927), S. 12.

[63]   R. Schlegel (1977, S. 871) faßt MacKinnons These in seiner nicht sehr einfühlsamen Erwiderung so zusammen: „His central point, however, is that de Broglie's introduction of the customary identification of relativistic phase waves with the wave which form a wave packet was a happy accident, with no basis in the wave mechanics that de Broglie was introducing. I believe this is a considerable overstatement by MacKinnon." E. MacKinnon betont in „Reply to Richard Schlegel" (1977, S. 873): „In my article and abstract I used perhaps infelicitously, the term 'Wave packet' to explain what is involved in group velocity. However, the idea of interpreting the electron as being or having a wave packet stems from Schrödinger, not de Broglie . . .".
Vgl. hierzu etwa auch F. Kubli (1970/71), S. 39.

[64]   de Broglie (1927), S. 11.

gedehnten Wellenerscheinung[65]. Nach einem Bericht de Broglies aus dem Jahre 1973 leitete ihn diese Vorstellung schon in seiner Dissertation[66]. Dieser liegt jedoch de facto das Modell einer ausgedehnten Schwingung (bzw. der Oszillatoren) zugrunde, in dem eigentlich kein Platz für Überlegungen zur Gruppengeschwindigkeit ist. In der Dissertation de Broglies wird das Theorem über die Gruppengeschwindigkeit nicht weiter benutzt. So kann man z.B. die de Broglie-Beziehung $p = h/\lambda$ davon unabhängig ableiten, wie wir ja schon gesehen haben (vgl. (14)).

Damit verliert der Vorwurf MacKinnons, de Broglies Theorie leide an einer fundamentalen Inkonsistenz, weitgehend an Gewicht. Die Aussage: „In retrospect it seems that the full theory was predestined to fail because of inconsistencies at the heart of de Broglie's thesis"[67] ist nicht haltbar. Außerdem koppelt MacKinnon zwei Probleme, die voneinander getrennt behandelt werden sollten. Das eine Problem wird vom Zusammenhang von Wellenerscheinung und Teilchenbewegung aufgeworfen. Man kann gute Gründe gegen MacKinnons Lösungsversuch angeben[68], aber selbst wenn er richtig wäre, ist damit über das zweite Problem, nämlich die Anwendbarkeit der nichtrelativistischen Näherung ($\lambda = h/(m_0 v_0)$ statt $\lambda = (h/(m_0 v_0))\sqrt{1 - \beta^2}$) noch nichts ausgesagt. MacKinnons Behauptungen in dieser Richtung[69] sind unbegründet. Ebensowenig einsichtig ist die Folgerung, die er aus dem Ergebnis zieht, daß in relativistischer wie in nichtrelativistischer Rechnung die Gruppengeschwindigkeit gleich der Teilchengeschwindigkeit ist: „It is this that serves as a bridge between the relativistic wave mechanics that de Broglie thought he had developed and the nonrelativistic formulation that proved successful."[70]

Da MacKinnon wie Landé in den nichtrelativistischen Anwendungen der de Broglie-Theorie einen Widerspruch sieht, seien die Ergebnisse zu diesem Punkt noch einmal zusammengefaßt: Für kleine Geschwindigkeit kann man *numerisch* zu der „nichtrelativistischen" Beziehung $\lambda = h/(m_0 v_0)$ übergehen, wobei man immer beachten muß, daß das Phänomen der Phasenwellen (und damit die Existenz einer definierten Wellenlänge) an die Lorentz-Transformation gebunden ist: Auch für kleine Geschwindigkeiten kann die Galilei-Transformation (in diesem Fall) die Lorentz-Transformation nicht ersetzen. In diesem Sinn gibt es keine nichtrelativistischen Anwendungen der de Broglie-Theorie (etwa derart, daß in $\nu = E/h$ $E = m_0 v^2/2$ statt $E = m_0 c^2/\sqrt{1 - v_0^2/c^2}$ einzusetzen wäre). Allerdings gibt es Anwendungen der relativistischen Theorie für kleine Geschwindigkeiten, deren Formeln wie nichtrelativistische aussehen, etwa $\lambda = h/(m_0 v_0)$. Das bedeutet aber weder eine Inkonsistenz, noch müssen

---

[65]　Vgl. de Broglie (1953), S. 494, und Kubli (1970/71), S. 38.

[66]　de Broglie (1973), S. 12 und S. 14.

[67]　MacKinnon (1976), S. 1054.

[68]　Vgl. Anhang B.

[69]　MacKinnon (1976), S. 1053.

[70]　MacKinnon (1976), S. 1052.

deshalb die Phasenwellen neu interpretiert werden[71]. Am Ende seines Aufsatzes versucht MacKinnon eine Erklärung dafür zu geben, daß bisher noch niemand auf die Inkonsistenzen de Broglies aufmerksam gemacht hat. „Is it really possible that no one else has noticed the Prince's lack of clothes?"[72] Er bietet die eher psychologische Erklärung an, daß Einstein, Schrödinger, Debye und Born die Arbeit hauptsächlich auf neue vielversprechende Ideen hin durchlasen und auf Konsistenz wenig Wert legten, da die gängigen Theorieansätze in der Atomphysik alle mehr oder minder Flickwerk waren. Nun, vom logischen Standpunkt aus mag man bezweifeln, ob selbst bei vorläufigen Formulierungen einer Theorie Inkonsistenzen hingenommen werden können. Akzeptiert man die vorhergegangenen Ausführungen, dann ist de Broglies Theorie zwar unvollkommen in bezug auf ihre Semantik, aber nicht inkonsistent. Demnach bietet sich eine rationale Erklärung für die mangelnde Aufmerksamkeit an, die de Broglies Irrtum im Zusammenhang mit der Gruppengeschwindigkeit gefunden hat: Dieser Irrtum war nicht zentral für seine Theorie. Um im Bild von „Des Königs neue Kleider" zu bleiben: Ein Loch im Strumpf ist noch kein Skandal.

Man kann in der Auseinandersetzung von QM und SR das Zusammentreffen zweier verschiedener Problemstellungen und Vorgehensweisen sehen. Den eher formalen Überlegungen der SR (als Beispiel: Lorentz-Transformationen) stehen die Gedanken der QM über die „Natur" und den Aufbau der konkreten Teilchen gegenüber. Um überhaupt die SR zum Einsatz bringen zu können, muß man ein Modell der Objekte haben, so daß man weiß, auf was die Transformationsgleichungen anzuwenden sind. Im Falle de Broglies ist dies das „periodische Phänomen", das durch in Phase schwingende Oszillatoren dargestellt wird, wobei die Frequenz $\nu = E/h$ ja aus der QM gekommen war.

In dem betrachteten Sonderfall brachte die formale Anwendung der SR neue Qualitäten in die QM: dem Teilchen wurden Wellen zugeordnet, Interferenzen und Resonanzbedingungen tauchten auf. Offensichtlich können formale Beziehungen (wie etwa Invarianzforderungen) „semantische Effekte" haben, zumindest im heuristischen Bereich. Die de Brogliesche RQM konnte auf Teilgebieten spektakuläre Erfolge erzielen, aber die Schwäche des zugrundeliegenden Modellobjekts ließ sich auf die Dauer nicht verbergen.

---

[71]   Entgegen von MacKinnon (1976), S. 1053.
[72]   MacKinnon (1976), S. 1054.

7. Schrödingers Rezeption der Ideen von de Broglie

> *„Wir sehen die de Brogliesche Theorie, ebenso wie Schrödinger selbst, als einen bedeutsamen Vorläufer der Wellenmechanik an, aber keineswegs als deren endgültige Form."*
>
> Arnold Sommerfeld[73]

Wenn man die Ideen von de Broglie mit der ausgearbeiteten Form der QM vergleicht, wie sie etwa ein modernes Lehrbuch darstellt, so ist der vorläufige Charakter seiner Vorschläge offensichtlich. Zuweilen erwecken Darstellungen in Lehrbüchern den Eindruck, als habe Schrödinger einfach die qualitativen Ideen de Broglies in eine feste quantitative Form gebracht. Neuere wissenschaftsgeschichtliche Untersuchungen haben jedoch nachgewiesen, daß eine solche Vorstellung der komplizierten Situation bei der Entstehung der Wellenmechanik nicht gerecht wird. Im folgenden sollen jedoch nicht die heuristischen Zusammenhänge im Vordergrund stehen, sondern die Konzeptionen von de Broglie und Schrödinger sollen eher unter systematischen Gesichtspunkten verglichen werden. Zwei Fragen werden dabei im Mittelpunkt stehen: Wie kommt es, daß die relativistischen Überlegungen de Broglies bei der nichtrelativistischen Schrödinger-Theorie Pate gestanden haben? Was ist aus dem bei de Broglie offenen Problem des Zusammenhangs von Teilchen und Welle geworden?

Zunächst sollen einige wissenschaftsgeschichtliche Anmerkungen den Hintergrund für die systematischen Überlegungen bereitstellen[74]. Zu der Frage, warum gerade Schrödinger die Ideen von de Broglie weiterentwickelt hat, bemerkt Martin J. Klein[75], daß Schrödingers Beschäftigung mit der statistischen Mechanik idealer Gase seine Aufnahmebereitschaft für de Broglies Arbeit vorbereitet hatte. V.V. Raman und R. Forman[76] geben eine Reihe anderer Gründe an, warum gerade Schrödinger die Ideen de Broglies weiterentwickelte: De Broglie stand bei den in Kopenhagen um Bohr und in München um Sommerfeld versammelten „Spektroskopikern" in keinem großen Ansehen. Schrödinger hatte weniger „Vorurteile" und verfolgte darüber hinaus ähnliche Interessen wie de Broglie (Quantenstatistik, theoretische Spektroskopie, relativistische Mechanik, die optisch-mechanische Analogie). Vor allem weisen Raman und Forman auf Schrödingers Arbeit „Über eine bemerkenswerte Eigenschaft der Quantenbahnen eines einzelnen Elektrons" hin, die schon 1922 in der Zeitschrift für Physik[77] erschienen war. Hierin wird die Theorie von H. Weyl aus

---

[73] Sommerfeld (1929), S. 48.

[74] Eine ausführliche und tiefgehende Darstellung findet sich in Wessels (1977). Vgl. auch Kragh (1979 a).

[75] Klein (1964).

[76] Raman / Forman (1969).

[77] Schrödinger (1922).

dem Jahre 1918 (die eine Verallgemeinerung der Riemannschen Geometrie ist und einen ersten Versuch darstellt, Elektromagnetismus und AR zu vereinigen) auf die ältere Quantentheorie angewandt. Schrödingers Erklärung der stabilen Quantenbahnen[78] zeigt eine gewisse Ähnlichkeit zu der von de Broglie. Dies ergab einen Anknüpfungspunkt für Schrödingers Interesse an de Broglie.

Schrödinger wurde auf de Broglies Ideen durch einen Hinweis Einsteins aufmerksam gemacht[79]. In einem im Februar 1925 erschienenen Aufsatz zur „Quantentheorie des einatomigen Gases"[80] hatte Einstein die wichtigsten Gedanken de Broglies skizziert.

Damit hatte Einstein zum zweitenmal in das Geschehen bei der Entstehung der QM eingegriffen, nachdem sein positives Urteil über die Arbeit de Broglies mit dazu beigetragen hat, daß sie 1924 als Dissertation an der Pariser Universität angenommen wurde (einer der Prüfer, M. Langevin, hatte an Einstein ein Exemplar der Arbeit mit der Bitte um Stellungnahme gegeben). So kann man mit einem gewissen Recht Einstein als Paten der Wellenmechanik ansehen[81].

Schrödinger erhielt erst Ende Oktober 1925 eine Kopie von de Broglies Dissertation[82]. De Broglies Ideen waren für Schrödinger sowohl für die Quantentheorie des Gases als auch für die Entwicklung eines Atommodells interessant[83]. Schon 1926, in einer Arbeit zur Einsteinschen Gastheorie, benutzte Schrödinger de Broglies Theorie (die dieser schon auf Gase angewandt hatte): „Das heißt nichts anderes, als Ernst machen mit der de Broglie-Einsteinschen Undulationstheorie der bewegten Korpuskel, nach welcher dieselbe nichts weiter als eine Art ‚Schaumkamm' auf einer den Weltgrund bildenden Wellenstrah-

---

[78] Nach Weyls Theorie bleibt die Länge eines Vektors bei einer Transplantation nicht mehr ungeändert. So ändert sich die Länge eines Vektors bei Parallelverschiebung entlang einer Weltlinie um den Faktor $\exp\left[(-e/\gamma) \int (V dt - A_x dx - A_y dy - A_z dz)\right]$. Dabei sind V und A_i die elektromagnetischen Potentiale, e ist die Elektronenladung und γ eine Konstante. Das Linienintegral ist entlang des entsprechenden Weltlinienstücks zu nehmen. Schrödinger zeigte nun an der ungestörten Kepler-Bahn des Elektrons im Atom und z.B. auch am Zeeman-Effekt, daß die Bohrschen Quantenbedingungen gerade bewirken, daß der Exponent des angegebenen Faktors ein ganzzahliges Vielfaches von h/γ wird. Würde das Elektron also auf seiner Bahn eine „Strecke" mitführen, die sich bei der Bewegung ungeändert verpflanzt, so würde die Maßzahl der Strecke nach einem Bahnumlauf mit einer ganzzahligen Potenz von $\exp[h/\gamma]$ multipliziert erscheinen. Eine weitere Auswertung dieser „bemerkenswerten Eigenschaft" gibt Schrödinger jedoch nicht. (Zur Theorie von H. Weyl vgl. Kanitscheider (1971), S. 279-284).

[79] Schrödinger selbst schreibt in einem Brief an Einstein (vom 23. April 1926, abgedruckt in Schrödinger (1963 b, S. 24): „Übrigens wäre die ganze Sache sicherlich nicht jetzt und vielleicht nie entstanden (ich meine, nicht von meiner Seite), wenn mir nicht durch Ihre zweite Gasentartungsarbeit auf die Wichtigkeit der de Broglie'schen Ideen die Nase gestoßen worden wäre." Vgl. auch Kragh (1979 a), S. 15-19.

[80] Einstein (1925).

[81] Vgl. Pais (1979), S. 899.

[82] Hanle (1977).

[83] Vgl. auch Hanle (1979).

lung ist."[84] „Wir berechnen es (das Frequenzspektrum) in engem Anschluss an L. de Broglie aus der Vorstellung, daß ein mit der Geschwindigkeit $v_0 = \beta \cdot c$ bewegtes Molekül von der Ruhemasse m_0 nichts weiter ist als ein ‚Signal‘, man könnte sagen ‚der Schaumkamm‘, eines Wellensystems, dessen Frequenz v in der Nachbarschaft von $v = m_0 c^2 / (h \sqrt{1 - \beta^2})$ liegt und für dessen Phasengeschwindigkeit V ein Dispersionsgesetz gilt, das durch vorstehende Gleichung, in Verbindung mit $V = c/\beta = c^2/v_0$ gegeben wird."[85] In der gleichen Arbeit stellt Schrödinger die Frage, ob man Teilchen und Lichtquanten durch die Überlagerung von Phasenwellen, d.h. durch Wellenpakete, darstellen kann[86]. Dabei weist er gleich auf eine grundlegende Schwierigkeit hin: Das Wellenpaket zerfließt nach einiger Zeit.

Schon 1925, vor diesen Überlegungen zur Gastheorie, hatte Schrödinger versucht, die Theorie der Phasenwellen für die Bohr-Sommerfeld-Bahnen des Atoms weiter auszuarbeiten. Er stieß jedoch dabei auf große Schwierigkeiten[87]. Bei seinem zweiten Versuch, eine Wellentheorie des Atoms aufzubauen, löste sich Schrödinger von der Vorstellung wohldefinierter Strahlen, die mit den Bohrschen Bahnen übereinstimmten. Er griff auf eher traditionelle Methoden zurück, indem er eine Wellengleichung aufstellte, deren Lösungen durch Randbedingungen eingeschränkt wurden und so die diskreten Energiezustände des Atoms lieferten. Die Aufstellung einer Wellengleichung geht möglicherweise auf einen Vorschlag von Peter Debye zurück, der anregte, nach einer Wellengleichung für die de Broglieschen Phasenwellen zu suchen[88].

Schrödinger suchte zunächst nach einer relativistischen Wellengleichung. Das lag nahe, nachdem die relativistische Sommerfeld-Theorie einen großen Erfolg bei der Erklärung der Feinstruktur des Wasserstoffatoms gehabt hatte und auch in de Broglies Theorie relativistische Ansätze eingegangen waren. Um die Jahreswende 1925/26 fand er die heute sogenannte Klein-Gordon-Gleichung[89]. Die Lösungen dieser Gleichung lieferten jedoch Energiewerte, die nicht mit den gemessenen Werten übereinstimmten[90]. Bald nachdem sich herausgestellt hatte, daß die relativistische Gleichung nicht geeignet war, fand Schrödinger, daß die nichtrelativistische Version dieser Gleichung das Spektrum des Wasserstoffatoms ohne Feinstruktur in guter Übereinstimmung wie-

---

[84] Schrödinger (1926 a), S. 95.

[85] Schrödinger (1926 a), S. 97 (Bezeichnungen wurden leicht geändert).

[86] Vgl. Schrödinger (1926), S. 100. Schrödinger kann dabei auf Debye (1909) und Laue (1914) verweisen, die gezeigt haben, wie man Lichtwellen so überlagern kann, daß ein auf ein kleines dreidimensionales Raumgebiet beschränktes Signal entsteht.

[87] Vgl. Wessels (1977), S. 322.

[88] Vgl. Wessels (1977), S. 328, und Kragh (1979 a), S. 17-18.

[89] Kragh (1979 a), S. 62. In § 6 bis § 9 geht Kragh ausführlich auf Schrödingers Bemühungen um eine relativistische Wellenmechanik ein.

[90] Von unserem heutigen Standpunkt aus gesehen ist diese Nichtübereinstimmung zu erwarten, da die Klein-Gordon-Gleichung den Spin des Elektrons nicht berücksichtigt (vgl. die Diskussion der Dirac-Gleichung im Kapitel II).

dergab. Am 26. Januar 1926 schickte er die „1. Mitteilung" zur „Quantisierung als Eigenwertproblem" an die Annalen der Physik[91].

Nach diesen historischen Vorbemerkungen wollen wir uns der Schrödingerschen Theorie genauer zuwenden. Als Leitfaden bei der Untersuchung sollen uns Schrödingers Originalmitteilungen dienen. Die vier Mitteilungen zur Wellenmechanik tragen den Titel „Quantisierung als Eigenwertproblem", der in besonderer Weise den Kerngedanken der ersten Arbeit aus dieser Reihe wiedergibt[92]: Die üblichen Quantisierungsvorschriften sollen „auf natürliche Art" erklärt werden, ähnlich wie man die Ganzzahligkeit der Knotenzahl einer schwingenden Saite zwanglos verstehen kann[93]. Ausgangspunkt ist für Schrödinger die klassische Mechanik in der Formulierung von Hamilton-Jacobi[94].

Schrödinger knüpft an Hamiltons partielle Differentialgleichung (Dgl) an

$$(21) \qquad H\left(q, \frac{\partial W}{\partial q}\right) - E = 0$$

E ist die Gesamtenergie
W ist die Hamiltonsche charakteristische Funktion

Aber anstatt nun W für das Wasserstoffatom zu bestimmen und darauf in der gewohnten Weise (durch Ableiten und algebraische Umformungen) die Bahnkurven der beteiligten Teilchen zu berechnen, ersetzt Schrödinger W in (21) durch

$$(22) \qquad W = K \, ln\,\psi$$

(K ist eine Konstante mit der Dimension einer Wirkung)

Die Integration der Dgl (21) wird durch folgendes Variationsproblem ersetzt: Gesucht werden die Funktionen ψ, die das Integral

$$\iiint \left(H\left(q_i, \frac{\partial W}{\partial q_i}\right) - E\right) dq\,_i$$

über den ganzen Konfigurationsraum zu einem Extremum machen. Im Beispiel des Wasserstoffatoms sieht das Problem so aus

$$\delta \int \left[\left(\frac{\partial \psi}{\partial x}\right)^2 + \left(\frac{\partial \psi}{\partial y}\right)^2 + \left(\frac{\partial \psi}{\partial z}\right)^2 - \frac{2m}{K^2}\left(E + \frac{e^2}{r}\right) \psi^2\right] dx\,dy\,dz = 0 \, .$$

---

91   Wessels (1977), S. 328-330.

92   Schrödinger (1926 b-e), auch abgedruckt in Schrödinger (1963 a).

93   Vgl. Schrödinger (1926 b), S. 362.

94   Vgl. zur Hamilton-Jacobi-Theorie z.B. das IX. Kapitel von Goldstein (1963).

Aus dem Variationsverfahren ergibt sich, daß geeignete Funktionen solche sind, die die Gleichung

$$(23) \qquad \Delta\psi + \frac{2\,m}{K^2}\left(E + \frac{e^2}{r}\right)\psi = 0 \;,$$

die sogenannte Schrödinger-Gleichung, erfüllen. Außerdem ergeben sich für ψ gewisse Randbedingungen, die etwa das Verhalten von ψ für große r festlegt. Deshalb ist (23) nur für bestimmte Energiewerte E lösbar, die mit den Bohrschen Energieniveaus des Wasserstoffatoms übereinstimmen, wenn man die Konstante $K = h/2\pi$ setzt.

Es ist bemerkenswert, daß Schrödinger sein Vorgehen nicht intuitiv motiviert. Die Wellenvorstellung, die entscheidend für die Entdeckung der Schrödinger-Gleichung war, erscheint erst am Schluß seiner Arbeit und eher als Nebenprodukt der Tatsache, daß (23) die Form einer Wellengleichung hat[95]. Schrödinger verteidigt seine Arbeit mit der erfolgreichen Wiedergabe des Wasserstoffspektrums, die ohne die als ad hoc empfundenen Bohr-Sommerfeldschen Quantisierungsvorschriften auskommt. „Als das Wesentliche erscheint mir, daß in der Quantenvorschrift nicht mehr die geheimnisvolle ‚Ganzzahligkeitsforderung‘ auftritt, sondern diese ist sozusagen einen Schritt weiter zurückverfolgt: sie hat ihren Grund in der Endlichkeit und Eindeutigkeit einer gewissen Raumfunktion.“[96] Die Idee, die Wellengleichung durch ein Variationsprinzip zu erzeugen, kam von Peter Debye, der der Auffassung war, daß die wichtigsten Theorien der Physik alle in dieser Weise formuliert werden können[97]. So beruft sich Schrödinger bei der Darstellung seiner Theorie auf vertraute Modelle (Wellengleichung mit Randbedingung, Variationsprinzip), obwohl der heuristische Weg anders verlaufen war.

Die anschauliche Deutung der Funktion ψ als Schwingungsvorgang im Atom hat Schrödinger zwar angestrebt, aber er hat bewußt zunächst nur den mathematischen Apparat der Wellenmechanik formuliert, ohne auf die Bedeutung von ψ genau einzugehen[98]. Linda Wessels[99] gibt zwei Gründe an, die dabei eine Rolle gespielt haben könnten. Unter den Physikern gingen die Meinungen auseinander, ob überhaupt der Aufbau einer Theorie auf ‚physikalischen Bildern‘ und klassischen Begriffen möglich und nötig sei. Schrödinger wollte zunächst Auseinandersetzungen um dieses umstrittene Thema vermeiden, bis seine Theorie wegen der Übereinstimmung mit dem Experiment akzeptiert war. Außerdem sah sich die Welleninterpretation großen Schwierigkeiten gegenüber (dies ist ein Beispiel dafür, wie manchmal der Formalismus einer Theo-

---

95 Vgl. (auch für das Folgende) Wessels (1977), S. 331 f.
96 Schrödinger (1926 b), S. 372.
97 Vgl. Kragh (1979 a), S. 61.
98 Schrödinger (1926 b), S. 372.
99 Wessels (1977), S. 332 f.

rie *vor* ihrer Semantik etabliert wird): Die Stabilität des Wellenpaketes konnte nicht gesichert werden; für ein n-Teilchensystem war ψ eine Funktion in einem $3\,n$-dimensionalen Raum, der nicht mit dem gewöhnlichen physikalischen Raum identifiziert werden konnte. So ließ Schrödinger die Deutung von ψ zunächst offen[100].

In einer anderen Arbeit[101] hat Schrödinger ein Kennzeichen seiner „Undulationsmechanik" hervorgehoben, das dennoch die Brücke zu de Broglie andeutet: Die Wellenmechanik ist eine *Kontinuumstheorie*. An der Stelle von endlich vielen Variablen (die etwa Ort und Impuls der Teilchen beschreiben) tritt die Wellenfunktion, die sich als Lösung einer einzigen partiellen Dgl. ergibt, und ein kontinuierliches, „feldmäßiges" Geschehen im Konfigurationsraum beschreibt. Das Erbe de Broglies ist also die Idee, die Bewegung diskreter Teilchen mit Mitteln der Kontinuumstheorie zu beschreiben.

Für unseren Zusammenhang ist auch Schrödingers 2. Mitteilung[102] wichtig, in der die Wellenmechanik anschaulicher eingeführt wird. Schrödinger greift dabei Hamiltons Analogie zwischen Mechanik und Optik auf, die auch schon von de Broglie herangezogen worden war. Diese Analogie wird benutzt, um die Notwendigkeit des Übergangs zur Wellenmechanik zu zeigen. Im atomaren Bereich sind die Bedingungen nicht mehr gegeben, die es erlauben, mit dem Grenzfall der Begriffe der geometrischen Optik zu arbeiten, man muß auf die grundlegende Wellentheorie zurückgehen[103]. Es ist bemerkenswert, daß sich Schrödinger nicht damit zufriedengibt, mit der einmal gefundenen Wellengleichung, die sich am H-Atom bewährt hat, nun weitere Probleme zu lösen, sondern hier auch versucht, das Zustandekommen dieser Gleichung anschaulich zu begründen.

Im folgenden soll uns die Frage beschräftigen, ob de Broglies Herleitung des Zusammenhangs von Optik und Mechanik, die ja auf relativistischen Überlegungen beruht, ganz ersetzt werden kann durch die nicht relativistische Anwendung des Hamilton-Jacobi-Formalismus, wie sie Schrödinger zur Begründung der Wellenmechanik gegeben hat[104]. S soll die Hamiltonsche Wirkungsfunk-

---

100   Vgl. auch MacKinnon (1980), S. 6 und S. 7.
101   Schrödinger (1926 f), S. 735.
102   Schrödinger (1926 c).
103   Vgl. Wessels (1977), S. 334.
104   Hamiltons Arbeiten zur Dynamik (Hamilton 1940) sind eigentlich nur Weiterentwicklungen der in der Optik verwendeten Methode der charakteristischen Funktion. Wenn Schrödinger die Hamilton-Jacobi-Theorie benutzt, greift er indirekt auf Überlegungen aus der Optik zurück.
Hamilton hat seine in Optik und Mechanik anwendbare Methode der charakteristischen Funktion gekennzeichnet als „a view of mathematical optics, which appears to me to be analogous to the view taken by Descartes of algebraical geometry, and likely to lead those who shall adopt it to analogous changes of method" (Hamilton (1931), S. 295). Im Falle Schrödingers hat sich diese Prophezeiung sicher erfüllt.

tion bezeichnen[105]. Sie ist das Zeitintegral über die Lagrangefunktion L:

$$S(x, y, z, t) = \int L dt + \text{const}.$$

Mit dieser Bezeichnungsweise lautet die Hamilton-Jacobi-Gleichung

$$(24) \qquad \frac{\partial S}{\partial t} + H(x, y, z, \frac{\partial S}{\partial x}, \frac{\partial S}{\partial y}, \frac{\partial S}{\partial z}) = 0.$$

Als Beispiel sei die Gleichung für ein Teilchen im Potential V angegeben

$$(25) \qquad \frac{\partial S}{\partial t} + \frac{1}{2m} \{(\frac{\partial S}{\partial x})^2 + (\frac{\partial S}{\partial y})^2 + (\frac{\partial S}{\partial z})^2\} + V(x, y, z) = 0.$$

Macht man folgenden Lösungsansatz

$$S(x, y, z, t) = -Et + W(x, y, z),$$

so erhält man für W (Hamiltons „charakteristische Funktion"), das nicht mehr von der Zeit abhängt,

$$(26) \qquad (\frac{\partial W}{\partial x})^2 + (\frac{\partial W}{\partial y})^2 + (\frac{\partial W}{\partial z})^2 = 2m(E - V).$$

E. Whittaker[106] hat von dieser Gleichung ausgehend einen sehr direkten Weg von de Broglies Wellen zur Schrödingergleichung rekonstruiert: Für die de Broglie-Wellen gibt Whittaker eine Phasengeschwindigkeit u an

$$(27) \qquad u = v \cdot \lambda = (E/h) \cdot (h/p) = E/\sqrt{2m(E - V)}.$$

Man betrachtet nun eine Oberfläche konstanter Phase zum Zeitpunkt $t = 0$ und verfolgt deren zeitlichen Verlauf. Die Gleichung dieser Oberfläche zum Zeitpunkt t wird dabei auf folgende Form umgeschrieben:

$$\tau(x, y, z) = t.$$

Zur Veranschaulichung können beispielsweise zweidimensionale Wasserwellen dienen, die sich kreisförmig ausbreiten. Die Gleichung für Flächen konstanter Phase ist in diesem Fall

$$x^2 + y^2 = R(t)^2 = u^2 t^2,$$

---

[105] Wir wollen uns weiter an die Schreibweise in Goldstein (1963) halten (bei Schrödinger ist demgegenüber die Bedeutung der Buchstaben S und W gerade vertauscht).
[106] Whittaker (1973), S. 271.

dies ergibt nach t aufgelöst

$$t = (1/u) \sqrt{x^2 + y^2} \quad \text{und} \quad \tau(x, y) = (1/u) \sqrt{x^2 + y^2} \; .$$

In diesem Beispiel läßt sich leicht zeigen, daß

$$\left(\frac{\partial \tau}{\partial x}\right)^2 + \left(\frac{\partial \tau}{\partial y}\right)^2 = \frac{1}{u^2} \; .$$

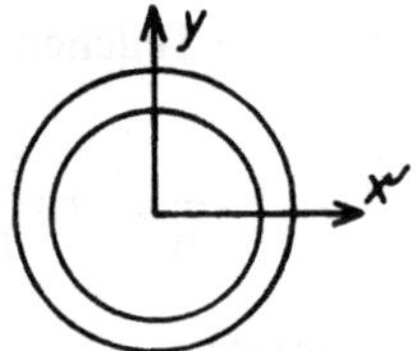

Abb. 3: Flächen konstanter Phase

Allgemein kann man für τ zeigen[107]

$$\left(\frac{\partial \tau}{\partial x}\right)^2 + \left(\frac{\partial \tau}{\partial y}\right)^2 + \left(\frac{\partial \tau}{\partial z}\right)^2 = \frac{1}{u^2}$$

oder mit (27)

$$(28) \qquad \left(\frac{\partial \tau}{\partial x}\right)^2 + \left(\frac{\partial \tau}{\partial y}\right)^2 + \left(\frac{\partial \tau}{\partial z}\right)^2 = \frac{2m(E-V)}{E^2} \; .$$

Gleichung (28) stellt in gewissem Sinn die optische Analogie zur mechanischen Gleichung (26) dar. Mit dem Ansatz

$$(29) \qquad \psi = \exp\left[(i/h)\, E\, (-t + \tau(x, y, z))\right]$$

kann Whittaker aus (28) die Schrödinger-Gleichung ableiten. Dazu wird (29) zweimal differenziert, das Ergebnis

$$\frac{\partial^2 \psi}{\partial x^2} = -\frac{E^2}{\hbar^2} \left(\frac{\partial \tau}{\partial x}\right)^2 \psi + \frac{iE}{\hbar} \frac{\partial^2 \tau}{\partial x^2} \psi$$

wird in (28) eingesetzt. Unter Berücksichtigung der Kleinheit von $\hbar$ können die Glieder $(iE/\hbar) \cdot (\partial^2 \tau/\partial x^2)\, \psi$ vernachlässigt werden, womit (28) in die Schrödinger-Gleichung für ψ übergeht.

Die Frage nach der Plausibilität des Ansatzes (29) sei hier nicht erörtert, denn auf alle Fälle stellt schon die Bestimmung der Phasengeschwindigkeit u

---

[107]   Vgl. Whittaker (1973), S. 271.

in (27) als

$$u = E/\sqrt{2m\,(E - V)}$$

eine deutliche Abweichung von de Broglies Konzept dar. Für (27) wurde nämlich bei $p = \sqrt{2m\,(E - V)}$ der *nichtrelativistische* Energiesatz $E = p^2/(2m) + V$ benutzt. De Broglie gibt in seiner Dissertation[108] die in seinem Kontext korrekte Formel für die Phasengeschwindigkeit u bei Vorliegen eines Potentials V an:

$$u = (c^2/v_0)\,(E_r/(E_r - V)) \qquad E_r:\ \text{relativistische Gesamtenergie.}$$

Offensichtlich verwendete Whittaker de Broglies Ideen in einer schon stark umgedeuteten Form, so daß ein bruchloser Übergang von de Broglie zu Schrödinger auf diese Weise nicht aufzuzeigen ist (hauptsächlich weil de Broglie einen relativistischen Energieausdruck verwendet, Schrödinger nicht). Ein solcher bruchloser Übergang war von Schrödinger selbst übrigens auch nicht behauptet worden. Allerdings gelangt auch Schrödinger zu den de Broglie-Beziehungen $E = h\nu$ und $p = h/\lambda$. So kann man sich die Frage stellen, wie Schrödinger diese Beziehungen ohne SR ableiten kann.

Wir wollen deshalb wieder zu der behutsameren Vorgehensweise Schrödingers in seiner 2. Mitteilung[109] zurückkehren. Dabei halten wir uns an die Rekonstruktion von Goldstein[110], die durchsichtiger als das Original ist. Die charakteristische Funktion $W(q)$ ist zeitunabhängig, die Flächen mit konstantem W sind im Konfigurationsraum fest angeordnet. Die Flächen mit konstantem $S(q, t)$, die für $t = 0$ mit den entsprechenden Flächen mit konstantem $W(q)$ zusammenfallen $(S(q, t) = Et + W(q))$, wandern im Laufe der Zeit gemäß Gl. (25). Die Geschwindigkeit, mit der sich die Flächen mit konstantem S im Konfigurationsraum bewegen, ist nicht für alle Punkte auf der Fläche gleich. Die Wanderungsgeschwindigkeit u wird durch den Abstand der Flächen ds nach einer Wanderungszeit dt gebildet: $u = \dfrac{ds}{dt}$.

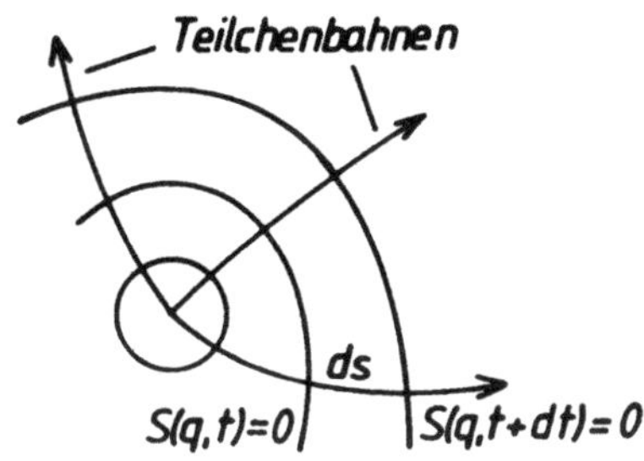

Abb. 4: Die Funktion $S(q, t)$ im Konfigurationsraum

---

108   de Broglie (1927), S. 31.

109   Schrödinger (1926 c), S. 490 f.

110   Goldstein (1963), S. 340 f. Für eine strengere Diskussion vgl. Brillouin (1949), S. 166 f.

u soll nun bestimmt werden. Die Fläche mit konstantem S wandert in der Zeit dt von einer Fläche mit konstantem W nach einer neuen Fläche, für die die charakteristische Funktion const $= W + Edt = W + dW$ ist. Für dW gilt: $dW = Edt$.

Die Änderung von W in Richtung des Normalabstandes ds ist durch den Gradienten gegeben $dW = |\nabla W|\, ds$, damit erhält man für u

$$u = \frac{ds}{dt} = \frac{E}{|\nabla W|} \, .$$

Mit Hilfe von (26) kann man den Gradienten von W bestimmen

$$|\nabla W|^2 = 2m\,(E - V) \, .$$

Die Wanderungsgeschwindigkeit der Flächen mit konstantem S ist demnach

$$(30) \qquad\qquad u = E/\sqrt{2m\,(E - V)} \, .$$

Durch Umformung erhält man (für ein Einteilchensystem)

$$u = E/m\mathrm{v} \qquad\qquad \mathrm{v} = \text{Teilchengeschwindigkeit} \, .$$

Weiter gilt $m\vec{\mathrm{v}} = \vec{p} = \nabla W$. Die Geschwindigkeit u eines Punktes auf einer Fläche mit konstantem S im Konfigurationsraum ist also umgekehrt proportional der räumlichen Geschwindigkeit v eines Teilchens. Die Trajektorien der Teilchen stehen senkrecht auf den Flächen mit konstantem S.

An dieser Stelle kann man sich an die Phasenwellen von de Broglie erinnern, wo auch die Phasengeschwindigkeit umgekehrt proportional zur Teilchengeschwindigkeit war und die Trajektorien senkrecht standen zu den Flächen konstanter Phase. Schrödinger interpretiert nun — und das ist ein entscheidender Schritt — das System der Flächen mit $S = $ const als System von *Wellen*flächen mit konstanter Phase in einer fortschreitenden, aber stationären Wellenbewegung im Konfigurationsraum. Damit ist die Wellenvorstellung mit dem Hamilton-Jacobi-Formalismus verknüpft worden.

Mit Hilfe von (30) kann Schrödinger die Analogie von Fermatschem Prinzip und dem Prinzip von Euler-Maupertuis begründen, ohne auf relativistische Überlegungen Bezug nehmen zu müssen.

$$\int_A^B (1/u)\,ds = \text{Extr.} = (1/E) \int_A^B p\,ds \, .$$

Der Beweis dieser Analogie hängt also nicht an der Relativitätstheorie.

Im zweiten Paragraphen baut Schrödinger die Interpretation der Flächen mit konstantem S als Flächen konstanter Phase einer Wellenbewegung weiter aus, indem er explizit einen Ausdruck für eine Wellenbewegung angibt. Aus Einfachheitsgründen nimmt Schrödinger eine sinusförmige Zeitabhängigkeit an:

$$(31) \qquad \sin((2\pi/h)\,S + \text{const}) = \sin(-(2\pi/h)\,Et + (2\pi/h)\,W + \text{const}).$$

Hierbei hat die Interpretation von S allein schon zur Folge, daß $Et \sim vt$, der Proportionalitätsfaktor h ist willkürlich festgelegt. Aus dem Hintergrundwissen bietet sich h als universelle Konstante mit der richtigen Dimension einer Wirkung an. Die Frequenz v wird also so bestimmt, daß $hv = E$ ist[111]. Im Vorhergehenden war die Phasengeschwindigkeit zu $u = E/\sqrt{2m(E-V)}$ festgelegt worden. Für ein Teilchen im Potential V verwendet Schrödinger also folgende Wellenfunktion (die er allerdings in dieser Form nicht aufgeschrieben hat)

$$(32) \qquad e^{2\pi i\,[v\,t + (v/u)\,x]} = e^{2\pi i\,[(E/h)\,t + (E/h)\,(p/E)\,x]}.$$

Hieraus folgen die de Broglie-Beziehungen:

$$E = hv$$
$$1/\lambda = v/u = (E/h)/(E/\sqrt{2m(E-V)}) = p/h.$$

Dabei ist allerdings zu beachten, daß E und p bei Schrödinger in der nicht-relativistischen Form auftreten. Auch für kleine Geschwindigkeiten geht de Broglies $E = m_0c^2/\sqrt{1-\beta^2}$ nicht in die nicht-relativistische Form $E = m_0v^2/2$ über, während de Broglies p (und damit λ) für kleine Geschwindigkeiten mit Schrödingers p (bzw. λ) übereinstimmt.

Das Wiederauftauchen der de Broglie-Beziehungen bei Schrödinger ist bemerkenswert und soll im folgenden noch etwas näher untersucht werden. Auch bei de Broglie war die Beziehung $E = hv$ innerhalb seiner Theorie willkürlich (er übernahm sie aus der alten Quantenmechanik). Nach de Broglie sieht ein Beobachter, der sich gegenüber einer Schwingung der Frequenz $v = m_0c^2/h$ mit der Geschwindigkeit v_0 bewegt, eine Wellenbewegung mit

$$e^{2\pi i\,(m_0c^2/(h\sqrt{1-\beta^2}))\,[t - (xv_0)/c^2]} = e^{2\pi i\,[(E/h)\,t - (E/h)\,(p/E)\,x]}.$$

Daraus kann man dann $E = hv$ und $\lambda = h/p$ ablesen.

Sowohl bei de Broglie als auch bei Schrödinger finden sich ebene Wellen, in beiden Fällen ist $v = E/h$; dabei entnimmt de Broglie die Beziehung $E = hv$ der älteren Quantentheorie, Schrödinger leitet $E \sim v$ *ohne* Rückgriff auf die Quantentheorie ab (außerdem verwendet er den nichtrelativistischen Energie-

---

111   Vgl. Brillouin (1949), S. 190.

ausdruck). Der Proportionalitätsfaktor wird jedoch mit Hilfe der QM bestimmt. De Broglies relativistisches Argument ergibt für die Phasengeschwindigkeit $V = c^2/v_0 = m_0 c^2/(m_0 v_0) = E/p$. Schrödingers Ableitung mit der *nichtrelativistischen* Hamilton-Jacobi-Theorie liefert jedoch auch $u = E/p$. Die Werte der Phasengeschwindigkeit V und u sind jedoch wieder verschieden. Da beide ebene Wellen verwenden, errechnet sich die Wellenlänge bei beiden E/p = Phasengeschwindigkeit $= \lambda v$ oder $\lambda = E/(vp) = (hv)/(vp) = h/p$.

Für kleine v_0 stimmen die Werte von λ (und p) überein, d.h. also, daß für kleine Geschwindigkeiten die Wellenlängen der Phasenwellen de Broglies mit den „Wellenlängen" der Wirkungsfunktion S übereinstimmen. Wegen des relativistischen Energieterms ist bei de Broglie jedoch die Frequenz und entsprechend die Phasengeschwindigkeit größer.

Möglicherweise ist die Übereinstimmung der Theorien von Schrödinger und de Broglie in dem Sinne Zufall, daß die jeweiligen Motivationen (SR und Wirkungsfunktion) keinen inneren Zusammenhang haben, aber dennoch zum gleichen Ergebnis führen. Beiden Konzeptionen gemeinsam ist die Darstellung von Teilchenbewegungen durch ebene Wellen. Hierzu hatte de Broglie eine anschauliche Motivation und Schrödinger übernahm diesen Gedanken. Da beide die Beziehung $v = E/h$ der Quantenmechanik entnahmen, ist die Gemeinsamkeit der Beziehung $\lambda = h/p$ vielleicht nicht so sehr verwunderlich.

Beim Lösen konkreter Probleme der Atomphysik war Schrödinger viel erfolgreicher als de Broglie, da er die „undulatorische Ausgestaltung" der Mechanik bis zur Aufstellung einer Wellengleichung weiterführte, die dann an die Stelle der Grundgleichungen der Mechanik trat[112]. Dabei setzte er aus Einfachheitsüberlegungen eine Wellengleichung der Form

$$\Delta \psi - \frac{1}{u^2} \frac{\partial^2 \psi}{\partial t^2} = 0$$

an, wobei ψ die übliche Zeitabhängigkeit $e^{2\pi i v t}$ haben sollte. Mit dem schon vorher bestimmten $u = E/\sqrt{2m(E-V)}$ (vgl. (30)) ergibt sich dann die bekannte zeitunabhängige Schrödingergleichung:

$$\Delta \psi + (4\pi^2/h^2)\, 2\, m\, (E-V)\, \psi = 0\,.$$

Die zeitabhängige Schrödingergleichung

$$i\,(h/2\pi)\, \frac{\partial \psi}{\partial t} = (h^2/(4\pi^2\, 2\, m))\, \Delta \psi - V\psi$$

entwickelt Schrödinger mit Hilfe von $\partial \psi/\partial t = (2\pi i/h)E\psi$ zu Beginn seiner Vierten Mitteilung[113].

---

[112]   Schrödinger (1926 c), S. 509 f.

[113]   Schrödinger (1926 e).

Der große Vorteil des Ersatzes der Grundgleichungen der Dynamik durch eine partielle Dgl. für ein Wellenproblem ist, daß sich die Quantenbedingungen zwanglos aus den Randbedingungen ergeben[114]. Man kann hierin die exakte Durchführung eines bei de Broglie mehr anschaulichen Argumentes sehen.

Schrödinger kann nun innerhalb seiner Wellenvorstellung (anders als de Broglie) das Modell eines Wellenpakets konsistent verwenden: Die Teilchen werden durch eine Wellengruppe repräsentiert, die aus der Überlagerung von Wellen mit verschiedener Frequenz gebildet wird[115]. Schrödinger kann leicht zeigen, daß auch bei ihm die Gruppengeschwindigkeit U mit der Teilchengeschwindigkeit v_0 übereinstimmt. Diese Übereinstimmung ist also keine spezielle Folge der relativistischen Behandlung[116]. Die Verwendung des Wellenpakets zeigt einen deutlichen Unterschied in der Verwendung des Wellenbegriffs bei de Broglie und Schrödinger. Für de Broglie waren Teilchen und Wellen getrennte Entitäten, für Schrödinger war ein Teilchen das Ergebnis der Überlagerung einer Wellengruppe. Es ist nicht klar, ob Schrödinger selbst sich dieses Unterschieds bewußt war[117].

Die Vorstellung Schrödingers über den Zusammenhang von Wellen und Teilchen lassen sich recht gut am Beispiel der sog. Solitonen erläutern. Solitonen kann man sich als Wellenpakete vorstellen, die ihre Gestalt bewahren und nicht auseinanderlaufen. Dieses Phänomen wurde im vergangenen Jahrhundert in der Hydrodynamik entdeckt und als solitäre Welle beschrieben. Solitonen sind spezielle Lösungen von bestimmten nichtlinearen Wellengleichungen, sie können daher bei der linearen Schrödinger-Gleichung nicht auftreten. Solitonen stellen stationäre fortschreitende Wellen in Gestalt gleichförmiger Wellenzüge dar, die eine auffallende Stabilität besitzen: wenn z.B. zwei Solitonen zusammenstoßen, treten sie in nichtlineare Wechselwirkung, ändern aber ihre Form nicht. So zeigen sie viele Teilcheneigenschaften. In der Festkörperphysik und auch in der Elementarteilchenphysik wird ihnen zunehmend Aufmerksamkeit entgegengebracht[118].

Die Anregung zur Konstruktion von Wellenpaketen hatte Schrödinger aus der Optik entnommen[119]. Die Optik ist es auch, die Schrödinger eine Analogie

---

[114] Noch 1926, bald nach dem Erscheinen der Arbeiten von Schrödinger, gelang es Wentzel, Brillouin und Kramers, die Bohr-Sommerfeldschen Quantisierungsbedingungen mit einer Näherungsmethode aus der Schrödinger-Gleichung herzuleiten („WKB"-Methode, vgl. Jammer (1966), S. 277, und Sommerfeld (1967), S. 707 f.). Die Idee des Näherungsverfahrens besteht darin, die Schrödinger-Gleichung durch die Transformation $\psi = \exp[(i/h)\int y\,dx]$ in die Riccatische Dgl. überzuführen, die durch Reihenentwicklung gelöst werden kann. In nullter Näherung (was $h \to 0$ entspricht) erhält man $y = p$ und damit $\psi = \exp[(i/\hbar)px]$.

[115] Zu Schrödingers eigener Interpretation seiner Wellengleichung vgl. MacKinnon (1980) und Wessels (1980).

[116] Vgl. Anhang C.

[117] Vgl. Wessels (1977), S. 327.

[118] Vgl. du t. van der Merwe (1979) und Rebbi (1979).

[119] Schrödinger (1926 c, S. 500) zitiert Debye (1909) und Laue (1914).

zur Verfügung stellt, mit deren Hilfe das Verhältnis von Wellenmechanik und klassischer Mechanik bestimmt werden kann. Die klassische Mechanik erscheint dann als Grenzfall der Wellenmechanik. Schrödinger sieht das Versagen der klassischen Mechanik bei sehr kleinen Bahndimensionen und sehr starker Bahnkrümmung als analog zum Versagen der geometrischen Optik bei Hindernissen und Öffnungen, gegenüber denen die Wellenlänge des Lichtes nicht mehr vernachlässigbar ist. Im Falle der Optik muß man dann zur Wellenbeschreibung übergehen. Analog dazu sieht Schrödinger die Einführung der Wellenmechanik[120]. Im Bereich der Wellenoptik verliert der Strahlbegriff seinen Sinn, ebenso ist die Vorstellung einer Elektronenbahn im Atom nicht mehr angebracht. Schrödinger vermerkt, daß es im optischen Fall gelungen ist, die Gleichung der geometrischen Optik aus der Wellengleichung im Grenzfall verschwindender Wellenlängen explizit herzuleiten[121]. Ein ähnliches Verhältnis erwartet er wohl für die Korrespondenz von klassischer Mechanik und Quantenmechanik in der Wellenformulierung.

8. Folgerungen aus dem Vergleich der Konzeptionen von de Broglie und Schrödinger

> *Als man die Wellenauffassung der Mechanik mathematisch entwickeln wollte, sah man sich irgendwie gezwungen, den relativistischen Boden zu verlassen. ... Das ist wahrhaft seltsam, denn die Wellenmechanik schien so ihren Ursprung zu verleugnen!*
>
> *Louis de Broglie*[122]

Im vorhergehenden Abschnitt sind die Konzeptionen von de Broglie und Schrödinger verglichen worden, wobei die Einwirkung der SR im Mittelpunkt stand. Der heuristische Einfluß der Relativitätstheorie auf de Broglie ist unbezweifelbar. Andererseits konnte Schrödinger durch seine Welleninterpretation der Hamiltonschen Wirkungsfunktion die wesentlichen Ergebnisse der de Broglieschen Theorie erhalten, ohne auf die SR zurückgreifen zu müssen. Offen ist, wie eine Theorie aussehen müßte, die beide Ansätze in dem Sinne als Sonderfälle enthält, daß ein zugrunde liegender Hamilton-Formalismus bei de Broglie indirekt verwendet wird und bei Schrödinger in einem nichtrelativistischen Grenzfall auftritt. John Lighton Synge[123] hat die Hamiltonsche Methode der gemeinsamen Behandlung von Optik und Mechanik aus dem dreidimensionalen Raum in den vierdimensionalen Raum übertragen. Dieser Versuch kann

---

[120]   Schrödinger (1926 c), S. 496-497.
[121]   Schrödinger verweist dabei auf Sommerfeld / Runge (1911).
[122]   de Broglie (1943), S. 195.
[123]   Synge (1954).

die oben angesprochene Aufgabe zwar nicht erfüllen, er ist aber so reizvoll, daß er hier kurz geschildert werden soll.

In der Optik gibt es zwei mathematisch exakt durchgearbeitete Theorien, nämlich 1. die geometrische Optik, die jedoch bei bestimmten Problemen, wie z.B. bei der Beugung, nicht ausreicht, und 2. das System der Maxwell-Gleichungen, deren exakte Lösung jedoch mathematisch sehr aufwendig ist. Dazwischen steht die „physikalische Optik", die einige Konzepte aus der Wellentheorie übernimmt, aber weiter mit Strahlen argumentiert. Zur Veranschaulichung kann man etwa an die Behandlung der Beugung am Gitter in den Standardlehrbüchern der Experimentalphysik denken. Eine ähnliche Stellung wie diese „physikalische Optik" hat nun nach Synge die „physikalische Mechanik" von de Broglie, die zwischen der „geometrischen Mechanik" Newtons (d.h. in der Formulierung mit der Wirkungsfunktion) und der Wellenmechanik Schrödingers steht. Der Übergang von der „geometrischen Mechanik", die im Minkowski-Raum aufgebaut wird, zur „physikalischen Mechanik" geschieht allerdings ähnlich wie bei Schrödinger durch einen sogenannten Quantisierungsprozeß. Dabei werden die Wellen so eingeführt, daß zwischen Linien gleicher Wirkung, deren Wert sich um h unterscheidet, gerade eine Welle eingebettet ist (das entspricht der Festlegung $\lambda = h/p$). Die elegante Erklärung des Auftretens von Wellen aufgrund der Lorentz-Transformation, wie sie sich bei de Broglie findet, ist hier allerdings verloren gegangen.

Von einem mehr am mathematischen Formalismus orientierten Gesichtspunkt aus kann man jedoch die Theorien von de Broglie und Schrödinger als Grenzfälle der Diracschen Theorie sehen (die im Detail noch zu behandeln sein wird). Bei der Lösung der Dirac-Gleichung für ein kräftefreies Teilchen ist die ganze Orts- und Zeitabhängigkeit in einem Phasenfaktor $\exp\left[(i/\hbar)\,(\vec{p}\,\vec{r} - Et)\right]$ enthalten, der genau den de Broglieschen Phasenwellen entspricht[124]. Im Ruhesystem des Teilchens ($\vec{p} = 0$) erhält man dann eine Schwingung, die im ganzen Raum in Phase ist: Die Wellenfunktion hängt nicht mehr von $\vec{r}$ ab. Damit ist man auf das Grundmodell de Broglies, auf seine schwingenden Oszillatoren geführt. Zwar ist auch die Schrödinger-Gleichung ein Grenzfall der Dirac-Gleichung[125], aber der Weg von de Broglie zu Schrödinger wird daraus nicht unmittelbar anschaulich verständlich. Die Dirac-Gleichung hat die größere erklärende Kraft, aber de Broglies Überlegungen sind anschaulicher. Man kann vermuten, daß die spezielle Wahl der Wellengleichung bei Dirac der anschaulichen Vorstellung von Oszillatoren bei de Broglie entspricht.

Im folgenden soll uns die Rolle von anschaulichem Modell und mathematischem Formalismus bei der Theorienbildung beschäftigen. Schon beim ersten Blick auf die Aufsätze fällt ein wesentlicher Unterschied in den Vorgehens- und Denkweisen von de Broglie und Schrödinger auf. De Broglie argumentiert phy-

---

[124]   Für $\vec{p}$, E sind die relativistischen Formeln einzusetzen. Vgl. etwa Hittmair (1972), S. 380.

[125]   Vgl. Kap. II.

sikalisch anschaulich, Schrödinger arbeitet mit einem hoch entwickelten Formalismus.

W.T. Scott schreibt dazu: „We shall also see that de Broglie's waves in three-space even for many particles, were more intuitively ‚physical' than the quantitatively more successful but highly abstract waves in the space of quantum mechanics, whose dimensionality is three times the number of particles in the system."[126]

Dies zeigt sich etwa in Schrödingers 1. Mitteilung, wo er versuchsweise eine Deutung der ψ-Funktion als Schwingungsvorgang im Atom andeutet, dann aber doch eine „neutrale mathematische Form" vorzieht, „weil sie das Wesentliche klarer zutage treten läßt"[127].

Dieses Vertrauen auf einen mathematischen Formalismus, wenn er nur korrekte Vorhersagen liefert, ist noch pointierter formuliert bei Max Born zu finden:

„Die erste nicht triviale und physikalisch wichtige Anwendung der Quantenmechanik wurde bald darauf von W. Pauli ... gemacht, der die stationären Energiewerte des Wasserstoffatoms mit der Matrixmethode berechnete und vollständige Übereinstimmung mit Bohrs Formeln fand. Von diesem Augenblick an war an der Richtigkeit der Theorie nicht mehr zu zweifeln. Was aber dieser Formalismus eigentlich bedeutete, war keineswegs klar. Die Mathematik war, wie es öfters vorkommt, klüger als das sinngebende Denken."[128]

Born weist darauf hin, daß der Umgang mit dem mathematischen Formalismus einer Theorie zu brauchbaren Ergebnissen führen kann, obwohl die Semantik der Theorie noch nicht voll entwickelt ist. Der Durchbruch zur Matrizenmechanik gelang nicht durch die mathematische Beschreibung eines anschaulichen Modells, sondern durch die Entwicklung eines Formalismus, die nicht an Vorstellungen, z.B. über Elektronenbahnen, orientiert war. Durch die physikalische Erfahrung waren nur bestimmte Struktureigenschaften vorgezeichnet, die die Theorie erfüllen sollte. Wie wir noch sehen werden, ist auch P.A.M. Dirac ähnlich vorgegangen.

Ein solches Denken war de Broglie fremd. „L'imagination qui permet de se représenter d'un seul coup une portion de la nature physique par une image qui met en évidence certaines de ses articulations, l'intuition qui nous fait deviner soudain par une sorte d'illumination intérieure, qui n'a rien d'analogue au pesant syllogisme, un aspect profond de la réalité, sont des possibilités qui appartiennent en propre à l'esprit humain et qui ont joués et jouent quotidiennement un rôle essentiel dans l'édification de la science."[129] (Natürlich betont de Broglie auch die Notwendigkeit, die gewonnenen Vorstellungen an der Natur zu testen.)

---

126   Scott (1967), S. 46.
127   Schrödinger (1926 b), S. 372.
128   Born (1966), S. 177.
129   de Broglie (1966 b), S. 138/139.

Für diese Unterschiede spielen wohl auch biographische Gründe eine Rolle. Schrödinger hatte die besseren Kenntnisse in den speziellen mathematischen Hilfsmitteln: De Broglie hatte in Paris keine hochstehende Ausbildung in der mathematischen Physik vorgefunden, Schrödinger dagegen konnte auf den 1924 erschienenen I. Band von Courant & Hilberts „Methoden der mathematischen Physik" zurückgreifen, und er hatte Hermann Weyl zum Freund[130]. F. Kubli hat so formuliert: Schrödinger vertraute auf den mathematischen Formalismus mehr als de Broglie. Für de Broglie gab es noch etwas Wichtigeres als die Formel: Die Anschauung[131].

Aber auch für Schrödinger ist die Anschauung zumindest als Hilfsmittel zum Verständnis eines mathematischen Apparates unverzichtbar. So schreibt er in einem Brief an H. Weyl aus dem Jahre 1925: „Liebe Mathematiker, wir wissen wie bitter nötig wir vieles von dem hätten, was Ihr uns zu sagen habt. Gebt Euch, bitte, Mühe, uns das in leichter faßlicher Form ... zu sagen ... Neue Begriffsgebäude aufzubauen macht Spaß, ... aber für uns liegt *das Physikalische* noch viel zu tief im Dunkel, als daß wir hoffen könnten, in dieser Finsternis mit solch komplizierten, ungewohnten Instrumenten erfolgreich arbeiten zu können. Fleißige Menschen werden damit dies und jenes ‚nach der neuen Quantentheorie' ausrechnen. Aber dem vollen Verständnis können wir uns erst nähern, wenn einfache, von einem menschlichen Gehirn mit *einem* Blick umspannbare Ideen die Totalität dessen, was bis jetzt vorliegt, erfassen."[132]

Schrödinger ist also noch nicht zufrieden, wenn eine Theorie als Vorhersageinstrument funktioniert. Über die Übereinstimmung mit dem Experiment hinaus sollen Theorien angestrebt werden, die physikalisch verständlich sind. Dabei besteht die gleiche Schwierigkeit wie bei der Forderung nach Einfachheit von Theorien: Physiker können sich aufgrund ihres intuitiven Urteilsvermögens meist schnell verständigen, ob eine Theorie ‚verständlich' oder ‚einfach' ist, aber es ist sehr schwer, die Kriterien solcher Urteile herauszufinden und explizit zu formulieren.

Überhaupt gibt es bei allen Unterschieden viele Gemeinsamkeiten zwischen de Broglie, Einstein und Schrödinger. Hierzu gehören die Unzufriedenheit mit der statistischen Deutung der QM und die Bedenken gegenüber einem Verzicht auf durchgängige Kausalität und auf die raumzeitliche Beschreibung des Geschehens. Die eigentliche Trennungslinie verlief zwischen dieser „rechten Fraktion" und der „linken Fraktion" der theoretischen Spektroskopiker um Bohr[133].

Den wichtigsten Grund dafür, daß de Broglie nicht zu einer – eigentlich naheliegenden – Wellengleichung kam, sieht Kubli[134] in dem Wunsch de Brog-

---

130   Vgl. Kubli (1970/71), S. 55.

131   Kubli (1970/71), S. 58.

132   Der Brief ist publiziert in Gerber (1968/69), S. 414.

133   Vgl. Raman / Forman (1969), S. 298 f.

134   Kubli (1970/71), S. 57.

lies, ein anschauliches Modell anzugeben, das den Dualismus von Welle und Teilchen erklärt. Schrödingers Konzeption ist dagegen nicht dualistisch (die Wellenpakete als Teilchen sind nur „Epiphänomene"). In gewissem Sinn konnte sich Schrödinger auf die gewohnte Ontologie der Feldtheorie verlassen, wo ja auch — etwa in der Elektrodynamik — die Natur dessen, was da schwingt, nicht näher charakterisiert ist. Schrödingers Wellenmonismus befriedigte de Broglie denn auch nicht, da er darin keine endgültige Lösung des Dualismus sah[135]. Als Alternative versuchte de Broglie (in den Jahren 1927/28) anschauliche Bilder des Dualismus zu konstruieren[136]. Das erste war die Hypothese der „double solution": Die Gleichungen der Wellenmechanik lassen zwei Arten von Lösungen zu, die eine repräsentiert als Singularität das Teilchen, die andere (kontinuierliche) repräsentiert den statistischen Aspekt eines ganzen Teilchenschwarmes. Diese begrifflich attraktive Idee stieß auf beträchtliche mathematische Schwierigkeiten, so daß de Broglie sie aufgeben mußte. In der zweiten, etwas vereinfachten Version, wird die Bewegung des Teilchens durch die Welle beeinflußt. In dieser „theory of pilot wave" erhielt die Welle eine größere physikalische Realität. Als Analogie bietet sich die Bewegung eines Korkens auf einer aufgewühlten Wasseroberfläche an. Aber auch dieser Versuch einer raumzeitlichen Beschreibung, bei der dem Teilchen zu jeder Zeit eine wohldefinierte Geschwindigkeit zugeschrieben wurde, scheiterte. Eine Bewegung des Teilchens im klassischen Sinn war mit dem Formalismus der Quantenmechanik nicht vereinbar. 1928 schwenkte dann de Broglie auf die Bohr-Heisenberg-Linie ein. Er verzichtete ungern auf ein an klassischen Vorstellungen orientiertes Bild, aber er hatte den in der Praxis immerhin funktionierenden probabilistischen Deutungen keine haltbare Alternative entgegenzusetzen. Erst nachdem de Broglie im Jahre 1951 auf D. Bohm aufmerksam geworden war, dessen Wiederaufnahme der Theorie der Pilotwellen alten Einwänden entgehen konnte, wandte er sich dann wieder seinen alten Ideen zu[137].

Man könnte in den verschiedenen Denkweisen von de Broglie und Schrödinger nicht mehr sehen als unterschiedliche Art und Weisen, zu guten Einfällen zu kommen. Wenn jedoch neue Ideen und Konzepte eingeführt werden, dann tauchen solche Überlegungen bei der Begründung für die Einführung der neuen Idee auf. Wenn etwa ein Physiker eine *Wellen*gleichung für die Behandlung *mechanischer* Probleme einführt, so erwarten seine Kollegen von ihm, daß er diesen Schritt ausreichend motiviert. Erst eine spätere Axiomatisierung kann auf eine solche Motivation verzichten. Gerade in den grundlegenden Arbeiten von de Broglie und Schrödinger finden sich viele Hinweise, warum gerade ein

---

[135]   Vgl. zu dem folgenden de Broglie (1966 a), S. 142-185. So schreibt de Broglie (1966 a, S. 155) angesichts der Probleme mit Schrödingers Wellenpaketen: „Nevertheless the true interpretation of the wave-corpuscle dualism seemed to me to remain obscure and did not cease to preoccupy me."

[136]   Vgl. Jammer (1974), S. 44 f.

[137]   Vgl. de Broglie (1960).

bestimmtes Modell, eine bestimmte Vorgehensweise gewählt wird. Es zeigt sich hierbei jedoch, daß es unterschiedliche Auffassungen darüber gibt, wann ein neues Konzept hinreichend motiviert ist und wann die Kette der Begründung abbrechen kann. Im folgenden sollen dafür einige Beispiele angegeben werden.

Besonders instruktiv sind Schrödingers Überlegungen in seiner 2. Mitteilung, wo er den Konflikt zwischen zwei möglichen Strategien des Begründungsabbruchs aufzeigt. Er empfindet es als Defizit, daß die physikalisch anschauliche Bedeutung der Schwingung offen ist: „Denn was es mit der ‚Energie der Schwingungen‘ auf sich hat, ist eine Frage für sich, man darf nicht vergessen, daß es sich ja nur gerade beim Einkörperproblem um etwas handelt, das die Deutung als Schwingungen im wirklichen dreidimensionalen Raum unmittelbar gestattet."[138] Dennoch sieht er in seinem Verfahren wesentliche Vorteile: „Die Bestimmung der Quantenniveaus erfolgt nicht mehr in zwei innerlich getrennten Etappen: 1. Bestimmung aller dynamisch möglichen Bahnen. 2. Verwerfung des übergroßen Teiles der sub 1. gewonnenen Lösungen und Aussonderung einiger weniger durch spezielle Forderungen; vielmehr sind die Quantenniveaus auf einmal als die Eigenwerte der Gleichung (18) bestimmt, welche ihre natürlichen Randbedingungen in sich trägt."[139] Für Schrödinger ist also die Berufung auf eine mathematische Eindeutigkeitsforderung wichtiger als die Entwicklung eines anschaulichen Modells, das dann als Grundlage für die weiteren Ableitungen dienen soll. De Broglie hatte dagegen sein Konzept mit der Möglichkeit einer sehr anschaulichen Erklärung der Bohrschen Quantenbedingungen motiviert. Gemeinsam ist beiden der Versuch der *Reduktion der Kontingenz*, sei es durch die Einführung eines Formalismus, der ohne Zusatzbestimmungen nur die in der Natur realisierte Lösungsmenge zuläßt, sei es durch die Einführung eines anschaulichen Modells, das auf anderen Gebieten entwikkelte mathematische Verfahren (etwa die der Wellenoptik) anwendbar macht, so daß verschiedene Gebiete mit den gleichen Methoden behandelbar sind. Wenn in einer Theorie die formalen Methoden und das anschauliche Modell übereinstimmen (wie in der klassischen Mechanik), wird man diese Theorie besonders leicht als nicht weiter einer Begründung (Motivation) bedürftig ansehen. Natürlich kann es in den verschiedenen Stadien der Theorieentwicklung unterschiedlich sein, ob man die Begründung mit der Einführung eines anschaulichen, vertrauten Modells oder mit der Einführung eines besonders eleganten formalen Apparates abbrechen läßt.

Eine weitere Art von Reduktion der Kontingenz ist die Einführung von Symmetrieüberlegungen. De Broglie führt für seine Deutung ins Feld, daß nun Materie ebenso wie das Licht aus Wellen und Korpuskeln gebildet wird. „Materie und Licht scheinen also in ihrer Struktur viel ähnlicher zu sein als man früher glaubte. Dadurch wird unsere Auffassung von der Natur klarer und einfa-

---

[138]   Schrödinger (1926 c), S. 511-512.
[139]   Schrödinger (1926 c), S. 512.

cher."[140] Nach der gerade geglückten Vereinigung von Licht und Materie wird man nicht weiterfragen, ob der Teilchen-Welle-Dualismus auch ganz einsichtig begründet ist. Man wird also geneigt sein, die Begründungskette nach Einführung einer grundlegenden Symmetrie abzubrechen. Natürlich können immer Experimente Veränderungen in einer Theorie erzwingen, z.B. wurde der Spin eingeführt, um die Duplizität gewisser Spektrallinien zu erklären. Man ist aber nicht bereit, jede Veränderung der Theorie, wenn sie nur die Experimente reproduziert, zu akzeptieren. Es sollen z.B. ad-hoc-Erklärungen möglichst vermieden werden. So wurde als befriedigende Theorie dann Diracs Theorie angesehen, die wesentlich auf Symmetrieüberlegungen (Lorentz-Invarianz) aufgebaut ist und den Spin als zwangsläufige Folgerung mitliefert.

Interessanterweise berufen sich sowohl de Broglie als auch Schrödinger bei ihren doch radikalen Neuansätzen auf alte Positionen (Hamilton). Man kann dies als korrekte Angabe einer benutzten Quelle sehen (die dann aber stark umgedeutet benutzt wurde). Das wäre dann ein Fall, wo die Beschäftigung mit der Wissenschaftsgeschichte für die Neuentwicklung von Theorien wichtig war (etwa Felix Kleins Beschäftigung mit den Grundlagen der Mechanik)[141]. Andererseits kann man in der Berufung auf Autoritäten und im Hinweis auf frühere ähnliche Ansätze eine Möglichkeit zur Absicherung neu eingeführter Theorien sehen.

Nun kann es aber sein, daß bestimmte Züge einer Theorie nicht hinreichend motiviert oder aus anderen Gründen unbefriedigend erscheinen. So war der Zusammenhang von Wellen und Teilchen für de Broglie von Anfang an ein Problem. Er formulierte in einer Arbeit aus dem Jahre 1923, nachdem er die Phasenwellen formal eingeführt hat: „Laissant de côté la signification physique de cette onde (ce sera la tâche difficile d'un électromagnétisme élargi de l'expliquer), nous rappelons que . . . "[142].

Ähnlich äußert sich de Broglie auch am Schluß seiner Dissertation[143]: „Ich habe bewußt die Definition der Phasenwelle und des periodischen Phänomens, dessen Übertragung sie in gewissem Sinn sein würde, wie auch die des Lichtquants unbestimmt gelassen. Die vorliegende Theorie ist daher mehr als eine vorläufige Formulierung anzusehen, deren physikalischer Inhalt noch nicht wie in einem abgeschlossenen Wissensgebiet vollständig festgelegt ist."

Hier endet also die Begründungskette mit dem Hinweis auf die Vorläufigkeit und Unvollständigkeit der Theorie. Die volle semantische Interpretation kann erst mit der entwickelten Theorie geliefert werden.

Nun brachte aber auch die weitere Entwicklung des formalen Apparats der Theorie keine Klärung des Verhältnisses von Welle und Korpuskel. Sechs Jahre

---

140   de Broglie (1943), S. 30.
141   Vgl. Kubli (1970/71), S. 51.
142   de Broglie (1923 b), S. 549.
143   de Broglie (1927), S. 88.

später, in seiner Rede beim Empfang des Nobelpreises 1929, wurden die Interpretationsschwierigkeiten nicht mehr auf die Theorie geschoben[144]. „Was aber geschieht, wenn die Welle sich nicht gemäß den Gesetzen der geometrischen Optik fortpflanzt, wenn zum Beispiel Interferenzen und Beugungen eintreten? Dann kann man der Korpuskel nicht mehr eine Bewegung zuschreiben, die der klassischen Dynamik entspricht, soviel steht fest. Aber darf man noch annehmen, daß die Korpuskel in jedem Augenblick eine genau bestimmte Position in der Welle einnimmt und daß die Welle die Korpuskel bei ihrer Fortpflanzung mit sich führt, wie eine Woge einen Korken mit sich führen würde? Das alles sind schwierige Fragen, deren Erörterung uns zu weit, nämlich bis an die Grenzen der Philosophie, führen würde." Man könnte hier herauslesen, daß die Frage nach dem Zusammenhang von Wellen und Teilchen nicht mehr in den Aufgabenbereich des Physikers fällt. Wahrscheinlich spielt de Broglie hier auf die Komplementaritätsthese Bohrs an, die pointiert behauptet, daß die Frage nach dem Zusammenhang von Teilchen und Welle nicht sinnvoll ist, da Welle und Teilchen nicht gleichzeitig in einem makroskopischen Meßgerät auftreten. In der Komplementaritätsthese kann man nun einerseits eine Immunisierungsstrategie sehen, die eine unter Umständen fruchtbare Fragestellung abbricht. Andererseits kann es tatsächlich nötig sein, bestimmte Fragestellungen mit den zugrundeliegenden Modellen aufzugeben (etwa die nach gleichzeitigem Ort und Impuls). Der Abbruch einer Erklärungskette kann auch mit philosophischen (erkenntnistheoretischen, methodologischen) Argumenten gerechtfertigt werden. Der Verzicht auf deterministische Gesetze befreit von der Notwendigkeit, für jedes Einzelereignis eine Ursache zu finden. Eine solche Aufweichung der methodologischen Standards wird man aber erst zulassen, wenn Änderungen auf der Theorieebene innerhalb des gewohnten methodologischen Rahmens gescheitert sind.

9. Das Einstein-Bohrsche Kasten-Experiment

> *Gestern sprach ich mit Einstein über die Bohrsche*
> *Theorie und Einstein hat hundert Einwände.*
>
> *W. Heisenberg*[145]

Einen anderen Versuch, RT und QM zu kombinieren, kann man in der Debatte zwischen Bohr und Einstein auf dem 6. Solvay-Kongreß 1930 in Brüssel sehen. Die Diskussionen, die dort um das Gedankenexperiment mit der „Photonenbox" stattgefunden haben, stellen den Höhepunkt von Auseinandersetzungen dar, die zwischen Bohr und Einstein seit dem Jahre 1920 um Fragen

---

[144]   de Broglie (1943), S. 315.
[145]   Heisenberg in einem Brief an Pauli vom 8. Juni 1924, abgedruckt als Nr. 62 in Pauli (1979), S. 154.

der Kausalität und der Vollständigkeit der QM geführt wurden. Einstein schlug auf dem 6. Solvay-Kongreß ein Experiment[146] vor, das zeigen sollte, daß die sogenannte 4. Unschärferelation $\Delta E \cdot \Delta t \geq \hbar/2$ nicht allgemein gültig ist. Dazu betrachte man einen Kasten, der mit Strahlung gefüllt ist und nur ein kleines Austrittsloch besitzt. Dieses Loch kann durch einen mit einer Uhr verbundenen Schieber für beliebig kleine Zeitintervalle $t_2 - t_1$ automatisch geöffnet werden, so daß jeweils nur ein Photon den Kasten verlassen kann. Einsteins Idee war nun, die Änderung des Energieinhalts des Kastens durch eine Wägung festzustellen, indem von der Gewichtsdifferenz δm mit Hilfe der relativistischen Formel $E = mc^2$ auf die Energieänderung δE im Kasten geschlossen wird. Einstein glaubte, damit einen Weg gefunden zu haben, wie man durch unabhängige Messungen ΔE und $\Delta t = t_2 - t_1$ gleichzeitig beliebig klein halten kann. Nach einer schlaflosen Nacht gelang es jedoch Bohr zu zeigen, daß

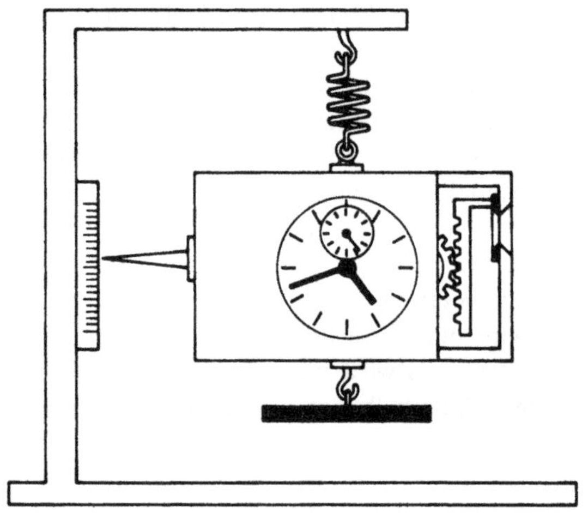

Abb. 5: Die „Photonenbox" (nach Kuhn (1978), S. 127)

Einstein eine andere wichtige Konsequenz der RT übersehen hatte: Für eine genaue Bestimmung der Energieänderung δE muß die Gewichtsbestimmung sehr genau sein. Nimmt man an, daß der Kasten an einer Federwaage aufgehängt ist, so muß die Streuung Δq der Position des Kastens sehr klein sein. Die Messung der Position des Kastens innerhalb einer Streuung Δq hat eine Unsicherheit des Impulses des ganzen Kastens von $\Delta p \approx h/\Delta q$ zur Folge. Δp muß nun kleiner sein als der Impuls $\tilde{p}$, der während der Zeit T, die der Wiegevorgang benötigt, vom Gravitationsfeld auf den Kasten übertragen werden kann

$$(33) \qquad \tilde{p} = T g \, \delta m \qquad\qquad g = \text{Gravitationskonstante.}$$

---

[146]   Vgl. Jammer (1974), S. 132 f., und Bohr (1949).

Je kleiner Δq werden soll, desto länger muß der Wiegevorgang andauern

$$(34) \qquad h/\Delta q < \overset{\curvearrowright}{p} = T\,g\,\delta\,m\,.$$

Nach der allgemeinen Relativitätstheorie zeigt eine Uhr, die in einem durch g gekennzeichneten Gravitationsfeld um Δq verschoben wird, den Gangunterschied ΔT

$$\Delta T/T = g\,\Delta q/c^2\,.$$

Nach dem Wiegevorgang ist es nicht möglich, die Eichung der Uhr (und damit den Zeitpunkt der Photonenemission) genauer als im Intervall ΔT zu bestimmen.

$$\Delta T = Tg\Delta q/c^2 > Tgh/(c^2\overset{\curvearrowright}{p}) = h/(c^2\delta\,m)\ \text{(mit (33) und (34))}$$

$$(35) \qquad \Delta T > h/(c^2\delta\,m)\,.$$

Zusammen mit $E = mc^2$ führt (35) wieder zu $\Delta E\Delta t > h$, so daß auch hier das Unschärfeprinzip gilt. Einsteins Versuch, mit relativistischen Argumenten eine Verletzung von $\Delta E\Delta t > h$ nachzuweisen, erwies sich als Bumerang: Bohr gelang es mit einem Theorem der AR, Einsteins Versuch zu widerlegen. Einstein gab daraufhin die Versuche auf, in der QM eine Inkonsistenz nachzuweisen, und konzentrierte sich darauf, die Unvollständigkeit der QM zu zeigen[147]. Da auch dabei relativistische Argumente eine Rolle spielten, wird uns diese Frage später noch beschäftigen[148].

Für die beteiligten Physiker war es ganz selbstverständlich, daß in der Diskussion um die Grundlagen der QM relativistische Argumente herangezogen wurden. Da sowohl die RT als auch die nichtrelativistische QM sich bewährt hatten, war eine relativistische QM eine selbstverständliche Zielvorstellung. Wenn auch diese Zielvorstellung nicht in einer einheitlichen (etwa axiomatisierten) Form zu verwirklichen war, so wurden doch einzelne Theoreme der RT bei der quantenmechanischen Behandlung der Photonenbox zur nichtrelativistischen QM hinzugenommen[149]. Dieses Verfahren wurde von den Physikern akzeptiert, obwohl die nichtrelativistische QM und die RT bei streng logischer Betrachtungsweise nicht vereinbar sind. Bohrs Rückgriff auf die AR ist dann auch von Wissenschaftstheoretikern (Agassi, Popper) angegriffen wor-

---

[147]   Jammer (1974), S. 136.

[148]   Vgl. die Diskussion des EPR-Paradoxons in Kap. IV der vorliegenden Arbeit.

[149]   Ein anderes Beispiel für die Fruchtbarkeit von Argumenten, die *QM* und *RT* kombinieren, wird von M. Heller erwähnt. Danach ist eine der Quellen der Primeval-Atom-Hypothese von G. Lemaître in quantenmechanischen Überlegungen zu sehen (Heller 1979, S. 205).

den. Andererseits hat es Schrödinger unternommen, Bohr gegenüber Popper zu verteidigen, indem er betonte, daß Einsteins Einbeziehung des Wiegevorgangs eine Antwort mit der besten zur Verfügung stehenden Gravitationstheorie (also mit der AR) erfordere [150].

Hier wird eine Schwäche einer vorwiegend logisch orientierten Wissenschaftstheorie deutlich. Der den Physikern naheliegende Gedanke, daß sich QM und RT auf die gleiche Realität beziehen und deshalb in ihren weiterentwickelten Formen verträglich sein müssen, ist für die Untersuchung der *logischen* Beziehungen zwischen den *vorliegenden* Theorien nicht relevant. Für die Heuristik und für die Anwendung auf konkrete Situationen wie die Photonenbox, ist man jedoch auch auf solche Kombinationen von Theorien angewiesen, die bei einer strengen Prüfung als Flickwerk erscheinen müssen. Solange das Ziel einer einwandfreien, widerspruchsfreien RQM mit großem Anwendungsbereich nicht verwirklicht ist, muß man wohl auch aus methodologischer Sicht ein solches Flickwerk als fruchtbarer betrachten als ein tatenloses Warten auf den großen Wurf einer befriedigenden RQM [151]. Andererseits ist eine „Flickwerk"-Physik stark auf die Intuition des Forschers angewiesen. Bei einer voll ausgereiften Theorie können Deduktionen streng überprüft werden, in der provisorischen Physik werden strenge Ableitungen oft durch Plausibilitätsargumente ersetzt, die Beschreibung der physikalischen Systeme ist oft stark idealisiert. Deshalb sind solche Argumente eher durch Irrtümer gefährdet (wie das eben geschilderte Beispiel Einsteins zeigt). Aber auch Bohrs Überlegungen wurden in neuerer Zeit von Physikern kritisiert [152] (O. Halpern, H.-J. Treder). Diese physikalische Kritik im Einzelfall spricht jedoch nicht grundsätzlich gegen eine RQM mit Flickwerkcharakter.

Das Phänomen der provisorischen Physik scheint noch nicht in das Blickfeld von wissenschaftstheoretischen Untersuchungen geraten zu sein. So bleibt ein wesentlicher Teil der wissenschaftlichen Arbeit von metatheoretischen Untersuchungen ausgeschlossen, obwohl der Umgang mit vorläufigen Theorien ein typischer Zustand der physikalischen Forschung ist, in dem sicherlich rational rekonstruierbare Strategien zu finden sind. Möglicherweise wirkt sich hier ein Vorurteil aus, das durch die Orientierung an logischen Problemen den Bereich wissenschaftstheoretischer Untersuchungen unnötig einengt. H.R. Post [153] hat dieses Vorurteil am Beispiel der Heuristik untersucht und dafür plädiert, die Trennungslinie nicht zwischen Erkenntnislogik und Erkenntnispsycholo-

---

150   Vgl. Jammer (1974), S. 137 f.

151   An dieser Stelle bieten sich Parallelen zwischen der provisorischen Moral von R. Descartes und einer „provisorischen" Physik an. „Endlich genügt es nicht, das Haus, in dem man wohnt, nur abzureißen, bevor man mit dem Wiederaufbau beginnt, ... sondern man muß auch für ein anderes Haus vorgesorgt haben, in dem man während der Bauzeit bequem untergebracht ist" (Descartes (1637), S. 19).

152   Vgl. Jammer (1974), S. 139 und S. 152.

153   Post (1971).

gie [154] zu ziehen, sondern innerhalb der Psychologie zwischen intersubjektiv relevanten Fragen und Fragen rein privaten Charakters zu unterscheiden und nur letztere (z.B. Zusammenhänge zwischen biographisch feststellbaren Erlebnissen und schöpferischen Einfällen von Forscherpersönlichkeiten) aus dem Bereich wissenschaftstheoretischer Untersuchungen auszugrenzen.

In seiner Untersuchung gibt H.R. Post auch heuristische Kriterien an, die in gewissem Sinn allgemeine Regeln zum Aufsuchen neuer Theorien darstellen. Hierzu gehören z.B. die Aufforderungen, die Invarianzeigenschaften und Erhaltungssätze der alten Theorien möglichst zu bewahren und die neue Theorie so aufzubauen, daß die alte Theorie in ihren bewährten Teilen erhalten bleibt. Solche Regeln sind natürlich in keiner Weise zwingend und sie stellen kein Rezept mit Erfolgsgarantie dar. Wie wir beim Verfolgen des Weges zur Schrödinger-Gleichung gesehen haben, besteht die Entwicklung einer neuen Theorie nicht darin, daß beliebige Hypothesen aufgestellt und dann geprüft werden. Vielmehr ist die Suche nach neuen Hypothesen schon von bestimmten Zielvorstellungen geleitet, die z.T. mit der nachträglich gegebenen Motivation übereinstimmen. Der Bereich relevanter Einfälle wird im voraus durch rational begründbare Erwartungen eingeschränkt. Das Aufstellen neuer Hypothesen ist weder streng regelgeleitet noch gänzlich zufällig. Die rationalen Anteile bei diesem „kontrollierten Raten" sind der Wissenschaftstheorie zugänglich [155]. Eine dieser heuristischen Maximen stellt das Ziel der Vereinigung von QM und RT dar. Ein erster Durchbruch zu diesem Ziel wird im nächsten Kapitel untersucht.

---

[154]   Vgl. etwa Popper (1971), S. 6-7.

[155]   Der Begriff der negativen und positiven Heuristik von Imre Lakatos (1974, S. 129 f.) kann als Versuch in dieser Richtung gesehen werden. Die Möglichkeit, detaillierte heuristische Maximen im Nachhinein zu rekonstruieren, muß allerdings nicht bedeuten, daß die Wissenschaftstheorie eine in der Vergangenheit erfolgreiche Heuristik auch der gegenwärtigen Forschung empfehlen soll. Ob es Kandidaten für heuristische Regeln gibt, die zumindest in einer bestimmten Klasse von Forschungssituationen empfehlenswert sind, kann erst die wissenschaftstheoretische Untersuchung zeigen.

II. Die Dirac-Gleichung

1. Die Situation vor der Entdeckung der Dirac-Gleichung

> *I remember once when I was in Copenhagen, that*
> *Bohr asked me what I was working on and I told him*
> *I was trying to get a satisfactory relativistic theory of*
> *the electron. And Bohr said, 'But Klein and Gordon*
> *have already done that!'*
>
> *P. A. M. Dirac*[1]

Wenn man den Forschungsstand kurz vor der Entdeckung der Dirac-Gleichung mit zwei Schlagworten kennzeichnen wollte, so müßte man das Rätsel des Spins und das Desiderat einer relativistischen Wellenmechanik nennen. Zunächst soll der zweite dieser Problemkreise angesprochen werden. Wie wir schon gesehen haben, hatte Schrödinger eine relativistische Wellengleichung gefunden, bevor er die nach ihm benannte nichtrelativistische Gleichung veröffentlichte. Unabhängig von Schrödinger war 1926 die heute sog. Klein-Gordon-Gleichung von mehreren Physikern entdeckt worden (O. Klein, V. Fock, J. Kudar, W. Gordon, Th. de Donder mit H. van Dungen[2]). Wenn man die Ersetzung

$$E \to i\hbar \frac{\partial}{\partial t} \qquad p \to -i\hbar \nabla$$

in der nichtrelativistischen Beziehung $E = p^2/(2m)$ vornimmt, wird man zur Schrödinger-Gleichung geführt. Geht man von der relativistischen Beziehung $E^2 = c^2 p^2 + m^2 c^4$ aus (wobei E die Ruheenergie $m_0 c^2$ einschließt), so erhält man die Klein-Gordon-Gleichung

$$(1) \qquad -\hbar^2 \frac{\partial^2 \psi}{\partial t^2} = -\hbar^2 c^2 \nabla^2 \psi + m^2 c^4 \psi .$$

Die Gleichung (1) hat als Lösungen ebene Wellen

$$e^{(i/\hbar)(pr - Et)} ,$$

die zu den Energieeigenwerten $h\nu$ und zu den Impulseigenwerten p gehören.

---

[1] Zitiert in Mehra (1972), S. 44-45.
[2] Vgl. Feshbach / Villars (1958), S. 25.

Mit Hilfe der Definition

$$P(\vec{r}, t) = (i\hbar/(2mc^2))\,(\psi^* \frac{\partial \psi}{\partial t} - \psi\,\frac{\partial \psi^*}{\partial t})$$

und

$$\vec{S}(\vec{r}, t) = (\hbar/(2im))\,(\psi^* \nabla \psi - \psi \nabla \psi^*)$$

kann man die Kontinuitätsgleichung (2) beweisen

$$(2) \qquad \frac{\partial}{\partial t} P(\vec{r}, t) + \text{div}\,\vec{S}(\vec{r}, t) = 0 \,.$$

Die Geltung der Kontinuitätsgleichung erlaubt es, $P(\vec{r}, t)$ wie die Dichte einer Flüssigkeit zu betrachten, die sich lokal durch Zu- oder Abfließen ändert, wobei die Gesamtmenge der Flüssigkeit erhalten bleibt. $\vec{S}(\vec{r}, t)$ ist analog der Wahrscheinlichkeitsstromdichte der Schrödinger-Gleichung gebildet. $P(\vec{r}, t)$ ist jedoch nicht notwendigerweise positiv, so daß es nicht als Teilchendichte[3] gedeutet werden kann.

Das elektromagnetische Potential $\vec{A}(\vec{r}, t)$, $\Phi(\vec{r}, t)$ kann man durch folgende Ersetzung einführen:

$$E \rightarrow E - e\Phi$$

$$c\vec{p} \rightarrow c\vec{p} - e\vec{A} \,.$$

Um die Zustände des Wasserstoffatoms zu berechnen, setzt man $\vec{A} = 0$ und $e\Phi = -e^2/r$.

Aus der Klein-Gordon-Gleichung kann man dann die Energieniveaus exakt berechnen. Wenn man diese Lösungen in Potenzen von $\alpha = e^2/(\hbar c) \sim 1/137$ entwickelt, so erhält man (bis zur Ordnung α^4)[4]

$$(3) \qquad E = mc^2\,[1 - (\alpha^2/(2n^2)) - (\alpha^4/(2n^4))\,(n/(l + 1/2) - 3/4)] \,.$$

Der erste Term von (3) ist die Ruheenergie. Sie ist für alle Energieniveaus gleich und taucht deshalb in den Spektren nicht auf. Der 2. Term

$$- me^4/(2\hbar^2 n^2)$$

ergibt die Bohrschen Werte für das H-Atom. Der dritte Term von (3) hebt die Entartung der Zustände für gleiches n auf. Er ergibt allerdings eine Feinstrukturaufspaltung, die größer ist als die Aufspaltung nach der Sommerfeldschen

---

[3]   Vgl. auch Kap. II, 2.
[4]   Vgl. Schiff (1968), S. 471.

Formel[5]

$$- (\alpha^4/(2n^4)) \, (n/(l + 1) - 3/4) \, .$$

Die relativistische Wellengleichung von Klein und Gordon gibt die im Experiment festgestellte Feinstrukturaufspaltung deutlich schlechter wieder als die alte Sommerfeldtheorie. Deswegen hatte sich Schrödinger auf den nichtrelativistischen Fall beschränkt, bei dem die alte Bahnvorstellung, d.h. die Bohrschen Berechnungen, und die Wellenmechanik zu dem gleichen Ergebnis führen. In dieser Näherung war keine Feinstruktur zu erwarten, so daß man das Fehlen dieses relativistischen Effektes nicht als Mangel der Schrödinger-Gleichung auslegte.

Während zu der relativistischen Wellengleichung hauptsächlich theoretische Überlegungen geführt hatten, war man zu dem Spin des Elektrons eher im Zusammenhang mit der empirischen Forschung gekommen. Die Entdeckung des Spins ist eng mit der Untersuchung der Atomspektren verbunden[6]. Besonders wichtig wurde dabei die Entdeckung der Multipletts (1922) und die Erforschung ihrer Zeeman-Aufspaltung. Die Systematik der Spektren und eine vorläufige Deutung (etwa im Vektormodell von Landé) war 1924 abgeschlossen. In dieser Systematik trat z.B. bei Anlagerung eines Elektrons an ein Alkali-Ion außer dem Bahndrehimpuls ein zusätzlicher Drehimpuls auf. Pauli gab 1924 (übrigens aufgrund relativistischer Argumente)[7] Gründe dafür an, daß der Drehimpuls des Atoms nur von den äußeren Elektronen herrühre und nicht vom Atomrumpf, wie man bisher angenommen hatte. Zum Verständnis der Spektren und um mit Hilfe des Ausschließungsprinzips das periodische System der Elemente zu verstehen, führte Pauli 1925 eine vierte Quantenzahl für das Elektron ein. Dieser zusätzliche Freiheitsgrad des Elektrons war zunächst noch nicht anschaulich interpretiert. Eine solche anschauliche Interpretation als Spin, als Rotation des Elektrons um die eigene Achse, schlug 1925 R. Kronig vor[8]. Der junge amerikanische Physiker veröffentlichte jedoch diesen Vorschlag nicht, da Pauli, Kramers und Heisenberg, mit denen Kronig diskutierte, seine Ideen ablehnten. Der Grund für diese Ablehnung waren verschiedene Schwierigkeiten, die das Modell des rotierenden Elektrons aufwarf. So konnten G. E. Uhlenbeck und S. Goudsmit, die dieses Modell unabhängig von Kronig entwickelten und noch 1925 veröffentlichten, eine Übereinstimmung mit dem Experiment nur durch die nicht weiter begründete Annahme erreichen, daß das Verhältnis von magnetischem Moment und Drehimpuls beim Spin doppelt

---

5 Vgl. Kap. I, 2 (Schreibweise der Sommerfeldschen Formel leicht geändert).

6 Die komplizierte Entdeckungsgeschichte des Spins kann hier nur kurz skizziert werden. Ausführlichere Darstellungen finden sich in Waerden (1960), Jammer (1966), S. 118 f., Hund (1975), S. 108 f., Meyenn (1981).

7 Vgl. Jammer (1966), S. 138.

8 1921 hatte A. H. Compton die Hypothese des rotierenden Elektrons vorgeschlagen, aber er wandte sie nicht auf den anomalen Zeeman-Effekt an.

so groß sei wie bei der Bahnbewegung. Eine weitere Schwierigkeit war, daß die Oberfläche des Elektrons mit dem klassischen Elektronenradius ein Vielfaches der Lichtgeschwindigkeit erreichen müßte. Eine dritte Schwierigkeit (die berechnete Dublett-Aufspaltung war doppelt so groß wie die experimentell ermittelte) konnte 1926 von L. H. Thomas aufgelöst werden, indem er zeigte, daß die korrekte Berücksichtigung relativistischer Effekte (Thomas-Präzession) den richtigen Wert für die Aufspaltung ergab[9]. W. Pauli hatte wegen der theoretischen Schwierigkeiten des Modells des rotierenden Elektrons (und wohl auch weil er zweifelte, daß eine solche klassisch mechanische Vorstellung korrekt sein konnte) lange Zeit Widerstand gegen diese „Irrlehre" geleistet. Die Spin-Hypothese von George Uhlenbeck und Samuel Goudsmit wurde veröffentlicht, bevor sie sich über die damit verbundenen Probleme ganz klar geworden waren. Das rotierende Elektron wurde jedoch wegen der Erfolge bei der Deutung der Spektren bald akzeptiert, obwohl die theoretischen Unklarheiten nicht ausgeräumt waren.

Durch die Dirac-Gleichung ist die anschauliche Deutung des Spins als Eigendrehimpuls eines Elektrons auf einer Quantenbahn strenggenommen überholt. Es ist bemerkenswert, daß Pauli schon vorher Bedenken gegen eine voreilige Veranschaulichung der Vorgänge in einem Atom äußerte[10].

1924 schrieb Pauli in einem Brief an Bohr, wobei er auf „Bilderbücher", d.h. auf farbige Abbildungen von Elektronenbahnen anspielte: „Wenn auch das Verlangen dieser Kinder nach Anschaulichkeit teilweise ein berechtigtes und gesundes ist, so darf dieses Verlangen doch niemals in der Physik als Argument für die Beibehaltung gewisser Begriffssysteme gelten. Sind die Begriffssysteme einmal abgeklärt, so werden auch die neuen anschaulich sein ... Wir dürfen nicht die Atome in die Fesseln unserer Vorurteile schlagen wollen (zu denen nach meiner Meinung auch die Existenz von Elektronenbahnen im Sinne der gewöhnlichen Kinematik gehört), sondern wir müssen umgekehrt unsere Begriffe der Erfahrung anpassen."[11] Pauli sah die Modellvorstellungen, die der Berechnung der Spektren zugrunde lagen, in einer prinzipiellen Krise: „Wie namentlich aus Millikans und Landés Befund über die Darstellbarkeit der optischen Alkalidubletts durch relativistische Formeln hervorgeht, dürfte die Vorstellung von bestimmten, eindeutigen Bahnen der Elektronen im Atom kaum aufrecht zu erhalten sein. Man hat jetzt stark den Eindruck bei allen Modellen, wir sprechen da eine Sprache, die der Einfachheit und Schönheit der Quantenwelt nicht genügend adäquat ist."[12] Pauli erwartet die Klärung von einer allgemeinen (von klassischen Vorstellungen weiter abweichenden) QM und deren Analyse des Bewegungsbegriffs[13].

---

[9]   Vgl. Kragh (1979 a), S. 46.

[10]   Vgl. Meyenn (1981).

[11]   Brief von W. Pauli an N. Bohr vom 12.12.1924, abgedruckt als Nr. 74 in Pauli (1979), Zitat S. 188 und S. 189.

[12]   Brief von W. Pauli an A. Sommerfeld vom 6.12.1924, abgedruckt als Nr. 72 in Pauli (1979), Zitat S. 182.

Pauli hat in dieser Denkweise vieles mit Dirac gemeinsam, wie sich noch zeigen wird. Vor allen Dingen gehen beide nicht den Weg, aus dem verwirrenden Material der Spektren die richtige QM quasi induktiv „herauszulesen": Der erfolgreiche Weg führt über die kühne Spekulation.

Im Frühjahr 1927 versuchten Charles Darwin und Wolfgang Pauli unabhängig voneinander, den Spin auf der Grundlage der weiterentwickelten quantenmechanischen Methoden zu verstehen[14]. Pauli untersuchte eine Schrödingersche Wellenfunktion, die nicht nur von Raumkoordinaten, sondern auch von Spinkoordinaten abhing, und erhielt so zwei gekoppelte Dgl.[15]. Darwin war vorher mit seinem Ansatz zu äquivalenten Ergebnissen gekommen, bei der Interpretation seiner Theorie orientierte er sich allerdings mehr als Pauli an wellenmechanischen Vorstellungen.

Neben dem Forschungsstand, der durch die Klein-Gordon-Gleichung und durch die Pauli-Gleichung (für den Spin) gekennzeichnet ist, spielten bei der Entdeckung der relativistischen Wellengleichung für das Elektron mit Spin auch biographische Voraussetzungen eine Rolle.

Paul Adrien Maurice Dirac[16] hat in seiner Heimatstadt Bristol die Universität besucht und wurde dort neunzehnjährig zum Elektroingenieur graduiert. Nachdem sein Versuch, nach Cambridge zu kommen, aus finanziellen Gründen zunächst gescheitert war, blieb Dirac für zwei weitere Jahre in Bristol, um Mathematik zu studieren. Schon während seiner Schulzeit hatte er sich besonders für mathematische Fragen interessiert. Ebenfalls schon in Bristol lernte P. A. M. Dirac die RT kennen. Er besuchte Vorlesungen über die RT bei dem Philosophen C. D. Broad und informierte sich durch A. S. Eddingtons Buch „Space, Time and Gravitation". Von der Bohrschen Atomtheorie hatte Dirac jedoch in Bristol nichts gehört, da die Mathematiker hier wenig Kontakt zu den Physikern hatten. 1923 ging Dirac mit einem Stipendium nach Cambridge, wo er in den Vorlesungen seines Betreuers R. H. Fowler in die Bohrsche Atomtheorie eingeführt wurde. Fowler hatte gute Kontakte zu Bohr in Kopenhagen. Als Diracs Betreuer sich für einige Zeit in Kopenhagen aufhielt, übernahm diese Aufgabe E. A. Milne, der auf dem Gebiet der RT und der Astrophysik arbeitete. Außerdem wirkte zu dieser Zeit in Cambridge Arthur Eddington, der Einsteins RT in England eingeführt hatte. Es spricht sowohl für die hervorragenden Voraussetzungen, die Dirac mitbrachte, als auch für die Qualität seiner akademischen Lehrer in Cambridge, daß er schon 1925 grundlegende Arbeiten zur QM veröffentlichte.

---

[13]   Brief von W. Pauli an N. Bohr vom 31.12.1924, abgedruckt als Nr. 79 in Pauli (1979), S. 197.

[14]   Vgl. Kragh (1981), S. 44 ff.

[15]   Sog. Pauli-Gleichung, vgl. Kap. II, 4.

[16]   Für die folgenden biographischen Hinweise vgl. Mehra (1972), Dirac (1977) und Darrigol (1982), S. 49 f.

2. Die Aufstellung der Dirac-Gleichung

> *Physics must be unified.*
> *P. A. M. Dirac*[17]

Zu Beginn der Arbeit, in der P. A. M. Dirac die nach ihm benannte Gleichung aufstellt, wird in einem kurzen Überblick der Stand der Forschung skizziert[18]. Die nichtrelativistische QM von Heisenberg und Schrödinger liefert für ein Elektron in einem Zentralfeld nur die Hälfte der stationären Zustände, die vom Experiment gefordert werden. Dirac erwähnt weiter, daß Goudsmit und Uhlenbeck die Modellvorstellung des rotierenden Elektrons entwickelt haben und dieses Modell von Darwin und Pauli in die neue QM eingearbeitet worden ist. Obwohl diese Theorie die genaue Zahl der stationären Zustände des Elektrons im Atom und den richtigen anomalen Zeeman-Effekt wiedergibt, ist Dirac nicht zufrieden. Sein Hauptkritikpunkt ist wohl, daß diese Theorie nicht mit dem Relativitätsprinzip ein Einklang steht. Außerdem wird kritisiert — vermutlich schon im Hinblick auf die Leistungen der Dirac-Gleichung —, daß die Frage offen bleibt, *warum* die Natur gerade dieses Modell des Elektrons verwirklicht hat und nicht mit einer Punktladung zufrieden war.

Den nichtrelativistischen Theorien des Spin stellt Dirac die relativistische Theorie ohne Spin von Gordon und Klein gegenüber. An ihr wird bemerkenswerterweise nicht die fehlende Übereinstimmung mit dem Experiment kritisiert, sondern die Schwierigkeiten, sie mit den allgemeinen Prinzipien der QM in Einklang zu bringen. Die Klein-Gordon-Gleichung ist nicht linear in $\partial/\partial t$, dies macht nun Schwierigkeiten bei der Interpretation von ψ. Dirac sucht eine positiv definite Einteilchen-Wahrscheinlichkeitsdichte, die die richtigen Transformationseigenschaften hat und für die die Erhaltungssätze existieren. Er glaubt, daß nur in einer Wellengleichung, die in $\partial/\partial t$ linear ist, eine Größe konstruiert werden kann, die die richtigen formalen Eigenschaften hat, um als Wahrscheinlichkeitsdichte interpretiert werden zu können[19]. Deshalb geht Dirac davon aus, daß die Wellengleichung linear in $\partial/\partial t$ sein müsse. Wegen der von der RT geforderten Symmetrie von $\partial/\partial t$ und $\partial/\partial x_r$ müssen auch die Ableitungen nach den Koordinaten linear in die Gleichung eingehen.

Dirac macht nun den Versuch, die Klein-Gordon-Gleichung zu linearisieren.

$$i\hbar\partial\psi/\partial t = -i\hbar c \sum_r \alpha_r \partial\psi/\partial x_r + \beta mc^2 \psi \, .$$

---

[17]　Dirac (1973), S. 9.

[18]　Vgl. Dirac (1928 a) und (1928 c). Vgl. damit die Darstellung von Kragh (1981), S. 48 f.

[19]　Aus heutiger Sicht besteht im Hinblick auf diese Interpretationsfragen kein Unterschied zwischen Klein-Gordon-Gleichung und Dirac-Gleichung (vgl. Wightman (1972), S. 98, und Feshbach / Villars (1958)).
P.A.M. Dirac hat übrigens unabhängig von Born 1926 die probabilistische Deutung der Wellenfunktion entwickelt (vgl. Jammer (1966), S. 290). Vielleicht macht dies sein Festhalten an der Wahrscheinlichkeitsinterpretation auch psychologisch verständlich.

Die Bedingung, daß die relativistische Energie-Impuls-Beziehung

$$E^2 = p^2 c^2 + m^2 c^4$$

erfüllt sein soll, führt mit den aus der nichtrelativistischen QM bekannten Ersetzungen

$$E = i\hbar \partial/\partial t$$

$$p_r = -i\hbar \partial/\partial x_r$$

zu der Bedingung, daß Größen $\vec{\alpha} = (\alpha_1, \alpha_2, \alpha_3)$ und β existieren, so daß

$$(4) \qquad (c\vec{\alpha}\,\vec{p} + \beta mc^2)^2 = c^2 p^2 + m^2 c^4 \ .$$

Gl. (4) läßt sich befriedigen, wenn

$$\alpha_r^2 = \beta^2 = 1 \qquad \text{(für } r = 1, 2, 3)$$

$$(5) \qquad \alpha_r \alpha_s + \alpha_s \alpha_r = 0 \qquad \text{(für } r \neq s)$$

$$\alpha_r \beta + \beta \alpha_r = 0$$

Die Gleichungen (5) lassen sich natürlich durch gewöhnliche Zahlen nicht erfüllen.

Man kann jedoch ausgehend von den Pauli-Matrizen

$$\sigma_1 = \begin{pmatrix} 0 & 1 \\ 1 & 0 \end{pmatrix} \quad \sigma_2 = \begin{pmatrix} 0 & -i \\ i & 0 \end{pmatrix} \quad \sigma_3 = \begin{pmatrix} 1 & 0 \\ 0 & -1 \end{pmatrix}$$

4 x 4-Matrizen konstruieren, die die Bedingungen (5) erfüllen

$$\alpha_r = \begin{pmatrix} 0 & \sigma_r \\ \sigma_r & 0 \end{pmatrix} \qquad \beta = \begin{pmatrix} 1 & 0 & 0 & 0 \\ 0 & 1 & 0 & 0 \\ 0 & 0 & -1 & 0 \\ 0 & 0 & 0 & -1 \end{pmatrix}$$

ψ wird damit zu einer vierkomponentigen Wellenfunktion

$$\psi = \begin{pmatrix} \psi_1 \\ \psi_2 \\ \psi_3 \\ \psi_4 \end{pmatrix}$$

Die Dirac-Gleichung lautet damit

$$(6) \qquad i\hbar \frac{\partial \psi}{\partial t} = [c\,\vec{\alpha}\,\vec{p} + \beta mc^2]\,\psi \,.$$

In Komponenten ausgeschrieben stellt dies ein System von vier gekoppelten Differentialgleichungen für die vier Komponenten von ψ dar.

$$i\hbar\,\partial\psi_1/\partial t + mc^2\,\psi_1 - i\hbar c\,(\partial\psi_4/\partial x_1 - i\partial\psi_4/\partial x_2 + \partial\psi_3/\partial x_3) = 0$$

$$i\hbar\,\partial\psi_2/\partial t + mc^2\,\psi_2 - i\hbar c\,(\partial\psi_3/\partial x_1 + i\partial\psi_3/\partial x_2 - \partial\psi_4/\partial x_3) = 0$$

$$i\hbar\,\partial\psi_3/\partial t - mc^2\,\psi_3 - i\hbar c\,(\partial\psi_2/\partial x_1 - i\partial\psi_2/\partial x_2 + \partial\psi_1/\partial x_3) = 0$$

$$i\hbar\,\partial\psi_4/\partial t - mc^2\,\psi_4 - i\hbar c\,(\partial\psi_1/\partial x_1 + i\partial\psi_1/\partial x_2 - \partial\psi_2/\partial x_3) = 0$$

Sowohl die Berücksichtigung des Spins als auch die relativistische Verallgemeinerung führen jeweils zu einer Verdoppelung der Anzahl der Komponenten[20], so daß von der einkomponentigen nichtrelativistischen Schrödinger-Gleichung ohne Spin ausgehend die vier Komponenten der relativistischen Dirac-Gleichung mit Spin verständlich werden.

Dirac zeigte in seinen Arbeiten, daß seine Gleichung für das Elektron unter Lorentztransformationen invariant ist[21]. Außerdem konnte er die Wahrscheinlichkeitsinterpretation auf die Gleichung übertragen. Es läßt sich nämlich eine positiv definite Größe als Dichte ρ und ein Strom $\vec{j}$ so definieren, daß mit

$$\rho = \sum_{n=1}^{4} \psi_n{}^* \psi_n \qquad \text{und} \qquad \vec{j} = c\,\psi^*\,\vec{\alpha}\,\psi$$

eine Kontinuitätsgleichung erfüllt ist:

$$\frac{\partial\rho}{\partial t} + \text{div}\,\vec{j} = 0 \,.$$

Damit waren Diracs formale Forderungen an eine Gleichung für das Elektron erfüllt. Außerdem zeigte Dirac, daß seine Gleichung näherungsweise in die wellenmechanischen Gleichungen mit Korrekturen für den Spin und für relativistische Effekte überging, wie sie Darwin und Pauli vorgelegt hatten[22]. Auch die Auswahlregeln und relativen Intensitäten der Übergänge bleiben gleich.

Die Aufstellung der Dirac-Gleichung kann in keiner Weise als Vorgang aufgefaßt werden, bei dem induktiv das Beobachtungsmaterial geordnet und ver-

---

[20] Vgl. Feshbach / Villars (1958).

[21] Vgl. Kap. II,6 der vorliegenden Arbeit.

[22] Vgl. Kap. II,4 der vorliegenden Arbeit und Kragh (1981), S. 59 f.

allgemeinert wird. Der Weg zur Dirac-Gleichung führt auch nicht über eine anschauliche Vorstellung eines Modells des Elektrons. Die Forderung der RT nach Lorentz-Invarianz und Erfahrungen mit der nichtrelativistischen QM führen Dirac zu mathematisch formulierbaren Anforderungen an eine Gleichung des Elektrons, die er dann nach einigen Wochen konzentrierten „Herumspielens mit Gleichungen" fand[23].

Bemerkenswert ist, daß die Dirac-Gleichung zunächst keine neuen Beobachtungen vorhersagte und auch nicht vorhandenes Material besser beschrieb als die alten Theorien[24]. Es waren also am Anfang nicht empirische Qualitäten, die die Überlegenheit der Dirac-Gleichung begründeten[25]. Um die Bedeutung nichtempirischer Kriterien für die Theorienbewertung kennenzulernen, wollen wir uns im nächsten Abschnitt näher mit Diracs methodologischen Auffassungen befassen.

3. Zur Philosophie von P. A. M. Dirac

Die Philosophie, mein lieber Sokrates, ist ja eine ganz nette Sache, wenn sich einer in seiner Jugend mit Maßen mit ihr befaßt.

Kallikles[26]

Auch P. A. M. Dirac hat sich in seiner Jugend (während seines Studiums in Bristol) mit Philosophie beschäftigt, später kam er jedoch zu der Ansicht, daß Philosophie unwichtig sei, weil sie nicht zu wichtigen Entdeckungen führt. In seinen Augen ist sie nur das Nachdenken über Entdeckungen, die schon von anderen gemacht worden sind[27]. Dennoch hat sich Dirac zuweilen über die Methoden der Physik und den Fortschritt in der Wissenschaft geäußert, und in diesen Äußerungen werden seine methodologischen, erkenntnistheoretischen und metaphysischen Einstellungen deutlich[28].

---

[23] Dirac started „playing with the equations rather than trying to introduce the right physical idea. A great deal of my work is just playing with the equations and seeing what they give ... It is my habit that I like to play about with equations, just looking for mathematical relations which maybe do not have any physical meaning at all". (Dirac in Gesprächen mit J. Mehra, in: Mehra (1972), S. 45)

[24] Dirac betont selbst: „The present theory will thus, in the first approximation, lead to the same levels as those obtained by Darwin, which are in agreement with experiment." (Dirac (1928 a), S. 624).

[25] Vgl. hierzu Kragh (1981), S. 62-65. Zu frühen Anwendungen der Dirac-Gleichung vgl. Darrigol (1982), S. 78-80.

[26] Vgl. Platons Dialog Gorgias 484 c.

[27] Vgl. Mehra (1972), S. 21.

[28] Vgl. auch Kragh (1981), S. 38. Einschlägig zur Philosophie und Methodologie ist vor allem Kragh (1979 b).

Dirac unterscheidet[29] zwei Methoden, um Fortschritte in der Wissenschaft zu machen, erstens das Experiment und die Beobachtung und zweitens das mathematische Denken (mathematical reasoning). Hierzu gehört das „Herumspielen" mit Gleichungen[30], ohne von Anfang an eine physikalische Idee zu verfolgen oder den Formeln eine physikalische Bedeutung zu unterlegen.

Nach Dirac besteht die Hauptaufgabe der Physik in der Formulierung von Gesetzen, die das Naturgeschehen beschreiben. Dabei ist zweitrangig, ob die Theorie durch eine bildhafte Vorstellung interpretierbar ist[31]. So existiert zur QM des Atoms kein „Bild" im Sinne eines klassischen Modells, jedoch kann der Umgang mit dem formalen Apparat im Prinzip auch bei der QM zu einfach zu durchschauenden Modellen führen. „One may, however, extend the meaning of the word 'picture' to include any way of looking at the fundamental laws which makes their self-consistency obvious. With this extension, one may gradually acquire a picture of atomic phenomena by becoming familiar with the laws of quantum theory."[32] Anschauliche Vorstellungen folgen also eher der Entwicklung einer Theorie als daß sie als heuristische Hilfen brauchbar wären. Als heuristische Leitlinien dient dagegen ein mathematikorientiertes Denken, für das P. A. M. Dirac zwei Prinzipien angibt[33]. Das „Prinzip der Einfachheit" fordert, daß die fundamentalen Bewegungsgleichungen eine einfache Form haben sollen (die Beschreibung von komplexen Phänomenen, wie z.B. von Atomspektren, wird natürlich auch bei einfachen Grundgesetzen verwickelt sein). Noch wichtiger als das „Prinzip der Einfachheit" ist das „Prinzip der mathematischen Schönheit". So können die Einsteinschen Feldgleichungen der AR als schön gelten, obwohl sie nicht ohne weiteres als einfach anzusehen sind. Dirac kann allerdings kein klares, von der Intuition der jeweiligen Forscher unabhängiges Kriterium für Schönheit im mathematischen Sinn angeben[34]. Die Betonung des mathematisch-formalen Aspekts gegenüber der physikalisch-anschaulichen Argumentation ist ein Ergebnis von Diracs eigener Erfahrung in der Forschung[35].

Er hatte in den frühen zwanziger Jahren die Bohrschen Bahnen physikalisch ganz ernst genommen und versucht, eine dazu passende Mathematik zu finden. Diese Versuche blieben erfolglos, während Heisenberg mit ganz neuen mathematischen Methoden ohne Bezug auf ein anschauliches Bild des Atoms der

---

29   Dirac (1939).
30   Mehra (1972), S. 45.
31   Dirac (1958), S. 10.
32   Dirac (1958), S. 10.
33   Dirac (1939).
34   Während die Rolle der Einfachheit schon häufig Gegenstand von wissenschaftstheoretischen Untersuchungen geworden ist (vgl. Grassl (1979), Kap. V und VI, und Hesse (1974), Kap. 10), gibt es kaum Bemühungen zur Präzisierung des Schönheitsbegriffs (vgl. hierzu Kragh (1979 b)).
35   Dirac (1978), S. 2.

Durchbruch gelang. Dirac hat, wie er selbst sagt, seine Lektion gelernt, und mißtraute von da an allen physikalischen Modellbildungen als Basis für eine Theorie. Man soll zunächst der Mathematik vertrauen, auch wenn die Verbindung zur Physik zunächst nicht klar ist: „The physical meaning had to follow behind the mathematics.“[36] Dirac hatte mit dieser Methode Erfolg. Er löste sich von der anschaulichen Vorstellung des rotierenden Elektrons und konstruierte seine Gleichung nach allgemeinen Prinzipien. Zu seiner eigenen Überraschung konnte diese Gleichung dann die Spinphänomene erklären. Ein konsistentes anschauliches Bild hinter dem formalen Apparat ist nach Dirac weder in der Heuristik noch bei der Prüfung von Theorien unverzichtbar. Es sei nicht unbedingt notwendig, nach einer anschaulichen und konsistenten Interpretation der gegenwärtigen QM zu suchen, dies sei nur der Wunsch der Philosophen, die nach einer befriedigenden Beschreibung der Natur suchen. Die Physiker sollen zufrieden sein, wenn Resultate und Wirklichkeit übereinstimmen und sich um so mehr auf die Schwierigkeiten der Theorien konzentrieren, die die Grenzen ihrer Anwendbarkeit und daher die Notwendigkeit der Weiterentwicklung zeigen[37]. Diese Auffassung beinhaltet jedoch keinen Instrumentalismus. Vor dem Hintergrund der Evolution des Wissens über die Natur ist sich Dirac der Vorläufigkeit der physikalischen Modellbildung bewußt und er betont, daß viele Schwierigkeiten mit der anschaulichen Interpretation einer Theorie (man denke an die Rotation des Elektrons) und viele philosophische Fragen zu dieser Theorie u.U. nicht lösbar sind, bevor nicht ein besserer Formalismus gefunden ist[38]. Für Dirac ist auch die Quantenmechanik noch nicht in ihrem endgültigen Zustand. Die Übereinstimmung mit dem Experiment ist für ihn nicht das einzige Kriterium für die Prüfung einer Theorie. Eine solide Übereinstimmung mit dem Experiment soll nicht blind machen gegenüber Schwächen einer Theorie im Licht nichtempirischer Forderungen[39], denn die Übereinstimmung kann „Zufall“ sein, wie auch die Bohr-Sommerfeldsche Theorie in der weiteren Entwicklung aufgegeben wurde, obwohl sie mit dem Wasserstoffspektrum übereinstimmte. Zur nichtempirischen Prüfung von Theorien gibt Dirac ein Kriterium der Einheitlichkeit an (man soll z.B. nicht eine Theorie für relativistische Effekte und eine andere für nicht relativistische Effekte haben). Außerdem sollen die mathematischen Methoden gesichert und frei von Willkür sein. Hier denkt Dirac an die Renormierungsverfahren in der QED, die er zwar vorläufig als brauchbar akzeptiert, aber nicht als befriedigend beurteilt. Dirac geht dement-

---

[36] Dirac (1978), S. 3. Die heuristische Rolle der Mathematik bei der Entwicklung physikalischer Theorien hat auch Elie G. Zahar (1979) untersucht und an zwei Situationen herausgearbeitet: an der mathematischen Formulierung physikalischer Prinzipien und an der realistischen Interpretation von mathematischen Größen, die zunächst keine physikalische Bedeutung zu haben schienen.

[37] Dirac (1963), S. 48.

[38] Dirac (1963), S. 48.

[39] Dirac (1978), S. 5.

sprechend davon aus, daß die QED noch nicht in ihrem endgültigen Zustand ist.

In gewissem Sinn ist bei Dirac die mathematische Schönheit zu einem notwendigen, wenn auch nicht hinreichenden, Wahrheitskriterium avanciert: „If the equations of physics are not mathematically beautiful ... it means that the theory is at fault and needs improvement."[40] Dirac ist überzeugt, daß die wahre Theorie immer auch mathematisch schön ist, und so kann die Alternative zwischen Schönheit und Übereinstimmung mit dem Experiment nur vorübergehend sein: „There are occasions when mathematical beauty should take priority over (temporary) agreement with experiment."[41]

Dirac kann keinen Grund angeben, warum die Methode des mathematikorientierten Denkens erfolgreich ist. Es hat sich aber empirisch gezeigt, daß diese Methode erfolgreich ist und zu Fortschritten in der Physik führt. Für Dirac hat die Natur mathematische Qualität, d.h. sie ist so beschaffen, daß Mathematik ein wertvolles Hilfsmittel zu ihrer Erforschung ist. Trotz seines mathematikorientierten Denkens löst sich für Dirac die Natur aber nicht in mathematische Formen auf, er behält die erkenntnistheoretische Position des Realismus.

Bei P. A. M. Dirac wird an vielen Stellen die Idee einer Einheit der Natur deutlich. Dies bedeutet einerseits ein Streben nach *Reduktion von Kontingenz* (etwa beim Spin) und Vermeidung von ad-hoc-Annahmen. Zum anderen leitet Dirac daraus ein Streben nach *Einheitlichkeit* in der Naturbeschreibung ab (die SR soll für alle Phänomene gelten). Die Zusammenfassung verschiedener Forschungsgebiete führt am Ende zu einer Vereinfachung, da die fundamentalen Gesetze einfach und schön sind. Die Einheit der Natur wird durch ihre mathematische Struktur garantiert:

„It would mean the existence of a scheme in which the whole of the description of the universe has its mathematical counterpart, and we must suppose that a person with a complete knowledge of mathematics would deduce not only astronomical data, but also all the historical events that take place in the world, even the most trivial ones."[42]

Zwar hat Dirac explizit die philosophische Betätigung als unwichtig angesehen, aber dennoch *verwendet* er eine erkenntnistheoretische Einstellung und orientiert sich an metaphysischen Idealen. Da Dirac sich nicht ausdrücklich auf eine philosophische Position beruft, ist zu vermuten, daß die kurz skizzierte Position auch die ist, die Dirac verwendet. Die Untersuchungen zur Entstehung der Dirac-Gleichung bestätigen diese Vermutung. Da Dirac mit seinen Methoden Erfolg hatte, wird man seinen metatheoretischen Auffassungen mehr Gewicht beilegen als manchen anderen Sonntagsreden.

---

[40] Dirac, zitiert in Mehra (1972), S. 59.
[41] Dirac, zitiert in Mehra (1972), S. 59.
[42] Dirac (1939), S. 129.

In diesem Fall kann man sich auch über Einsteins bekannten Ratschlag hinwegsetzen: „Wenn ihr von den theoretischen Physikern etwas lernen wollt über die von ihnen benutzten Methoden, so schlage ich euch vor, am Grundsatz festzuhalten: Höret nicht auf ihre Worte, sondern haltet euch an ihre Taten!"[43]

Übrigens riet schon René Descartes, viel mehr auf die Taten der Menschen zu achten als auf ihre Worte, „nicht nur, weil es bei der herrschenden Sittenverderbnis wenige Leute gibt, die alles sagen würden, was sie glauben, sondern auch, weil viele es selbst nicht wissen; denn da der geistige Akt, durch den man etwas glaubt, verschieden ist von dem, durch den man erkennt, daß man es glaubt, ist oft der eine ohne den anderen da."[44]

4. Intertheoretische Relationen der Dirac-Gleichung

> *It is shown how Schrödinger's equation, and the pair of equations recently given by the present writer, are successive approximations to Dirac's.*
>
> *C. G. Darwin*[45]

Es soll nun untersucht werden, wie sich die Dirac-Gleichung mit einem elektromagnetischen Feld $\vec{A}, \Phi$ im nichtrelativistischen Grenzfall verhält[46]. Wir gehen dabei von folgender Formulierung der Dirac-Gleichung aus:

$$(7) \qquad i\hbar \frac{\partial \psi}{\partial t} = (c\vec{\alpha}\,(-i\hbar\nabla - (e/c)\vec{A}) + e\Phi + \beta mc^2)\,\psi\,.$$

Zunächst wird die Wellenfunktion durch zweikomponentige Spaltenmatrizen $\tilde{\varphi}$ und $\tilde{\chi}$ ausgedrückt. Damit erhält man aus (7) mit

$$\vec{\pi} = -i\hbar\nabla - (e/c)\vec{A}$$

$$i\hbar\frac{\partial}{\partial t}\begin{pmatrix}\tilde{\varphi}\\\tilde{\chi}\end{pmatrix} = c\,\vec{\sigma}\vec{\pi}\begin{pmatrix}\tilde{\chi}\\\tilde{\varphi}\end{pmatrix} + e\Phi\begin{pmatrix}\tilde{\varphi}\\\tilde{\chi}\end{pmatrix} + mc^2\begin{pmatrix}\tilde{\varphi}\\-\tilde{\chi}\end{pmatrix}$$

Zur Berücksichtigung der relativistischen Ruheenergie schreibt man

$$\begin{pmatrix}\tilde{\varphi}\\\tilde{\chi}\end{pmatrix} = \begin{pmatrix}\varphi\\\chi\end{pmatrix}e^{-(imc^2/h)t}\,.$$

---

[43]   A. Einstein in der Einleitung zu einer Ansprache „Zur Methodik der theoretischen Physik", abgedruckt in Einstein (1977), S. 113.

[44]   Descartes (1637), S. 19.

[45]   Aus der Zusammenfassung von Darwin (1928), S. 680.

[46]   Bjorken / Drell (1966), S. 24 f.

Damit wird (7) zu

$$(8) \qquad i\hbar \frac{\partial}{\partial t} \begin{pmatrix} \varphi \\ \chi \end{pmatrix} = c\,\vec{\sigma}\vec{\pi} \begin{pmatrix} \chi \\ \varphi \end{pmatrix} + e\Phi \begin{pmatrix} \varphi \\ \chi \end{pmatrix} - 2mc^2 \begin{pmatrix} 0 \\ \chi \end{pmatrix}.$$

Für Energien, die klein sind gegen mc^2 folgt für die 2. Zeile von (8)

$$(9) \qquad \chi = \varphi\,\vec{\sigma}\vec{\pi}/(2mc)$$

(Die anderen beiden Terme werden vernachlässigt)

Gl. (9) zeigt, daß χ wesentlich kleiner als φ ist (in der Größenordnung von v/c). Damit erhält man aus der 1. Zeile von (8)

$$i\hbar \frac{\partial\varphi}{\partial t} = ((\vec{\sigma}\vec{\pi})\,(\vec{\sigma}\vec{\pi})/2m + e\Phi)\varphi\,.$$

Man kann für die Pauli-Matrizen $\vec{\sigma}$ zeigen[47]

$$(\vec{\sigma}\vec{\pi})\,(\vec{\sigma}\vec{\pi}) = \vec{\pi}^2 - (e\hbar/c)\,\vec{\sigma}\vec{B}\,.$$

Damit erhält man

$$(10) \qquad i\hbar \frac{\partial\varphi}{\partial t} = [(1/(2m))(-i\hbar\nabla - (e/c)\vec{A})^2 + e\Phi - (e\hbar/2mc)\vec{\sigma}\vec{B}]\varphi\,.$$

Dies ist die sogenannte Pauli-Gleichung, die eine Erweiterung der Schrödinger-Gleichung zur Berücksichtigung des Spins darstellt. Darwin und Pauli hatten unabhängig voneinander diese wellenmechanische Gleichung 1927 aufgestellt[48], nachdem Heisenberg und Jordan die Dublett-Aufspaltung des anomalen Zeeman-Effektes von Atomen mit einem Valenzelektron mit den Methoden der Matrizenmechanik berechnet hatten. Heisenberg und Jordan hatten dabei in Analogie zum Bahndrehimpuls einen Spinvektor $\vec{S}$ mit den Komponenten s_x, s_y, s_z eingeführt, die den gleichen Vertauschungsregeln wie die Bahndrehimpulse folgen. Pauli übernahm diese Spinkomponenten in die Wellenmechanik. Die Pauli-Matrizen

$$s_r = \frac{\hbar}{2}\,\sigma_r \qquad\qquad (\vec{S} = \frac{\hbar}{2}\vec{\sigma})$$

kann man aus den Vertauschungsrelationen bestimmen.

$$s_x = \frac{\hbar}{2}\begin{pmatrix} 0 & 1 \\ 1 & 0 \end{pmatrix} \qquad s_y = \frac{\hbar}{2}\begin{pmatrix} 0 & -i \\ i & 0 \end{pmatrix} \qquad s_z = \frac{\hbar}{2}\begin{pmatrix} 1 & 0 \\ 0 & -1 \end{pmatrix}$$

---

[47] Bjorken / Drell (1966), S. 25.
[48] Vgl. Kragh (1979 a), S. 47-51, und Darrigol (1982), S. 74.

Der zusätzliche Term im Hamilton-Operator in (10) gibt die potentielle Energie $-(e\,\hbar/(2mc))\,\vec{\sigma}\vec{B}$ für ein magnetisches Moment $e\,\hbar/(2mc)$ im Magnetfeld $\vec{B}$ wieder. Der Spin führt zu einem weiteren Freiheitsgrad, der den zwei möglichen Orientierungen des Spins entspricht. Die Wellenfunktion hängt damit von einer weiteren Variablen ab, die nur zwei diskrete Werte annehmen kann. Deshalb wird für die Wellenfunktion eine zweite Komponente eingeführt, so daß jede Komponente einer Spinorientierung zugeordnet ist. Sicherlich war es Dirac nach der Einführung einer zweiten Komponente der Wellenfunktion durch Pauli leichter gefallen, die Anzahl der Komponenten noch weiter auf vier zu erhöhen[49]. Setzt man in (10) ein homogenes Magnetfeld $\vec{B}$ = rot $\vec{A}$ ein, so erhält man (in der ersten Ordnung der Wechselwirkung)

$$(11) \qquad i\hbar \frac{\partial \varphi}{\partial t} = [p^2/(2m) - (e/2mc)\,(\vec{L} + 2\vec{S})\,\vec{B} + e\Phi]\,\varphi$$

$\vec{L} = \vec{r} \times \vec{p}$ ist der Bahndrehimpuls, $\vec{S} = (\hbar/2)\,\vec{\sigma}$ der Elektronenspin. Der Koeffizient 2 der Wechselwirkung zwischen Spin und Feld $\vec{B}$ liefert das richtige magnetische Moment des Elektrons. Aus der Dirac-Gleichung folgt also das richtige gyromagnetische Verhältnis $g = 2$. Die Gleichung (10) beschreibt das H-Atom nur bei hinreichend starken äußeren Magnetfeldern $\vec{B}$. Bei schwachen oder verschwindenden Magnetfeldern ist die Wechselwirkung zu berücksichtigen, die ein Teilchen mit Spin im elektrischen Zentralfeld hervorruft (Spin-Bahn-Term). Für die gesamte Spin-Bahn-Wechselwirkung (mit Thomas-Korrektur) ergibt sich

$$H_{SB} = \Gamma\,(r)\,\vec{L} \cdot \vec{S}$$

mit

$$\Gamma\,(r) = \frac{1}{2\,m^2\,c^2} \cdot \frac{1}{r} \cdot \frac{d\Phi\,(r)}{dr}\,.$$

Auch dieser Ansatz, der schon vor Dirac bekannt war, läßt sich aus der Dirac-Gleichung ableiten. Mit ähnlichen Methoden, wie sie im vorhergehenden angedeutet wurden, kann man zeigen[50], daß wieder die Komponenten χ gegen φ zu vernachlässigen sind. Für φ erhält man die Gleichung (für $\vec{A} = 0$)

$$(1/(2m))\,\vec{\sigma} \cdot \vec{p}\,[1 + (E' - \Phi(r))/(2mc^2)]^{-1}\,\vec{\sigma}\vec{p}\,\varphi(\vec{r}) + \Phi(r)\,\varphi(\vec{r}) = E\,\varphi(\vec{r})\,.$$

---

[49] Dirac baute jedoch nicht in dem Sinne auf Pauli auf, daß er die Absicht hatte, den Spin aus der Wellengleichung zu deduzieren: „I was not interested in bringing the spin of the electron into the wave equation, did not consider the question at all and did not make any use of Pauli's work. The reason for this is that my dominating interest was to get a relativistic theory agreeing with my general physical interpretation and transformation theory." (Dirac (1977), S. 139). Vgl. auch Kragh (1981), S. 53 f.

[50] Vgl. Hittmair (1972), S. 382 f.

Mit Näherungen, die davon ausgehen, daß die Energie des Elektrons nur wenig von der Ruheenergie abweicht, erhält man

$$(12) \quad [\vec{p}^{\,2}/(2m) + \Phi(r) - \vec{p}^{\,4}/(8m^3 c^2) - (\hbar^2/(4m^2 c^2)) \frac{d\Phi(r)}{dr} \frac{\partial}{\partial r} +$$

$$+ \Gamma(r)\, \vec{L} \cdot \vec{S}\,]\, \varphi(\vec{r}) = E\,\varphi(\vec{r})\,.$$

Dabei ist der 3. Term die relativistische Energiekorrektur und der 4. Term der sogenannte Kontaktterm (auch hier konnten vorher verwendete Ansätze durch die Dirac-Gleichung begründet werden).

Als weitere intertheoretische Beziehung soll nun untersucht werden, welche Ergebnisse aus der Dirac-Gleichung für das Wasserstoffspektrum folgen und wie diese Ergebnisse sich zu vorherigen Beschreibungen verhalten[51]. Zur Lösung der Dirac-Gleichung

$$H\,\psi = [c\,\vec{\alpha}\vec{p} + \beta mc^2 + \Phi(r)]\,\psi = E\,\psi$$

mit dem Potential $\Phi(r) = -e^2/r$ geht man von folgenden Überlegungen aus:

Der Gesamtdrehimpuls $\vec{J} = \vec{L} + \vec{S}$ vertauscht mit dem Hamilton-Operator, deshalb kann man gemeinsame Eigenfunktionen zu H, $\vec{J}^{\,2}$ und J_z konstruieren. Die Wellenfunktion wird durch zwei zweikomponentige Spinoren φ, χ ausgedrückt:

$$\psi = \begin{pmatrix} \varphi \\ \chi \end{pmatrix}\,.$$

Die Abhängigkeit von den Winkeln läßt sich durch einen Separationsansatz abspalten. Nach Abspaltung der Kugelfunktionen erhält man zwei gekoppelte Differentialgleichungen, wobei die beiden Komponenten von φ und χ je eine Radialfunktion $F(r)$ und $G(r)$ gemeinsam haben.

$$(1/\hbar c)\,(E + mc^2 - V)\,G(r) - dF(r)/dr + (1 + k)\,F(r)/r = 0$$

$$(1/\hbar c)\,(E - mc^2 - V)\,F(r) + dG(r)/dr + (1 - k)\,G(r)/r = 0\,.$$

Dabei kann k ganzzahlige Werte (abhängig von Gesamt- und Bahndrehimpuls) annehmen.

Die gebundenen Lösungen dieser Gleichungen kann man durch Standardmethoden in Analogie zur Lösung der Schrödinger-Gleichung für das Wasserstoffatom finden. Normierbare Lösungen existieren nur für bestimmte Energie-Eigenwerte, für die man erhält

$$(13) \quad E = mc^2\,[1 + \alpha^2/(n - (j + 1/2) + \sqrt{(j + 1/2)^2 - \alpha^2}\,)^2\,]^{-1/2}\,.$$

---

[51] Vgl. etwa Hittmair (1972), S. 385 f.

Dabei ist n die Hauptquantenzahl, $j(j+1)\hbar^2$ der Gesamtdrehimpuls und $\alpha = e^2/(\hbar c)$ die Feinstrukturkonstante.

Vernachlässigt man in (13) α^2 gegenüber $j(j+1)$, so wird man zu der Bohrschen Formel für die Energieniveaus des H-Atoms geführt (abgesehen von dem konstanten Summanden mc^2).

Der Energieausdruck (13) stimmt mit der Sommerfeldschen Formel überein, wenn man die Terme etwas anders klassifiziert[52]. Auch die exakte Lösung der Dirac-Gleichung für das Wasserstoffatom führt also zu den gleichen Energieniveaus wie die Sommerfeldsche Theorie. Gordon und Darwin fanden unabhängig voneinander dieses Ergebnis sehr bald nach Diracs Veröffentlichungen, wobei sie im Prinzip die oben angedeuteten Methoden verwandten[53].

Nachdem die Formel (13) für die Energieniveaus des Wasserstoffatoms noch durch die auf der Kopplung zwischen Elektronen- und Protonenspin beruhenden Hyperfeinaufspaltung modifiziert worden war, wurde die Übereinstimmung mit den Beobachtungen völlig zufriedenstellend. Aufgrund optischer Messungen begann man jedoch 1938 eine weitere Aufspaltung des H-Spektrums zu vermuten. Die Bestätigung und genauere Bestimmung gelang 1947 durch Lamb und Retherford mit Hilfe hochfrequenzspektroskopischer Methoden. Fluktuationen des quantisierten Strahlenfeldes bewirken eine Aufhebung der Entartung der Zustände mit gleichem n und j, aber verschiedenen Bahndrehimpulsen l („Lamb-Shift"). Die dadurch bewirkte Aufspaltung der Terme $2S_{1/2}$ und $2P_{1/2}$ beträgt z.B. $\approx 4 \cdot 10^{-6}\,eV$. Eine weitere Folge der Wechselwirkung mit dem quantisierten Strahlungsfeld ist das anomale magnetische Moment des Elektrons, d.h. die kleine Abweichung von dem durch die Dirac-Theorie vorhergesagten Wert $-e\hbar/(2mc)$. Damit ist eine Grenze der Dirac-Gleichung erreicht, die darin liegt, daß Quanteneffekte des Strahlungsfeldes nicht berücksichtigt werden. Da die Dirac-Gleichung auch die Kernkräfte nicht berücksichtigt, erhält man für das Proton z.B. ein falsches magnetisches Moment. Bemerkenswert ist, daß in allen diesen Fällen das Versagen der Dirac-Gleichung begründet werden kann[54].

---

[52] Die Dirac-Gleichung führt allerdings i.A. zu einer Verdoppelung der Zustände in den Niveaus. Man kommt zu Gleichung (4) von Kap. I, indem man $j + 1/2 = n_\varphi$ und $n_r = n - n_\varphi$ setzt.

[53] Vgl. Gordon (1928) und Darwin (1928).

[54] Vgl. Darrigol (1982), Kap. 8.3 und 8.4.

5. Wissenschaftstheoretische Diskussion
der intertheoretischen Beziehungen der Dirac-Gleichung

> *... and the history of each science, which may thus appear like a succession of revolutions, is in reality a series of developments.*
>
> W. Whewell[55]

Die Beziehungen zwischen verschiedenen Theorien (intertheoretische Relationen) wurden Gegenstand heftiger wissenschaftstheoretischer Auseinandersetzungen, seit Paul Feyerabend, Norwood Russel Hanson, Thomas S. Kuhn und Stephan Toulmin die herkömmliche Auffassung einer radikalen Kritik unterzogen[56]. Die Auffassung, daß die neue Theorie (etwa die SR) die alte Theorie (etwa die klassische Mechanik) als Grenzfall enthält, so daß die alte Theorie aus der neuen mit rein logischen Mitteln deduziert werden kann, erwies sich als zu einfach und nicht korrekt. Die beiden Theorien sind meist im logischen Sinn inkompatibel. Von den Kritikern des alten kumulativen Wissenschaftsmodells wird aber nicht nur die Inkompatibilität, sondern auch die Inkommensurabilität der sich ablösenden Theorien behauptet: Die Aussagen der vor- und nachrevolutionären Forschung seien nicht einmal unmittelbar vergleichbar, da kein gemeinsamer Maßstab zu ihrem Vergleich existiere. Mit dem Übergang zu einer neuen Theorie — so wird weiter behauptet — geht auch ein radikaler Bedeutungswandel der Begriffe der Theorie einher. Als Beispiel dafür gibt etwa Kuhn die „Verschiebung des begrifflichen Netzwerkes" an, die beim Übergang von der Newtonschen zur Einsteinschen Mechanik eintrat[57]. Dabei habe sich z.B. die Bedeutung des Begriffs „Masse" grundlegend gewandelt, die Masse wird in der SR u.a. geschwindigkeitsabhängig.

Die Untersuchung des Wechsels von der Bohrschen zur Sommerfeldschen Theorie des Atoms[58] hat jedoch gezeigt, wie die Masse zumindest nach dem Selbstverständnis der Forscher in beiden Theorien die gleiche Rolle spielte und der Übergang zur Sommerfeldschen Theorie dadurch vorgenommen wurde, daß die nichtrelativistische Masse durch den relativistischen Massenausdruck ersetzt wurde. Dies ist bei der Annahme einer gänzlichen Unvergleichbarkeit beider Massenbegriffe nicht recht verständlich, es sei denn man betrachtet den Wechsel von der Bohrschen zur Sommerfeldschen Theorie trotz des dabei implizierten Übergangs von der klassischen Mechanik zur SR nicht als Paradigmenwechsel. Zumindest in diesem Fall scheint die Wissenschaftsgeschichte eher gegen die These vom radikalen Bedeutungswandel zu sprechen. Wir wollen im folgen-

---

[55]   Whewell (1857), S. 8.

[56]   Vgl. hierzu etwa Krüger (1974) und die Darstellung von Kording (1971).

[57]   Kuhn (1973), S. 139 f.

[58]   Vgl. Kap. I, 2.

den untersuchen, ob die intertheoretischen Relationen der Dirac-Gleichung weiteres Material zur Verfügung stellen, das für diese Diskussion relevant ist.

Zunächst einmal wird dabei deutlich, daß die Grenzbeziehungen der Dirac-Gleichung kein triviales Problem darstellen. Die immer noch verbreitete Ansicht, daß

a) die RQM in die QM übergeht, wenn $1/c \to 0$,

b) die RQM in die SR übergeht, wenn $\hbar \to 0$

c) und die RQM in die klassische Mechanik übergeht, wenn $1/c \to 0$ und $\hbar \to 0$

erweist sich als zu naiv[59]. Keiner dieser Grenzübergänge führt in der Dirac-Gleichung (6) zu einem vernünftigen Ergebnis. Die Behauptung (a) kann jedoch dahingehend präzisiert werden, daß die Gleichung (12), die die Dirac-Gleichung näherungsweise ersetzt, in die Schrödinger-Gleichung übergeht, wenn man alle Terme vernachlässigt, die $1/c^2$ als Faktor haben. Der Übergang (b) $\hbar \to 0$ hätte in der Dirac-Gleichung zur Folge, daß alle Komponenten der Wellenfunktion verschwinden. Eine einfache Präzisierung von (b) scheint für die Dirac-Gleichung nicht zu existieren. Der Übergang von der QM in die klassische Mechanik mit Hilfe des Grenzübergangs $\hbar \to 0$ ist nur in wenigen Spezialfällen möglich[60]. Entsprechendes gilt für den Übergang (c). Da Glieder der Dirac-Gleichung (6) den Faktor $\hbar c$ enthalten (was besonders in der in Komponenten ausgeschriebenen Form deutlich wird), ist das Ergebnis des Grenzprozesses $1/c \to 0$ und $\hbar \to 0$ offen.

In der Forschungspraxis spielen Übergänge von der RQM zur klassischen Mechanik natürlich keine Rolle, da z.B. die diskreten Energieniveaus des Wasserstoffatoms klassisch nicht erfaßbar sind. Ziemlich problemlos ergibt sich der Übergang von der Dirac-Gleichung (7) zur Pauli-Gleichung (8), da in beiden Fällen die gleichen semantischen und ontologischen Voraussetzungen vorliegen. Mathematisch gesehen ergibt sich die Pauli-Gleichung durch Vereinfachung der Dirac-Gleichung, wobei ein System von vier gekoppelten Differentialgleichungen näherungsweise gelöst wird. Da die beiden letzten Komponenten in dieser Näherung verschwinden, können die beiden ersten mit der Wellenfunktion der Pauli-Gleichung identifiziert werden. Die Lösungen der Pauli-Gleichung und der Dirac-Gleichung stimmen für kleine Energien des Elektrons annähernd überein.

Dennoch liegt auch hier keine logische Deduktionsbeziehung vor, da zusätzliche Brückenhypothesen[61] für eine Verbindung zwischen beiden Theorien sorgen. In diesem Fall ist die Brückenhypothese, die Identifikation der ersten beiden Komponenten des Vierer-Spinors mit den Komponenten der Pauli-Gleichung, allerdings sehr naheliegend.

---

59   In dieser Frage übernimmt sogar Krajewski (1977, S. 6, S. 53) unkritisch eine populäre Legende. Zur Kritik vgl. Bunge (1973 b), S. 187.

60   Vgl. Messiah (1965), Kap. VI.

61   Vgl. Bunge (1970 a).

Obwohl bei der Berechnung der Energieniveaus des Wasserstoffatoms die Dirac-Theorie (7) zu den gleichen Energiestufen (13) wie die Sommerfeld-Theorie kommt, kann man die Sommerfeld-Theorie nicht als Grenzfall der Dirac-Theorie ansehen, da diesen Theorien grundsätzlich verschiedene Modell-objekte zugrundeliegen. Dennoch sind die beiden Theorien nicht gänzlich unvergleichbar. Beide stimmen in einem Bereich von Aussagen überein, der sich jeweils als Konsequenz aus der Theorie ergibt. Diese Übereinstimmung ist eigentlich nicht zu erwarten, da Sommerfeld keine Spineffekte berücksichtigt[62]. Der Vergleich mit der Dirac-Gleichung kann also erst auf der Beobachtungsebene einsetzen.

Die Inkommensurabilitätsthese schließt strenggenommen einen solchen Rückgriff auf eine theorieneutrale Erfahrungsbasis bzw. auf eine Beobachtungssprache aus. Dagegen läßt sich einwenden, daß es zwar keine gänzlich theoriefreie Beobachtungssprache im Sinne des alten Zweisprachenkonzeptes der Wissenschaft gibt, daß dadurch aber nicht die Existenz einer Sprache ausgeschlossen wird, die unabhängig von den in Frage stehenden Theorien ist[63]. In der spektroskopischen Beschreibung der Feinstrukturaufspaltung kann man eine solche Sprache sehen. Sie hat theoretische Voraussetzungen, wie z.B. den Zusammenhang von der Energiedifferenz der Niveaus mit der Frequenz des ausgestrahlten Lichts. Die Aussagen über die Spektren hängen jedoch nicht von der speziellen Theorie des Atoms ab, sie sind unabhängig von der Sommerfeldschen und von der Diracschen Theorie und können deshalb als relativ neutrale Beobachtungssprache dienen. Dieser Sachverhalt spricht gegen die Inkommensurabilitätsthese. In der neueren wissenschaftstheoretischen Diskussion scheint die Bedeutung von Grenzbeziehungen im Bereich der Heuristik, aber auch im Bereich der Rechtfertigung wieder präsent zu werden[64]. Die Tatsache, daß Dirac selbst den Zusammenhang zur Pauli-Gleichung angab, und Gordon und Darwin die Verbindung zur Sommerfeldschen Feinstrukturformel herstellten, zeigt, welche Bedeutung solchen intertheoretischen Relationen in der Wissenschaftspraxis zugemessen wird.

„The development of new theoretical ideas is heuristically guided by the requirement that these ideas yield certain established results as a special case (e.g., as the limit), and they are often quickly justified to a degree by showing that they bear a certain relation to a predecessor theory. It was an important confirmation of STR to show that it yielded CM in the correct limit."[65]

Allerdings hat die Diskussion um die intertheoretischen Beziehungen zwischen zwei sich ablösenden Theorien noch nicht zu einer Standarddarstellung

---

[62] Vgl. Kragh (1979 a), S. 26.

[63] Vgl. McLaughlin (1971), Krajewski (1977), S. 63, Krüger (1974), S. 225.

[64] Vgl. etwa Krajewski (1977).

[65] Nickles (1973), S. 185 („STR" heißt SR und „CM" klassische Mechanik). Die Bedeutung des nichtrelativistischen Grenzfalles für die Frage, ob die Dirac-Gleichung „physikalisch sinnvoll" ist, betonen die Physiker Bjorken / Drell (1966), S. 22 f.

geführt[66]. Gegen die Inkommensurabilitätsthese — die in der Konsequenz ein Studium der Beziehungen von Theorien untereinander überflüssig macht — sind jedoch schon überzeugende Argumente zusammengetragen worden[67].

An dieser Stelle soll nur noch am Beispiel des Bohrschen Atommodells eine sprachphilosophische Kritik an der These vom radikalen Bedeutungswandel erwähnt werden. Nach der frühen Bohrschen Auffassung hatte das Elektron stets einen festen Ort und einen festen Impuls. Nimmt man diese Eigenschaften als notwendige Merkmale für Elektronen, so gibt es schon in der Sicht von Dirac keine Elektronen.

Sprachphilosophische Überlegungen ergeben jedoch, daß das Wort „Elektron" in beiden Theorien dieselbe Referenz hat, wenn auch die theoretischen Behauptungen über das Elektron voneinander abweichen und Bohr nur eine approximativ korrekte Beschreibung des Elektrons gegeben hat[68].

Zusammenfassend läßt sich sagen, daß die Untersuchungen der zwischentheoretischen Relationen der Dirac-Gleichung die Bemühungen innerhalb der Wissenschaftstheorie unterstützen, die Kontinuität und die Korrespondenzbeziehungen zwischen sich ablösenden Theorien herauszuarbeiten und deren Bedeutung für den Fortschritt der Wissenschaft zu betonen. Dadurch werden die revolutionären Brüche gemildert und eine Zwischenstellung zwischen einem naiven Kumulativismus und einem rein historistischen Standpunkt möglich.

„Die Revolution bleibt, insofern der Bruch zwischen unterscheidbaren Theorien vorhanden ist, die Inkommensurabilität jedoch verschwindet, insoweit eine systematische Beziehung zwischen Theorien hergestellt werden kann. In den wenigsten Fällen wird diese in einem strikten Sinne die logische Verträglichkeit der Theorien enthalten; wohl aber wird man fordern dürfen und müssen, daß die Konsistenz des in den inkompatiblen Theorien enthaltenen Gesamtwissens durch die Art der Formulierung der Theorienbeziehung, z. B. mit Hilfe des Begriffs der quantitativen Approximation, deutlich wird."[69]

6. Dirac-Gleichung und relativistische Invarianz

The point of view which I shall adopt is that the role of symmetry and invariance is that of a guide in the development of the proper physical concepts, rather than something that one reads off from ready equations.

E. P. Wigner[70]

---

66 Für Literaturhinweise vgl. Krüger (1974), S. 241 und S. 243.

67 Hier sind vor allem die umfangreiche Analyse von Kordig (1971) und die Arbeit von Yoshida (1977) zu nennen.

68 Stegmüller (1980), S. 92.

69 Krüger (1974), S. 240-241.

70 Wigner (1956 b), S. 518.

In diesem Abschnitt soll ein zentraler Zug der Dirac-Gleichung hervorgehoben und untersucht werden: die relativistische Invarianz. Schon gleich in seiner ersten Arbeit zur Elektronentheorie[71] hat P. A. M. Dirac den Beweis geliefert, daß die von ihm aufgestellte Gleichung invariant unter Lorentz-Transformationen ist, d.h. in jedem von der SR zugelassenen Bezugssystem die gleiche Form hat. Die relativistische Invarianz der Dirac-Gleichung zeigt an, daß hier in gewissem Sinn eine Vereinigung von SR und QM gelungen ist. Es wird im folgenden näher auszuführen sein, in welchem Sinn diese Vereinigung zu verstehen ist.

Bei der Schilderung der Anfänge der RQM haben wir charakteristische Unterschiede zwischen SR und QM kennengelernt[72]. Es soll jetzt untersucht werden, inwieweit solche Unterschiede einer Vereinigung der beiden Theorien im Wege stehen. Der erste Punkt ist dabei die unterschiedliche Herkunft beider Theorien[73]. Bei der Entwicklung der SR spielten Experimente keine große Rolle, die Leitlinie war eher die Lösung grundsätzlicher Probleme. Im Gegensatz dazu war es eine Reihe von Experimenten, die die Weiterentwicklung der QM vorantrieben (Photoeffekt, Stern-Gerlach-Versuch, Compton-Streuung, vor allem aber die Atomspektren). Außerdem schienen die Anwendungsbereiche von Relativitätstheorie und Quantentheorie zunächst getrennt. Dies ist augenfällig bei der allgemeinen Relativitätstheorie, die sich zunächst nur mit der Welt im Großen beschäftigte, in der die Gravitation die beherrschende Wechselwirkung ist, während die Quanteneffekte sich zunächst nur im Mikroskopischen äußerten. Von diesen Voraussetzungen her ist allerdings noch kein systematischer Grund für die Unvereinbarkeit von SR und QM abzuleiten. Die unterschiedlichen Anwendungsbereiche von SR und QM könnten jedoch bedeutsam werden, wenn sich daraus verschiedene begriffliche Grundlagen der beiden Theorien ergeben sollten. So betont E. P. Wigner[74]: „Relativity theory deals principally with macroscopic objects. In particular, the coordinate systems for which the special theory postulates equivalence are macroscopic, not subject to quantum uncertainties." Obwohl eine solche Auffassung angreifbar erscheint, soll die Auseinandersetzung damit noch zurückgestellt werden, um zunächst die Gedanken darzulegen, die E. Schrödinger 1931, also nach der Entdeckung der Dirac-Gleichung, zu den begrifflichen Differenzen von SR und QM geäußert hat[75]. Er geht dabei von der empiristischen Voraussetzung aus, daß in der SR die Einführung eines Bezugssystems „Gedankenexperimente"[76] mit starren Maßstäben und mit Uhren voraussetzt, wobei das Ablesen dieser Geräte

---

71   Dirac (1928 a).
72   Vgl. Kap. I, 1.
73   Vgl. Wigner (1956 a), S. 210.
74   Wigner (1956 a), S. 210.
75   Schrödinger (1931 b).
76   Vgl. auch Schrödinger (1953/54).

scharfe Werte ergeben muß. In dieser Beziehung ist die SR eine klassische Feld-theorie. Nach der Quantenmechanik stehen jedoch Meßgeräte mit den geforderten Eigenschaften nicht zur Verfügung, so daß (in dieser empiristischen Einstellung) ein Koordinatensystem im Einklang mit der QM nicht streng, sondern nur in einer makroskopischen Näherung eingeführt werden kann. Schrödinger vermutet, daß die Schwierigkeiten mit den negativen Energiewerten der Dirac-Gleichung auf dieser Näherung beruhen[77]. Ebenso findet Schrödinger auch in der QM ein grundlegendes Hindernis für die Vereinigung mit der SR. In der QM hat nämlich die Zeit eine Sonderstellung, im Gegensatz zu „allen anderen physikalischen Größen" kann ihr „kein Operator, keine Statistik" zugeordnet werden. „Durch diese Sonderstellung der Zeit erweist sich die QM in ihrer gegenwärtigen Gestalt und vor allem in ihrer gegenwärtigen Interpretation als durch und durch unrelativistisch. Das wird nicht behoben, wenn man bloß durch Adaptierung des Formelapparates eine rein äußerliche Gleichstellung, d.h. formale Invarianz gegen Lorentz-Transformationen herbeiführt."[78] Bemerkenswert ist in diesem Zusammenhang die empiristische Argumentation von Schrödinger. Sie führt dazu, daß er nicht zwischen Bezugssystem und Meßapparat in diesem Bezugssystem unterscheidet. Schrödinger trennt nicht zwischen den Koordinaten des Bezugssystems und dem Ortsoperator eines Teilchens. Auch bei der 2. Quantisierung werden ja nicht die Koordinaten, sondern nur die Feldgröße und der zugeordnete Impuls quantisiert, die eine Funktion der Koordinaten sind. Die mangelnde Unterscheidung zwischen Koordinate und Ortsoperator, die vielleicht durch eine operationalistische Denkweise nahegelegt wird (weil Koordinaten nur als mögliche Aufenthaltsorte aufgefaßt werden) bringt Schrödinger in Schwierigkeiten. Er schreibt:

„Ferner möchte ich darauf hinweisen, daß dem mathematisch so klaren und einfachen Begriff Lorentz-Transformation vom quantentheoretischen Standpunkt aus eine recht erhebliche Schwierigkeit anhaftet. Man pflegt die Koeffizienten einer Lorentz-Transformation als genau bekannt vorauszusetzen. Damit setzt man die Relativgeschwindigkeit der zwei Koordinatensysteme als genau bekannt voraus. Dadurch wird aber, nach der Heisenbergschen Unschärferelation, ihre relative Lage vollkommen unbestimmt. Rein mathematisch kann man dieser Schwierigkeit natürlich entgehen, indem man sich zwei hinreichend massige und doch absolut starre physische Systeme denkt. Vom physikalischen Standpunkt wird aber zu bedenken sein, daß es derlei in Wirklichkeit nicht gibt und nicht geben kann."[79]

Wenn Schrödinger Koordinatensysteme nicht als materielle Körper ansehen würde, könnte er diesen Schwierigkeiten entgehen. Weiter ist nicht einzusehen, warum ein gemeinsames Transformationsgesetz für Zeit- und Raumkoordinaten

---

77   Vgl. Schrödinger (1931 b), S. 242, und Kap. III der vorliegenden Arbeit.

78   Schrödinger (1931 b), S. 242-243.

79   Schrödinger (1931 a), S. 72.

auch erfordert, daß „die Zeit auf ganz gleicher Stufe mit den Koordinaten rangiert"[80].

Die quantitative Abhängigkeit der Raum- und Zeitkoordinaten ändert nichts an dem semantischen Unterschied zwischen beiden[81]. Ein „Teilchen" kann zu einem bestimmten Zeitpunkt an einem (wenn auch unscharfen) Ort sein, es kann aber nicht in einem bestimmten Raumpunkt eine unscharfe Zeit haben. Schrödingers Hinweise auf die Probleme einer Vereinigung von SR und QM waren wohl nicht nur durch die Schwierigkeiten der Dirac-Gleichung mit ihren negativen Lösungen bedingt (noch 1953 argumentiert er ganz ähnlich)[82]. Hier war auch ein falsches philosophisches Vorurteil am Werk.

Mit einer ähnlichen empiristischen Auffassung kommen L. Landau und R. Peierls zu dem Ergebnis, daß die Anwendung wellenmechanischer Methoden auf relativistischem Gebiet eine Überspannung ihrer Tragweite sei[83]: „Bekanntlich führt die Anwendung der wellenmechanischen Methoden auf Probleme, bei denen die Lichtgeschwindigkeit nicht mehr als unendlich angesehen werden darf, zu sinnlosen Resultaten" (gemeint sind u.a. die Lösungen der Dirac-Gleichung mit negativer Energie). Angesichts des aggressiv empiristischen Tons der Arbeiten von Landau und Peierls muß man dankbar sein, daß sich Dirac nicht der empiristischen Zeitströmung angepaßt hat. Auch hier wird die Möglichkeit deutlich, wie (irrige) philosophische Auffassungen den Fortschritt der Wissenschaft hindern können.

Unabhängig von den angegebenen begrifflichen Schwierigkeiten, die sich nur bei einer empiristischen Auffassung einstellen, scheint es dennoch einen Punkt zu geben, der dazu führt, dem Verhältnis von SR und QM den Charakter der Unvereinbarkeit zu geben. Da es dabei im wesentlichen um den Meßprozeß geht, spielt dieser Gesichtspunkt bei der Anwendung der Dirac-Gleichung auf das Wasserstoffatom keine Rolle. Die QM läßt offen, in welcher Weise der Übergang vom Zustand vor der Messung in einen der Eigenzustände des Meßoperators vor sich geht. Man kann z.B. kein Kontinuum von Zwischenzuständen angeben, sondern nur Übergangswahrscheinlichkeiten. Hier zeigt sich der typische Zug der Diskontinuität der QM, der es verhindert, sie als klassische Feldtheorie aufzufassen. Zunächst soll aber die Frage, ob der Meßprozeß in der QM relativistisch verstanden werden kann, noch ausgeklammert werden. Im Kap. IV werden wir darauf zurückkommen. Im folgenden soll noch die Invarianz der Dirac-Gleichung untersucht werden. Dabei kann die Wellenfunktion $\psi(\vec{x})$ wie ein klassisches Feld behandelt und von der Problematik der Interpretation von $\psi(\vec{x})$ abgesehen werden.

---

80   Schrödinger (1931 b), S. 242.

81   Vgl. Kanitscheider (1971), S. 141 f.

82   Schrödinger (1953/54).

83   Landau / Peierls (1931), Zitat S. 56. Zu dem Anliegen der Autoren vgl. auch Darrigol (1982), Kap. 4.

Der Nachweis der relativistischen Kovarianz soll hier kurz skizziert werden, damit deutlich wird, in welcher Weise die Forderungen der SR in der Dirac-Gleichung verwirklicht werden. Der Bequemlichkeit wegen wird dazu die Gleichung (6) etwas umgeschrieben[84]. Mit Hilfe der Beziehungen

$$\gamma_l = -i\beta\alpha_l \qquad l = 1, 2, 3$$

$$\gamma_0 = \beta$$

$$x_0 = ict \qquad K = mc/\hbar \quad \vec{x} = (x_0, x_1, x_2, x_3)$$

erhält man die Dirac-Gleichung in der neuen Form

$$(14) \qquad (\gamma_\mu \frac{\partial}{\partial x_\mu} + K)\, \psi(\vec{x}) = 0\ .$$

Bei einem Wechsel des Bezugssystems wird jedem Punkt $\vec{x} = (x_0, x_1, x_2, x_3)$ ein Punkt im gestrichenen Koordinatensystem $\vec{x}' = (x_0', x_1', x_2', x_3')$ zugeordnet. Diese Zuordnung geschieht durch die entsprechende Lorentz-Transformation L

$$x_\mu' = \sum_{\nu=0}^{3} L_{\mu\nu} x_\nu\ .$$

Zur Erfüllung der Forderung nach relativistischer Kovarianz muß nun eine Abbildung existieren, die jeder Wellenfunktion im ungestrichenen System die zugehörige Wellenfunktion im gestrichenen System zuordnet.

$$\psi'(\vec{x}') = D(L)\, \psi(\vec{x})$$

in Komponenten ausgeschrieben:

$$\psi_\alpha'(\vec{x}') = \sum_\beta D_{\alpha\beta}(L)\, \psi_\beta(\vec{x})\ .$$

Mit Hilfe von

$$\psi(\vec{x}) = D^{-1}(L)\, \psi'(\vec{x}')$$

und

$$\frac{\partial}{\partial x_\mu} = \sum_\nu L_{\nu\mu} \frac{\partial}{\partial x_\nu'}$$

---

[84]   Vgl. Hittmair (1972), S. 393.

kann man die Gleichung (14) im gestrichenen Koordinatensystem aufschreiben:

$$\sum_{\mu,\nu} \gamma_\mu \, D^{-1}(L) \, \frac{\partial \psi'(\vec{x}\,')}{\partial x_\nu'} \, L_{\nu\mu} + K D^{-1}(L) \, \psi'(\vec{x}\,') = 0$$

oder

$$(15) \qquad \sum_{\mu,\nu} L_{\nu\mu} \, D(L) \, \gamma_\mu \, D^{-1}(L) \, \frac{\partial \psi'(\vec{x}\,')}{\partial x_\nu'} + K \psi'(\vec{x}\,') = 0 \, .$$

Man sieht, daß die Gleichung (15) im gestrichenen Bezugssystem die gleiche Form hat wie die Gleichung (14) im ungestrichenen Bezugssystem, wenn folgende Bedingung erfüllt ist:

$$(16) \qquad \gamma_\nu = \sum_\mu L_{\nu\mu} \, D(L) \, \gamma_\mu \, D^{-1}(L) \, .$$

Der Nachweis der relativistischen Kovarianz der Dirac-Gleichung kann nun durch explizite Angabe der Transformation $D(L)$ geschehen[85]. Man kann zeigen, daß die Matrizen $D(L)$ Darstellungen der Lorentz-Gruppe bilden. Wenn festgelegt ist, nach welcher Darstellung die Wellenfunktion transformieren soll, kann man aus (16) die Koeffizienten γ_μ berechnen (diese Koeffizienten sind bezugssystemunabhängig). So erhält man für die reduzible Darstellung $D = D^{(1/2\ 0)} \oplus D^{(0\ 1/2)}$ die Dirac-Gleichung[86]. Wegen des durch D festgelegten Transformationsverhaltens sind die Wellenfunktionen $\psi(\vec{x})$ Viererspinoren.

Der Beitrag der SR zur RQM besteht also im wesentlichen in einer Invarianzforderung, die man als Metagesetz, d.h. als Forderung an Naturgesetze, auffassen kann[87]. Von der nichtquantisierten relativistischen Mechanik wird nur der formale Aspekt der Forminvarianz bei Lorentz-Transformationen übernommen, nicht aber z.B. die Vorstellungen über Punktteilchen und Weltlinien.

---

[85] Vgl. Hittmair (1972), S. 396.

[86] $D^{(1/2\ 0)}$ und $D^{(0\ 1/2)}$ sind zweidimensionale Darstellungen der Lorentz-Gruppe. Die Komponenten ψ_1 und ψ_2 transformieren nach $D^{(1/2\ 0)}$ und die Komponenten ψ_3 und ψ_4 nach $D^{(0\ 1/2)}$. Vgl. Petraschen / Trifonow (1969), S. 207 f. und S. 216.

[87] Zur philosophischen Bedeutung von Invarianzforderungen vgl. Wigner (1967), Kanitscheider (1971), S. 247 f., und Kanitscheider (1979), S. 337 f. Die Bedeutung von Metagesetzen zur Sicherung der Kontinuität bei wissenschaftlichen Revolutionen hat Kamlah (1978) hervorgehoben.

III. Die Interpretation der Lösungen
der Dirac-Gleichung mit negativer Energie

*Der Grundgedanke der Diracschen Theorie kann in
die folgenden einfachen Worte gefaßt werden: ,Im
leeren Raum muß es Löcher geben'.*

G. Gamov[1]

Ein hervorstechendes Merkmal der Dirac-Gleichung sind die Lösungen, die
zu einem negativen Energieeigenwert gehören. Von Anfang an stellten sie eine
Herausforderung dar, über den Zusammenhang von Formalismus und Realität
nachzudenken und sich über die Semantik physikalischer Theorien Rechen-
schaft abzulegen.

Im folgenden Kapitel soll zunächst gezeigt werden, welche Probleme die aus
der RT herrührenden negativen Energien mit sich bringen. Danach wird der
Verlauf der Deutungsversuche der negativen Lösungen im einzelnen verfolgt,
wobei schon einige Züge der „Praxis" der Bildung von Referenzhypothesen
deutlich werden. Von diesen Detailuntersuchungen ausgehend wird ein Krite-
rienkatalog zur Prüfung von Referenzhypothesen erstellt, an den sich philosophische Überlegungen zu diesem Themenkomplex anschließen.

1. Die Geschichte der Deutung der Zustände mit negativer Energie

*I felt that writing this paper on the electron was not
so difficult as writing the paper on the physical interpretation.*

P. A. M. Dirac[2]

a) Die Lösungen mit negativer Energie und ihre Schwierigkeiten

Das Problem der Lösungen mit negativer Energie entsteht aus dem mathematischen Formalismus der Dirac-Gleichung[3]. Zum Verständnis ist es deshalb
notwendig, zunächst die mathematische Seite etwas näher zu betrachten. Dazu

---

[1] Gamov (1980), S. 161.

[2] In einem Gespräch mit Mehra (1972), S. 48.

[3] Schon die Klein-Gordon-Gleichung läßt Lösungen mit negativer Energie zu. Sie wurden zunächst als „unphysikalisch" angesehen und ignoriert (vgl. Kragh (1981), S. 63 f.).

gehen wir von der Dirac-Gleichung aus, wobei wir uns auf den kräftefreien Fall (ohne elektromagnetische Potentiale) beschränken[4].

$$(1) \qquad i\hbar\, \partial\psi\,(\vec{r},\, t)/\partial t = -i\hbar c \sum_{r=1}^{3} \alpha_r\, \partial\psi\,(\vec{r},\, t)/\partial x_r + \beta mc^2\,\psi\,(\vec{r},\, t)\,.$$

Der allgemeine Lösungsansatz von ebenen Wellen liefert ein vollständiges System von Lösungen. Diese Funktionen $\Psi_{\vec{p}}\,(\vec{r},\, t)$ sind Eigenzustände des Impulsoperators.

$$(2) \qquad \Psi_{\vec{p}}\,(\vec{r},\, t) = (2\pi\hbar)^{-3/2}\,\psi\,e^{(i/\hbar)\,(\vec{p}\,\vec{r}\, -\, Et)}\,.$$

Der Wert von E und der Vierer-Spinor

$$\psi = \begin{pmatrix} \psi_1 \\ \psi_2 \\ \psi_3 \\ \psi_4 \end{pmatrix}$$

sind nun so zu bestimmen, daß der Ansatz (2) die Gleichung (1) löst. Setzt man dazu (2) in (1) ein, so ergibt (1) folgendes Gleichungssystem (mit $\vec{p} = (p_x, p_y, p_z)$)

$$(3) \qquad \begin{aligned} (E - mc^2)\,\psi_1 - c\,(p_x - ip_y)\,\psi_4 - cp_z\psi_3 &= 0 \\[4pt] (E - mc^2)\,\psi_2 - c\,(p_x + ip_y)\,\psi_3 + cp_z\psi_4 &= 0 \\[4pt] (E + mc^2)\,\psi_3 - c\,(p_x - ip_y)\,\psi_2 - cp_z\psi_1 &= 0 \\[4pt] (E + mc^2)\,\psi_4 - c\,(p_x + ip_y)\,\psi_1 + cp_z\psi_2 &= 0 \end{aligned}$$

wählt man nun die z-Ache des Koordinatensystems in Richtung von $\vec{p}$, so ergibt sich mit $\vec{p} = (0, 0, p)$

$$(4a) \qquad (E - mc^2)\,\psi_1 - cp\psi_3 = 0$$

$$(4b) \qquad (E - mc^2)\,\psi_2 + cp\psi_4 = 0$$

$$(4c) \qquad (E + mc^2)\,\psi_3 - cp\psi_1 = 0$$

$$(4d) \qquad (E + mc^2)\,\psi_4 + cp\psi_2 = 0\,.$$

Jetzt bilden die Gleichungen (4a) und (4c) ein Paar zur Bestimmung von ψ_1 und ψ_3, ebenso bilden (4b) und (4d) ein Paar zur Bestimmung von ψ_2 und ψ_4.

---

[4] Vgl. Kap. II,2 und Hittmair (1972), S. 380 f.

Die Koeffizientendeterminante KD beider Gleichungspaare ist gleich:

$$KD = \begin{vmatrix} E - mc^2 & \pm cp \\ \pm cp & E + mc^2 \end{vmatrix} = E^2 - m^2 c^4 - c^2 p^2 \; .$$

Die Bedingung für die Existenz nichttrivialer Lösungen liefert gerade den relativistischen Ausdruck für die Energie eines freien Teilchens: $E^2 = m^2 c^4 + c^2 p^2$.

E kann für den gleichen Impuls $\vec{p}$ zwei Werte E_+ und E_- annehmen

$$(5) \qquad \begin{aligned} E_+ &= + \sqrt{c^2 p^2 + m^2 c^4} \\ E_- &= - \sqrt{c^2 p^2 + m^2 c^4} = - E_+ \; . \end{aligned}$$

Mit E_+ kann man aus (4a) und (4c) die erste und dritte Komponente eines Viererspinors $\psi^{(1)}$ bestimmen (die anderen Komponenten werden null gesetzt). Ebenfalls mit E_+ kann man aus (4b) und (4d) einen Viererspinor $\psi^{(2)}$ bestimmen. In gleicher Weise ergeben sich für den Eigenwert E_- die Spinoren $\psi^{(3)}$ und $\psi^{(4)}$

$$(6a) \qquad \psi^{(1)} = \sqrt{(E_+ + mc^2)/2E_+} \cdot \begin{pmatrix} 1 \\ 0 \\ w \\ 0 \end{pmatrix} \qquad \psi^{(2)} = \sqrt{(E_+ + mc^2)/2E_+} \cdot \begin{pmatrix} 0 \\ 1 \\ 0 \\ -w \end{pmatrix}$$

$$(6b) \qquad \psi^{(3)} = \sqrt{(E_+ + mc^2)/2E_+} \cdot \begin{pmatrix} -w \\ 0 \\ 1 \\ 0 \end{pmatrix} \qquad \psi^{(4)} = \sqrt{(E_+ + mc^2)/2E_+} \cdot \begin{pmatrix} 0 \\ w \\ 0 \\ 1 \end{pmatrix}$$

(dabei steht w für $cp/(E_+ + mc^2)$).

Mit den Viererspinoren (6) erhält man vier linear unabhängige Lösungen der Gleichung (1), und zwar

zum Eigenwert E_+

$$(7a) \qquad \Psi^{(1)}_{\vec{p}} (\vec{r}, t) = (2\pi\hbar)^{-3/2} \, \psi^{(1)} e^{(i/\hbar) (\vec{p}\vec{r} - E_+ t)}$$

und

$$\Psi^{(2)}_{\vec{p}} (\vec{r}, t) = (2\pi\hbar)^{-3/2} \, \psi^{(2)} e^{(i/\hbar) (\vec{p}\vec{r} - E_+ t)}$$

und zum Eigenwert E_-

$$(7b) \qquad \Psi^{(3)}_{\vec{p}} (\vec{r}, t) = (2\pi\hbar)^{-3/2} \, \psi^{(3)} e^{(i/\hbar) (\vec{p}\vec{r} + E_+ t)}$$

und
$$\Psi_{\vec{p}}^{(4)} (\vec{r},\, t) = (2\pi\hbar)^{-3/2}\, \psi^{(4)}\, e^{(i/\hbar)}\, (\vec{p}\,\vec{r} + E_+\, t)\,.$$

Es ist für das folgende nützlich, sich einmal klar zu machen, warum die Funktion $E(\vec{p})$ im Ansatz (2) als Energie interpretiert wird (denn nur so wird verständlich, warum negative Werte von E überhaupt Probleme aufwerfen). Schon in der nichtrelativistischen Theorie werden freie Teilchen durch ebene Wellen beschrieben. Im Prinzip hatte schon de Broglie die ebenen Wellen einer Wellentheorie $e^{-2\pi i(\nu t - z/\lambda)}$ mit Hilfe der Relationen $E = h\nu$ und $p = h/\lambda$ umgedeutet und zur Beschreibung eines mit dem Impuls p und der Energie E dahinfließenden freien Teilchens benutzt, das man dann so charakterisieren kann

$$e^{(i/\hbar)\,(pz - Et)}\,.$$

Ein anderer Weg, die Interpretation von E als Energie zu motivieren, führt über die Bewegungsgleichung in der Form der Hamilton-Gleichung.

$$H\psi(\vec{r},\, t) = i\hbar\partial\psi(\vec{r},\, t)/\partial t\,.$$

Der Separationsansatz $\psi(\vec{r},\, t) = u_E(\vec{r})\, e^{(-i/\hbar)Et}$ ergibt eine nicht mehr zeitabhängige Eigenwertgleichung des Hamilton-Operators

$$H\, u_E(\vec{r}) = E\, u_E(\vec{r})\,.$$

Wenn man von der klassischen Interpretation der Hamilton-Funktion als Repräsentant der Energie ausgeht, liegt es nahe, E als Energieeigenwert zu deuten. Diese Deutung führt ja auch bei der quantenmechanischen Berechnung des Wasserstoffatoms zu einer überzeugenden Übereinstimmung mit dem experimentell gewonnenen Energiespektrum.

Das Auftreten einer negativen Energie bringt nun fundamentale Probleme mit sich. Man kann schon auf den ersten Blick sehen, daß bei einem Teilchen mit negativer Energie $E_- = -\sqrt{p^2 c^2 + m^2 c^4}$ die Energie mit zunehmender Geschwindigkeit abnimmt. In der klassischen relativistischen Mechanik entspricht diesem Fall eine Hamilton-Funktion mit $H = -\sqrt{m^2 c^4 + p^2 c^2}$.

Für die Bewegungsgleichung erhält man dann (aus der Hamilton-Gleichung $dx/dt = \partial H/\partial p)^5$

$$dx/dt = -pc^2/\sqrt{m^2 c^4 + p^2 c^2}\,.$$

Mit $F = dp/dt$ folgt daraus, daß die Beschleunigung der Kraft entgegengesetzt ist.

Schon von Anfang an war es Dirac klar, daß die Zustände mit negativer Energie ein kritischer Punkt in seiner Theorie sind[6]. Er weist darauf hin, daß auch bei klassischen relativistischen Theorien im Formalismus Zustände mit negativer Energie auftreten können (sichtbar wird das etwa am Energieaus-

---

[5] Vgl. Pauli (1933), S. 243.

[6] Dirac (1928a).

druck $E^2 = m^2 c^4 + p^2 c^2$, der zunächst in quadratischer Form gewonnen wird). Die negativen Werte kann man aber in den klassischen relativistischen

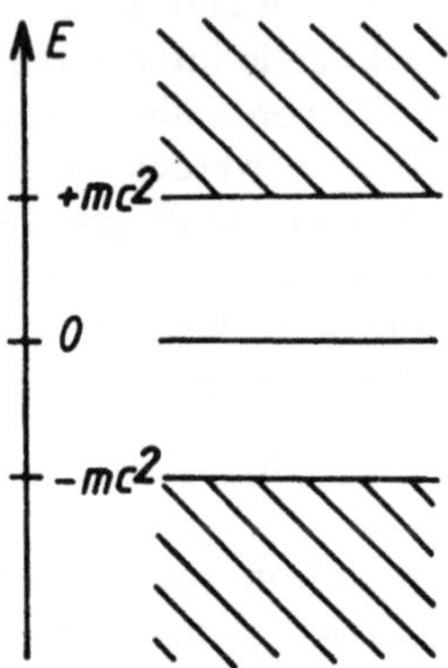

Abb. 6: Energiezustände des Elektrons. Die zugänglichen
Energiebereiche (schraffiert) sind durch eine verbotene
Zone der Breite 2 mc² getrennt

Theorien außer acht lassen, weil Teilchen, die in Zuständen mit positiver Energie sind, immer in Zuständen mit positiver Energie bleiben. In klassischen Theorien sind nämlich nur kontinuierliche Veränderungen möglich, und von den Zuständen positiver Energie gibt es keinen stetigen Übergang in Zustände mit negativer Energie[7]. In der QM gibt es nun aber die Möglichkeit des Übergangs zwischen beiden Energiebereichen. Ganz allgemein kann man sich vorstellen, daß bei Ankoppelung an ein Strahlungsfeld die Elektronen unter Photonenaussendung in immer tiefere Energiezustände fallen und entsprechend hohe Geschwindigkeiten annehmen.

Auf eine Schwierigkeit, die die Zustände mit negativer Energie auch ohne Beteiligung von Strahlungsprozessen mit sich bringen, hat O. Klein schon 1928 hingewiesen[8]. In seinem als „Kleinsches Paradoxon" berühmt gewordenen Beispiel laufen Teilchen mit der Energie E auf eine Potentialschwelle zu (vgl. Abb. 7). Das von der nichtrelativistischen QM übernommene Standardverfahren zur Lösung der Wellengleichung für ein Stufenpotential[9] ergibt für $0 < V_0 - E < mc^2$ (mit $V_0 = -e\Phi$) die aus der Analogie zur Schrödinger-Gleichung zu erwartende Totalreflexion. Wenn jedoch $V_0 > E + mc^2$, so

---

[7]   Vgl. Dirac (1958), S. 273.

[8]   Klein (1929). O. Klein scheint auch der erste gewesen zu sein, der explizit auf Lösungen der Klein-Gordon-Gleichung mit negativer Energie hingewiesen hat (vgl. Kragh (1981), S. 64).

[9]   Lösungsansatz mit ebenen Wellen für einfallenden, reflektierten und durchgehenden Teilchenstrom und stetige Anpassung der Wellenfunktionen an der Sprungstelle des Potentials.

nimmt der Reflexionskoeffizient wieder ab, d.h. Teilchen können mit einer gewissen Wahrscheinlichkeit in das Gebiet II eindringen.

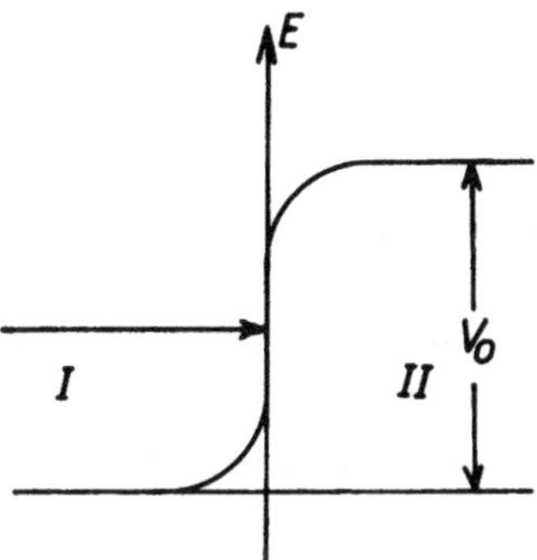

Abb. 7: Potentialverlauf beim Kleinschen Paradoxon

Anschaulich kann man sich vorstellen, daß in diesem Fall Teilchen mit positiver kinetischer Energie aus dem Gebiet I strahlungslos in Zustände mit negativer kinetischer Energie im Gebiet II übergehen (vgl. Abb. 8). Die Energiebilanz wird dabei durch die große potentielle Energie in II ausgeglichen. Dieser Vorgang ist erst möglich, wenn die Verschiebung der Energiebänder so groß ist, daß die Energie der einfallenden Teilchen nicht mehr in der verbotenen Zone des Gebietes II, sondern im negativen Energieband liegt.

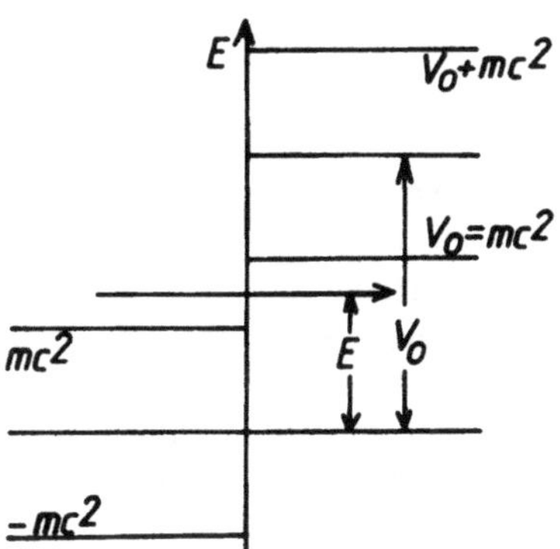

Abb. 8: Die Verschiebung der Energiebänder im Kleinschen Paradoxon (links: Gebiet I, rechts: Gebiet II)

Dieses Ergebnis ist paradox, weil selbst im Rahmen der nichtrelativistischen QM die Energie $E < V_0$ nicht ausreicht, um die Potentialstufe zu überwinden[10]. Die Kennzeichnung als Paradoxon, als „der allgemeinen, gewöhnlichen

---

[10] Zum Kleinschen Paradoxon vgl. auch Sommerfeld (1967), S. 315-330, Bjorken / Drell (1966), Bongaarts / Ruijsenaars (1976) und Kap. III, 2c dieser Arbeit.

Meinung entgegenstehende Aussage", ist in diesem Fall gerechtfertigt, da man in der Physik von Paradoxa spricht, wenn eine Theorie eine Aussage zur Konsequenz hat, die zu vertrauten, plausiblen Aussagen des physikalischen Hintergrundwissens im Widerspruch steht[11].

So wurde gleich von Anfang an deutlich, daß die Zustände mit negativer Energie in einem Wirkungszusammenhang mit den gewöhnlichen Zuständen positiver Energie stehen. Dadurch war man gezwungen, über ihren ontologischen Status nachzudenken, und man konnte nicht mehr ohne weiteres annehmen, daß den negativen Lösungen in der Natur nichts entspricht, daß hier der Formalismus zu reichhaltig ist.

Wenn man in der Dirac-Gleichung mit Potential e durch $-e$ ersetzt, so geht sie in die komplex konjugierte Gleichung über. Aufgrund solcher Symmetrieüberlegungen brachte P. A. M. Dirac die Lösungen mit negativer Energie in Zusammenhang mit Teilchen mit der Ladung $+e$ (statt $-e$)[12]. Aber insgesamt tendierte Dirac in den ersten Arbeiten zu diesem Problem dazu, das Auftreten der negativen Lösungen als ein Anzeichen für Fehler in der Theorie zu sehen (und sie etwa nur als Näherung zu betrachten). Die Suche nach einer befriedigenden Deutung der neuen Zustände wurde erst später eingeschlagen, zunächst tappte Dirac noch im Dunkeln: „Es scheint, daß diese Schwierigkeit nur durch eine fundamentale Änderung unserer bisherigen Vorstellungen behoben werden kann, und vielleicht im Zusammenhang steht mit dem Unterschied zwischen Vergangenheit und Zukunft."[13]

b) Der Weg zur Löcherinterpretation

Ein Elektron mit negativer Energie bewegt sich in einem äußeren Feld, als ob es die Ladung $+e$ trage und positive Energie besitze[14]. Deshalb hat man wohl bald versucht, die negativen Lösungen mit Protonen in Verbindung zu bringen[15]. Dirac zitiert als Beispiel H. Weyl[16], der in einer im Mai 1929 eingesandten Arbeit folgenden Vorschlag machte: „Die Dirac-Maxwellsche Theorie in ihrer bisherigen Form enthält nur die elektromagnetischen Potentiale f_p und das Wellenfeld ψ des Elektrons. Zweifellos muß das Wellenfeld ψ' des

---

11   Vgl. Yourgrau (1968), S. 199.

12   Dirac (1928a), S. 612.

13   Dirac (1928c), S. 562. Dirac gibt jedoch keine weiteren Hinweise zu dieser Vermutung.

14   Vgl. Dirac (1930a), S. 361.

15   Als Quellen für die Deutungsgeschichte wurden insbesondere das Buch von N. R. Hanson „The Concept of the Positron" (Hanson (1963)) und der von Salam und Wigner zu Ehren Diracs herausgegebene Sammelband „Aspects of Quantum Theory" (Salam / Wigner (1972)) herangezogen. Vgl. auch Moyer (1981a).

16   Dirac (1930a), S. 361.

Protons hinzugefügt werden ... Es ist naheliegend, zu erwarten, daß von den beiden Komponentenpaaren der Diracschen Größe das eine dem Elektron, das andere dem Proton zugehört."[17] Genaugenommen identifizierte Weyl hier die Protonen nicht mit Zuständen negativer Energie, sondern er ordnete den Protonen die 3. und 4. Komponente des Spinors ψ zu. Weyl hatte dabei die zweikomponentige Pauli-Gleichung vor Augen und wollte die vertraute semantische Interpretation der zweikomponentigen Pauli-Gleichung auf die ersten beiden Komponenten der Dirac-Gleichung übertragen. Den anderen beiden Komponenten ordnete er das zweite der damals bekannten Teilchen mit Ladung, das Proton, zu. Damit ist allerdings nur das von Weyl gewünschte Ziel angegeben. Er sah selbst, daß die 3. und 4. Komponente des Spinors ψ nicht eindeutig den Zuständen mit negativer Energie zuzuordnen ist, so daß die Verdoppelung der Zustände durch die negativen Lösungen nicht auf die 3. und 4. Komponente und damit auf das Proton abgeschoben werden kann. Allerdings kann man für kleine Geschwindigkeiten in (6) die Glieder mit $w = cp/(E_+ + mc^2)$ vernachlässigen, so daß $\psi^{(n)}$ nur in der n-ten Komponente von Null verschieden ist und alle Eigenzustände, die eine nichtverschwindende 3. und 4. Komponente haben, Zustände mit negativer Energie sind. Weyl hat hier also eine semantische Interpretation gegeben, bei der der Formalismus nur näherungsweise benutzt wird. Diese Interpretation wäre bei exakter Verwendung des Formalismus nicht sinnvoll. Weyl hoffte diese Diskrepanz auflösen zu können, indem er die Rolle der Gravitation besser berücksichtigte[18]. Seine Argumente sind noch ziemlich global, zumal das Hauptinteresse seines Aufsatzes nicht auf die Interpretation der negativen Lösungen gerichtet ist. Ähnlich wie beim Aufstellen und Test von Theorien werden wohl auch semantische Hypothesen häufig zunächst nur global geäußert und dann in einem längeren Prozeß überprüft und ausdiskutiert.

Die schon erwähnte Arbeit Diracs aus dem Jahre 1930 mit dem Titel „A Theory of Electrons and Protons"[19] beschäftigt sich ausschließlich mit der Semantik der negativen Lösungen. Dieser Aufsatz ist schon auf den ersten Blick bemerkenswert, die immerhin sechsseitige Arbeit enthält genau 4 Formeln: Die Dirac-Gleichung, den üblichen Lösungsansatz für stationäre Lösungen $\psi = u \cdot \exp(-iEt/\hbar)$, die klassische relativistische Beziehung $(E/c + (e/c)\,\Phi)^2 - (\vec{p} + (e/c)\,\vec{A})^2 - m^2 c^2 = 0$ und eine der Maxwell-Gleichungen. Hier werden semantische Hypothesen diskutiert und eben nicht ein Formalismus angewandt oder weiterentwickelt, und zur Diskussion semantischer Hypothesen kommt man in der Regel ohne mathematischen Aufwand aus. Dirac wendet sich gegen die Identifizierung von Elektronen mit negativer Energie mit Protonen, und er gibt dafür folgende Gründe an:

---

[17] Weyl (1929), S. 332.
[18] Weyl (1929), S. 330.
[19] Dirac (1930a).

1. Führt man die angegebene Identifizierung durch, so müßte der Übergang eines Elektrons positiver Energie in einen Zustand negativer Energie als Übergang eines Elektrons in ein Proton interpretiert werden. Ein solcher Vorgang würde aber das Gesetz der Erhaltung der elektrischen Ladung verletzten.

2. Das von dem Elektron mit negativer Energie produzierte Feld wäre das Feld einer negativen Ladung, das Proton hat aber das Feld einer positiven Ladung.

3. Elektronen mit negativer Energie würden um so mehr Energie verlieren, je schneller sie sich bewegen. Man müßte Energie aufwenden, um sie zur Ruhe zu bringen. Teilchen mit einem solchen Verhalten sind aber noch nicht beobachtet worden.

Allen drei Argumenten ist gemeinsam, daß aus der Konjunktion von Formalismus der Theorie und der Referenzhypothese „Elektron mit negativer Energie entspricht Proton" Konsequenzen abgeleitet werden. Im 2. Argument widersprechen diese Konsequenzen der Erfahrung: Die Referenzhypothese führt zu Eigenschaften der Protonen, die durch einfache Experimente als nichtexistent zu erweisen sind. Im ersten und dritten Argument stehen die abgeleiteten Konsequenzen im Konflikt mit Bestandteilen eines physikalischen „Hintergrundwissens", das sich aus einem Geflecht bewährter Theorien und gesicherter Experimente herausgebildet hat. Dirac ist eher bereit, eine Referenzhypothese aufzugeben, die zudem nur einen Teil der Zustände einer neuentwickelten Theorie betrifft, als einen innerhalb verschiedener Theorien bewährten Erhaltungssatz aufzugeben. Das dritte Argument wird von Dirac noch erweitert: Der stabilste Zustand der Elektronen ist der Zustand mit der kleinsten Energie. Es müßte dann also das Bestreben der Elektronen sein, unter Abgabe von Strahlung in einen Zustand negativer Energie mit entsprechend hoher Geschwindigkeit zu fallen[20]. Dieses Problem löst Dirac durch die Übertragung einer ähnlichen Fragestellung aus der nichtrelativistischen Physik der Atomhülle. Dort verhindert das Paulische Ausschließungsprinzip, daß alle Hüllenelektronen in den Grundzustand fallen. Nach diesem Prinzip können nämlich nur solche Elektronenanordnungen vorkommen, in denen keine zwei Elektronen in allen Quantenzahlen übereinstimmen. Dirac schlägt nun in Analogie dazu vor, daß man sich (fast) alle Zustände mit negativer Energie als mit Elektronen besetzt denken muß. Deshalb können Elektronen mit positiver Energie nicht beliebig in Zustände mit negativer Energie springen. So wird verständlich, warum überhaupt noch Elektronen im vertrauten Zustand positiver Energie zu finden sind.

Dirac hat jetzt also eine unendliche Anzahl von Elektronen in den Zuständen mit negativer Energie: „... and indeed an infinite number per unit volume all over the world"[21]. Da aber die Verteilung dieser Elektronen ganz

---

[20]   Auf dieses Problem machte auch J. R. Oppenheimer (1930a) aufmerksam.
[21]   Dirac (1930a), S. 362.

gleichmäßig ist, erwartet er von ihnen keine beobachtbare physikalische Wirkung[22]. Nach dieser Sichtweise ist ontologisch ein erstaunlicher Wandel eingetreten: Eine Klasse von Lösungen, bei der es fraglich war, ob ihr in der Natur überhaupt etwas entspricht, ist nun nicht nur als Klasse möglicher Zustände erkannt, sondern auch mit einem Schlag (fast) vollständig besetzt worden (während die positiven Zustände nur mit endlich vielen Elektronen besetzt sind). Auf der Beobachtungsebene ändert sich allerdings zunächst nichts, da die unendlich vielen Elektronen als unbeobachtbar angenommen werden. Welchen Sinn hat aber dann ihre Einführung? Erstens wird erklärt, warum noch Elektronen mit positiver Energie vorhanden sind. Weiter treten nun einige wenige Zustände mit negativer Energie und kleinen Geschwindigkeiten auf, die im Meer der belegten Zustände noch unbesetzt sind. Diese unbesetzten Zustände mit negativer Energie haben bemerkenswerte Eigenschaften. Sie verhalten sich in äußeren Feldern wie Teilchen mit positiver Energie und der Ladung $+e$. Die Vorstellung der sogenannten ‚Löcher‘ hat Dirac in expliziter Analogie zur Atomphysik entwickelt, wo man z.B. zur Analyse von Röntgenstrahlen den Zustand eines Atoms, bei dem ein Elektron aus einer inneren Schale herausgeschlagen wurde, genauso behandeln kann, als wenn nur das fehlende Elektron im Feld vorhanden wäre (dieses Phänomen ist heute in der Halbleiterphysik allgemein vertraut). Auch hier ist es wieder eine Übertragung aus vertrauten Gebieten der Physik, die Dirac zu seiner Referenzhypothese führt, daß die Löcher in der ansonsten dichten Verteilung der Elektronen mit negativer Energie gerade die Protonen sind. „We are therefore led to the assumption that the holes in the distribution of negative-energy electrons are the protons."[23] Mit dieser Interpretation der Zustände mit negativer Energie kann Dirac die drei Schwierigkeiten überwinden, die er zu Anfang seiner Arbeit aufgezählt hat (vgl. Abb. 9):

1. Übergänge von Elektronen von Zuständen positiver Energie in Zustände mit negativer Energie verletzen die Ladungserhaltung nicht mehr.

2. Das Fehlen eines Elektrons wirkt sich wie eine positive Ladung aus, so daß die Löcher das Feld einer positiven Ladung verbreiten.

3. Um ein Proton (d.h. ein Loch) in einen Zustand mit höherer Geschwindigkeit zu bringen, muß man Energie aufwenden (ein Elektron muß „aus einem tieferen Loch" gehoben werden).

Als weiterer Vorteil der Besetzung der negativen Zustände mit Elektronen gibt Dirac an[24], daß er nur noch *eine* Art von fundamentalen Teilchen benö-

---

[22] Die Annahme, daß die unendliche Anzahl von Elektronen keine physikalische Auswirkungen haben soll, wurde von N. Bohr schon im Dezember 1929 in einem Brief an Dirac kritisiert (vgl. Moyer (1981a), S. 1057). Auch H. Margenau kritisierte sie in der wohl ersten wissenschaftstheoretischen Stellungnahme zur Dirac-Theorie (Margenau 1935), S. 83 f.

[23] Dirac (1930a), S. 363.

[24] Dirac (1930a), S. 363.

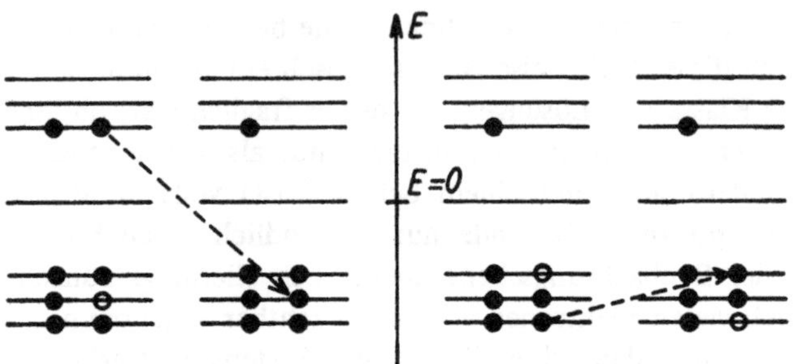

Abb. 9: Energieschema zur Löcherinterpretation
(links: Übergang 1, rechts: Übergang 3)

tigt, nämlich das Elektron, und nicht mehr Elektron und Proton, die unverbunden nebeneinander stehen. Durch diese Vorteile rechtfertigt Dirac seine mutige Vermehrung der Zahl der Entitäten[25].

Im Schlußabschnitt seines Aufsatzes weist Dirac übrigens noch auf eine weitere indirekte Folge der Existenz von Zuständen mit negativer Energie hin: Wenn man bei der Streuung von Photonen an Elektronen die Zustände mit negativer Energie nicht als Zwischenzustände zuläßt, ergibt die Berechnung von Wirkungsquerschnitten falsche Werte: Die Zustände negativer Energie gehen wesentlich in die Streuformel ein.

Dirac muß jedoch auch auf Schwierigkeiten seiner Vorschläge hinweisen. Die unendliche Ladungsdichte der Elektronen mit negativer Energie würde ein Feld mit unendlicher Divergenz produzieren (div $E = -4\pi\rho$). Dirac macht nun eine Art Renormierungsvorschlag, indem er annimmt, daß zur Ladungsdichte ρ nur die nichtbesetzten Zustände negativer Energie und die besetzten Zustände positiver Energie beitragen. Der „Vakuumzustand", in dem alle negativen Zustände besetzt und alle positiven Zustände unbesetzt sind, bringt danach keinen Beitrag zur Ladungsdichte.

Eine weitere Schwierigkeit ist die offensichtliche Asymmetrie zwischen Protonen und Elektronen: Protonen können schwere Atomkerne bilden und sie haben eine viel größere Masse als die Elektronen. Nach Diracs Theorie müßte es jedoch eine perfekte Symmetrie zwischen Protonen und Elektronen geben. Dirac hofft, daß die Asymmetrie eine Folge der Wechselwirkung der Elektronen untereinander ist und sich daraus berechnen läßt.

Man sieht in Diracs Arbeit sehr schön, wie verschiedene semantische Hypothesen verschiedene Folgen haben. Aufgrund dieser Folgen wird jetzt pragmatisch über die semantischen Hypothesen argumentiert. Dabei geht es um ein

---

[25]   Das occamsche Gebot der ontologischen Sparsamkeit kann hier durch die Reduktion der Anzahl der Teilchen oder durch die Reduktion der Arten der Teilchen erfüllt werden.

Abwägen verschiedener wünschenswerter Eigenschaften der interpretierten Theorie. Sicherlich ist ein unendlich tiefer Teilchensee keine leicht hinzunehmende Vergrößerung des ontologischen Inventars unserer Welt. Aber andererseits nimmt die erklärende Kraft der Diracschen Theorie mit dieser Annahme stark zu.

Noch im gleichen Jahr 1930 erschien eine Kritik an Diracs Vorschlägen, die J. R. Oppenheimer unter der Rubrik „Briefe an den Herausgeber" in der Zeitschrift „Physical Review" veröffentlichte[26]. Einer der Kritikpunkte hängt mit der unterschiedlichen Masse von Elektron und Proton zusammen: Wenn man Diracs Theorie auf die Streuung von Licht an Elektronen und an Protonen anwendet, so kann man nicht erklären, warum die Thomson-Formel verschiedene Wirkungsquerschnitte für Elektronen und Protonen ergibt. Außerdem hatte sich Dirac bisher nicht präzis zu der Häufigkeit der Prozesse geäußert, bei denen Elektron und Proton zerstrahlen, d.h. ein Elektron mit positiver Energie in ein Loch springt und dabei seine Energie als Strahlung abgibt. Oppenheimer hat das Problem durchgerechnet und für ein Gemisch von freien Elektronen und freien Protonen eine mittlere Lebensdauer von 10^{-10} s erhalten[27]. Diese extrem kurze Lebensdauer läßt nicht mehr verständlich erscheinen, warum die Materie stabil ist und freiwerdende Löcher nicht sofort besetzt werden. Eine von Dirac etwa zur gleichen Zeit durchgerechnete Wahrscheinlichkeit der Zerstrahlung[28] ist ebenfalls viel zu groß. Oppenheimer nimmt deshalb an, daß alle Zustände mit negativer Energie immer besetzt sind. Um die Protonen in seinem Konzept unterzubringen, schlägt er zwei unabhängige ‚Teilchenseen' vor, je ein Kontinuum positiver und negativer Zustände sowohl für das Elektron als auch für das Proton, wobei aber die negativen Zustände jeweils alle besetzt sind. Oppenheimer führt also noch einmal eine beliebig große Zahl interpretierter Zustände ein. Der Wunsch, nur *eine* Teilchensorte zu haben, läßt sich nicht erfüllen, die Theorie der Wechselwirkung mit dem elektromagnetischen Feld führt zu viel zu großen Zerstrahlungswahrscheinlichkeiten.

In einem im Oktober 1930 in ‚Nature' abgedruckten zusammenfassenden Vortrag[29] ging Dirac auf die Schwierigkeiten der Loch-Deutung ein. Oppenheimers Ausweg möchte er nicht so gerne folgen, weil damit die einheitliche Theorie von Elektronen und Protonen wieder aufgegeben wäre. Diese einheitliche Theorie hatte zwanglos erklärt, warum Elektronen und Protonen in der Ladung den gleichen Betrag, aber verschiedene Vorzeichen haben. Dirac sieht es also als Ziel der Wissenschaft an, mit möglichst wenig Arten von Teilchen auszukommen und in der Theorie möglichst wenig kontingente, nicht weiter reduzierbare Bestandteile aufzunehmen. „It was always been the dream of philosophers to

---

[26] Oppenheimer (1930 b).
[27] Die Details der Rechnung sind in Oppenheimer (1930 a) näher erläutert.
[28] Dirac (1930 b).
[29] Dirac (1930 c).

have all matter built up from one fundamental kind of particle, so that it is not altogether satisfactory to have two in our theory, the electron and the proton ... "[30]. Dieser grundlegende Glaube an die Einfachheit der Natur ist so groß, daß Dirac weiter hofft, die Probleme der Massenverschiedenheit und der großen Zerstrahlungswahrscheinlichkeiten durch eine verbesserte Theorie der Wechselwirkung von Feld und Materie aus der Welt zu schaffen. Hier deutet sich eine Spielart des Duhem-Quine-Problems an: Da die Theorie nur näherungsweise die realen Vorgänge erfaßt, kann das Scheitern der aus der Konjunktion von Referenzhypothese und Theorie gewonnenen empirischen Aussage sowohl auf das Versagen der Referenzhypothese (Oppenheimer) als auch auf den Näherungscharakter der Theorie (Dirac) geschoben werden.

Eine weitere Berechnung der Zerstrahlungswahrscheinlichkeit führte I. Tamm durch[31]. Er kam zu dem gleichen Ergebnis wie Dirac selbst. Diracs Hoffnung, die strenge Berücksichtigung der Wechselwirkung von Materie und Feld könne die verschiedenen Massen von Elektron und Proton erklären, wurde endgültig durch H. Weyl zunichte gemacht. Dieser zeigte 1931 mit Hilfe von Symmetrieüberlegungen, daß auch bei Wechselwirkung Elektronen und Löcher die gleiche Masse haben müßten[32]. Es ist bemerkenswert, wieviel Mathematik und formale Überlegungen an der Diskussion um die Semantik der Dirac-Gleichung beteiligt waren, und wie wenig empirisches Wissen einging, wobei dieses empirische Wissen vielfach physikalisches Allgemeingut war, wie z.B. die Stabilität der Materie oder die Massenverschiedenheit von Elektron und Proton. Diese Situation reflektierte Dirac, als er aufgrund der Argumente von Weyl zur Massengleichheit von Proton und Elektron und der Rechnungen zur Zerstrahlungswahrscheinlichkeit (Tamm, Oppenheimer, Dirac) den Rückzug antrat und seine Referenzhypothese verwarf[33]. Am Beginn dieser Arbeit stehen keine physikalischen Argumente, sondern wissenschaftstheoretische Überlegungen: Wohl sei erwartet worden, daß der weitere Fortschritt der Wissenschaften auch fortgeschrittenere mathematische Hilfsmittel notwendig macht, erstaunlich sei jedoch, daß diese Entwicklung nicht in der Weiterentwicklung von Methoden liegt, die bekannt sind und an deren Grundlagen sich nichts mehr ändert. Vielmehr würden neue mathematische Hilfsmittel, neue Axiomensysteme mit ungewohnten Eigenschaften benötigt.

„Non-euclidian geometry and non-commutative algebra, which were at one time considered to be purely fictions of the mind and pastimes for logical thinkers, have now been found to be very necessary for the description of general facts of the physical world. It seems likely that this process of increasing abstraction will continue in the future and that advance in physics is to be associated with continual modification and generalisation of the axioms at the

---

[30]   Dirac (1930 c), S. 605.

[31]   Tamm (1930).

[32]   Weyl (1977), S. 234.

[33]   Dirac (1931).

base of the mathematics rather than with a logical development of any one mathematical scheme on a fixed foundation."[34]

Dieses Zitat zeigt eine bemerkenswerte metatheoretische Einstellung. Die Verwendung neuer, ungewohnter mathematischer Hilfsmittel führt Dirac nicht dazu, seinen realistischen Anspruch aufzugeben. In gewissem Sinn zwingt die Natur dazu, neue Methoden zu verwenden. Die grundlegende Auswechselung des mathematischen Apparats ist für Dirac durchaus vereinbar mit dem Gedanken des Fortschritts in der Physik, so daß er aus den großen theoretischen Umbrüchen keine historistischen Konsequenzen zieht.

Nach Dirac sind die Probleme der Physik zu kompliziert geworden, als daß Theorien durch die „mathematische Ausformulierung der experimentellen Ergebnisse" gewonnen werden könnten (hierin kann man eine Kritik an der induktiven Methode sehen). Dirac schlägt deshalb folgende Vorgehensweise vor: Mit allen Mitteln, die die reine Mathematik vorrätig hält, soll der formale Apparat der theoretischen Physik weiterentwickelt werden. Und erst *nachdem* man vielversprechende Erfolge erzielt hat (und etwa eine lorentz-invariante Wellengleichung gefunden hat), sollte man versuchen, die neuen mathematischen Strukturen mit physikalischen Entitäten zusammenzubringen („to interpret the new mathematical features in terms of physical entities"[35]).

In diesem Zusammenhang verweist Dirac auch auf A. S. Eddingtons „Principle of Identification". „Das Identifizierungsprinzip" ist die Überschrift eines Paragraphen in Eddingtons Buch „Relativitätstheorie in mathematischer Absicht"[36]. In diesem Paragraphen geht es um den Übergang von der Mathematik zur Physik, von der geometrischen Beschreibung zur physikalischen Beschreibung. Die Ausführungen von Eddington kann man so interpretieren, daß durch rein mathematische Betrachtungen abgeleitete mathematische Größen identifiziert werden mit solchen physikalischen Größen (d.h. semantisch interpretierten Größen, die die Beobachtungen zusammenfassen), die die gleichen Struktureigenschaften haben. So wird ein Vierervektor, dessen Divergenz verschwindet, identifiziert mit der elektrischen Stromdichte, für die der Ladungserhaltungssatz gilt. „Der Übergang von der geometrischen zur physikalischen Beschreibung kann nur so vollzogen werden, daß man Tensoren, die physikalische Größen messen, mit den in der reinen Geometrie auftretenden Tensoren identifiziert; daher müssen wir uns zunächst fragen, welche experimentellen Eigenschaften der physikalische Tensor besitzt, und alsdann nach einem geometrischen Tensor suchen, der auf Grund mathematischer Identitäten dieselben Eigenschaften aufweist."[37] Diese Identifizierungen sind durch die Theorie

---

[34]   Dirac (1931), S. 60.

[35]   Dirac (1931), S. 60.

[36]   § 96 in Eddington (1925), S. 331.

[37]   Eddington (1925), S. 331.

nicht eindeutig vorgezeichnet und der Ausgang einschlägiger Experimente kann zeigen, daß eine bestimmte Identifizierung unhaltbar ist[38].

P. A. M. Dirac gibt also auch im heuristischen Bereich eine enge Verzahnung von Beobachtungsebene und Theorienbildung auf. Der Formalismus wird (nach noch zu untersuchenden Kriterien) weiterentwickelt, ihm wird eine gewisse Autonomie zugestanden, in der Hoffnung, daß man so auf den richtigen Weg geführt wird. Erst danach kommt die Interpretation auf der Beobachtungsebene. Ebenso wie in der Theorie nicht alle Terme empirisch interpretiert sein müssen, kann auch bei der Entwicklung des Formalismus auf den Kontakt zur Realebene zunächst verzichtet werden. Ähnlich wie Einstein hat Dirac den damals noch ausstehenden „semantischen Liberalisierungsprozeß" der Wissenschaftstheorie vorweggenommen[39].

Die zunehmende Bedeutung nicht empirisch ableitbarer Elemente in der Theorie hat allerdings nicht zur Folge, daß diese Elemente etwa unkritisierbar werden oder nicht mehr abgeändert werden können. Dies zeigt sich in Diracs oben erwähnter Arbeit, wenn er sich nach seinen metatheoretischen Vorbemerkungen wieder der Interpretation der Zustände mit negativer Energie zuwendet. Dirac gibt nämlich die einheitliche Deutung von Protonen und Elektronen (Protonen als Löcher im Elektronensee) auf. Mit Oppenheimer nimmt er nun zwei Teilchenseen an. Über Oppenheimer hinausgehend deutet Dirac an, daß Löcher im Elektronensee eine ganz neue Sorte von Teilchen darstellen könnten, die die gleiche Masse wie die Elektronen haben und entgegengesetzte Ladung. Dirac nennt diese neuen Teilchen „Anti-Elektronen"[40]. Sie seien experimentell bisher nicht nachgewiesen und es sei aufgrund ihrer hohen Zerstrahlungswahrscheinlichkeit nicht zu erwarten, daß sie in der Natur aufzufinden sind. Wenn man sie aber – so Dirac weiter – im Vakuum produzieren könnte, wären sie stabil und der Beobachtung zugänglich. Durch diese Überlegung wird garantiert, daß die Elektronen in den Zuständen mit negativer Energie nicht nur dafür da sind, die negativen Lösungen unschädlich zu machen. Sie haben „surplus meaning". Auch für die Protonen postuliert Dirac Zustände mit negativer Energie, die mit Protonen besetzt sind und wo sich Löcher im Teilchensee wie Antiprotonen verhalten. So ist in gewissem Sinn wieder eine Symmetrie zwischen Elektronen und Protonen hergestellt.

In den Bereich unseres Themas fällt nur der erste Teil von Diracs Aufsatz. Die folgenden Teile beschäftigen sich mit Symmetrieüberlegungen zwischen Elektrizität und Magnetismus, die Dirac dazu führen, die Existenz magnetischer Monopole für möglich zu halten[41]. Während der direkte experimentelle Nach-

---

38   Eddington (1925), S. 334.
39   Vgl. Kanitscheider (1979 b), S. 157.
40   Dirac (1931), S. 36.
41   Vgl. Kragh (1979 b), § 5 und § 6.

weis der magnetischen Monopole bis heute auf sich warten ließ, erfolgte die empirische Bestätigung im Fall der Antiteilchen fast unmittelbar.

Bevor wir aber auf die Entdeckung der Positronen eingehen, sollen noch einige Arbeiten besprochen werden, die die Auseinandersetzung um die Interpretation der negativen Lösungen zum Anlaß nehmen, eine Abänderung der Dirac-Gleichung zu fordern. Die semantischen Schwierigkeiten, die die Theorie mit sich bringt, wird als Belastung der Theorie, als Anzeichen ihrer Fehlerhaftigkeit angesehen.

c) Der Erfolg der Diracschen Interpretation

Ein Versuch, die Schwierigkeiten der Deutung der Zustände mit negativer Energie zu umgehen, stammt von E. Schrödinger[42]. Der Hamilton-Operator wird dabei so abgeändert, daß ein System, das im Zustand positiver Energie ist, immer in diesem Zustand bleibt. Diese Abänderung der Theorie führt aber dazu, daß Eichinvarianz[43] und relativistische Invarianz verlorengehen, außerdem führt sie bei der Streuung von Licht an Elektronen zu einem Widerspruch mit der Thomson-Formel. Wenn auch Schrödingers Versuch gescheitert ist, so zeigt er doch, daß hartnäckige semantische Schwierigkeiten zu einer Abänderung des formalen Teils der Theorie führen können.

Eine viel weiter gehende Kritik an der relativistischen Wellenmechanik stammt von L. Landau und R. Peierls[44]. Zu Beginn ihrer Arbeit zählen sie einige „sinnlose Resultate" auf, zu denen die Anwendung von wellenmechanischen Methoden im relativistischen Bereich führe. Zu diesen sinnlosen Resultaten gehören für Landau und Peierls auch die Zustände mit negativer Energie. Zum Verständnis der Argumentation von Landau und Peierls muß man beachten, daß für sie aufgrund ihres sehr engen empiristischen Sinnkriteriums alle in der Wellenmechanik auftretenden physikalischen Größen im relativistischen Bereich nicht mehr definierbar sind. Der Formalismus, den man erhält, wenn man die wellenmechanische Methode auf den relativistischen Fall anwendet, muß danach entsprechende Defizite enthalten, etwa die „physikalisch sinnlosen Lösungen mit negativer Energie"[45]. Bemerkenswert ist, daß hier eine physikalische Theorie wesentlich aus metatheoretischen Gründen abgelehnt wird, ohne auf ihre Erfolge bei der Erklärung der Feinheiten des H-Atoms und des Spins einzugehen.

„Die . . . (im Vorhergehenden) als notwendig erwiesenen Voraussetzungen der Wellenmechanik sind also im relativistischen Gebiet nicht erfüllt und die

---

[42]   Schrödinger (1931 a), S. 63.

[43]   D.h. hier: Invarianz der physikalischen (empirischen) Aussagen der Theorie bei Addition eines vierdimensionalen Gradienten zum elektromagnetischen Viererpotential.

[44]   Landau / Peierls (1931).

[45]   Landau / Peierls (1931), S. 67.

Anwendung der wellenmechanischen Methoden auf dieses Gebiet ist eine Überspannung ihrer Tragweite. Man darf sich daher nicht wundern, wenn der Formalismus zu allerlei Unendlichkeiten führt, im Gegenteil, es wäre sogar wunderbar, wenn er irgendeine Ähnlichkeit mit der Wirklichkeit hätte."[46]

Auch Wolfgang Pauli sah in einem einschlägigen Artikel im Handbuch der Physik[47] das Auftreten der Zustände mit negativer Energie als Zeichen für eine Grenze der Diracschen Theorie an. Er kritisierte die Versuche von Dirac und Oppenheimer, sowohl für das Elektron als auch für das Proton einen vollbesetzten See mit Zuständen negativer Energie anzunehmen. U.a. störte sich Pauli an der Annahme eines speziellen Anfangszustandes, bei dem alle Zustände mit negativer Energie besetzt sind und nur einige der Zustände mit positiver Energie.

Warum sich die Symmetrie der Naturgesetze in bezug auf Teilchen und Antiteilchen in unserer Umgebung nicht auswirkt (hier findet man eine Symmetriebrechung zuungunsten der Antiteilchen), war übrigens bis vor kurzem eine gänzlich offene Frage. Neuerdings gibt es dafür jedoch Erklärungsansätze[48], die sich auf kosmologische Überlegungen stützen und auf eine Elementarteilchentheorie, die die elektromagnetische, die schwache und die starke Wechselwirkung vereinigt (grand unification).

Angesichts der ungeklärten Probleme der Diracschen Interpretation schloß sich Pauli der Auffassung von Landau und Peierls an, wobei er aber eher von der Physik her argumentierte: Die bei der Interpretation der Dirac-Gleichung auftretenden Schwierigkeiten sind ein Hinweis dafür, daß die von Landau und Peierls vorgebrachten methodischen Bedenken berechtigt sind und ihre Berücksichtigung eine tiefgreifende Änderung der Grundbegriffe und des Formalismus der Quantentheorie mit sich bringt[49].

Die weitere Auseinandersetzung um die Interpretation der Dirac-Gleichung gab den im vorhergehenden erwähnten „Skeptikern" Unrecht: Als das Handbuch der Physik in Druck ging, war das Antiteilchen des Elektrons schon entdeckt.

Das Positron, also das Elektron mit positiver Ladung, wurde am 2. August 1932 von C. D. Anderson gefunden[50]. Anderson brachte jedoch seine Entdeckung zunächst nicht mit Diracs Theorie in Verbindung[51]. Auf Nebelkammeraufnahmen von Teilchenreaktionen, die durch kosmische Strahlung ausgelöst wurden, fand er Spuren, für die nur die Deutung als akzeptierbar übrig blieb,

---

46   Landau / Peierls (1931), S. 68.

47   Pauli (1933).

48   Vgl. Wilczek (1980).

49   Pauli (1933), S. 247.

50   Vgl. Anderson (1933 a), S. 491. Eine ausführliche Übersicht über die Entdeckung des Positrons gibt Moyer (1981 b).

51   Vgl. Hanson (1963), S. 139 und Moyer (1981 b), S. 1121.

daß es sich dabei um Teilchen mit der Masse des Elektrons und mit einer positiven Elektronenladung handelt[52]. Die Verknüpfung von Andersons Entdeckung und Diracs Theorie erfolgte erst durch dritte: P. M. S. Blackett und G. P. S. Occhialini[53] kamen nach einer sorgfältigen Diskussion der experimentellen Methoden und kritischer Prüfung der möglichen Interpretationen der Nebelkammeraufnahmen zu dem gleichen Ergebnis wie Anderson. Anschließend brachten sie dieses beobachtete Teilchen in Zusammenhang mit Diracs Theorie. An diesem Vorgang ist wissenschaftstheoretisch zweierlei bemerkenswert. Erstens haben wir hier ein Beispiel für die Entdeckung eines Teilchens, die unabhängig von seiner Vorhersage zustande kam. Auch in diesem Fall kann man nicht behaupten, daß es bei der Überprüfung einer Theorie kein von der Theorie unabhängiges Faktenmaterial geben kann. Zweitens sieht man aber auch, daß es unter Umständen einer besonderen Leistung bedarf, um ein Experiment als Anwendungsfall einer Theorie und als relevant zu ihrer Prüfung zu sehen.

Dirac akzeptierte sofort den Zusammenhang zwischen seinen Antielektronen und dem, „what the experimenters now call a positron"[54]. Im Jahre 1934 schrieb er: „It seems reasonable and in agreement with all the facts known at present to identify these holes with the recently discovered positrons and thus to obtain a theory of the positron."[55] Den in der Interpretation der negativen Lösungen erreichten Stand konnte er in seiner Nobelpreisrede zusammenfassen[56]:

„We now make the assumptions that in the world as we know it, nearly all the states of negative energy for the electrons are occupied, with just one electron in each state, and that a uniform filling of all the negative-energy states is completely unobservable to us. Further, any unoccupied negative-energy state, being a departure from uniformity, is oberservable and is just a positron."

Die von Anderson beobachteten Positronen waren bei Paarerzeugungsprozessen entstanden, wie Anderson selbst bald berichten konnte[57]. Die Paarerzeugung kann in der Diracschen Theorie intuitiv sehr eingängig als Übergang eines Teilchens aus einem Zustand negativer Energie in einen (unbesetzten) Zustand positiver Energie beschrieben werden. Dabei bleibt ein Loch als Antiteilchen zurück, so daß Teilchen und Antiteilchen zusammen entstehen. Hier ist auch der Grund zu suchen, warum das Antiteilchen des Protons, das Anti-

---

[52] Vgl. Anderson (1932).

[53] Blackett / Occhialini (1933). Blackett und Occhialini verfügten über eine experimentelle Technik, die Andersons Versuchsaufbau überlegen war. Sie konnten deshalb die Masse und den Entstehungsort der positiven Teilchen mit größerer Sicherheit bestimmen. Vgl. dazu Darrigol (1982), S. 89-90 und Moyer (1981 b), S. 1121.

[54] Dirac (1933), S. 323.

[55] Dirac (1934), S. 150.

[56] Dirac (1933), S. 324.

[57] Anderson / Neddermeyer (1933 b) und Anderson (1933 c), S. 406 f.

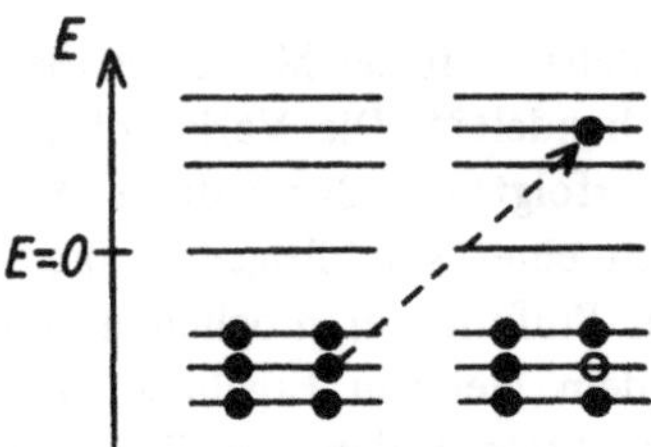

Abb. 10: Paarerzeugung und Löcherinterpretation

proton, erst so viel später gefunden wurde. Wegen der großen Masse des Protons braucht man zur Erzeugung eines Proton-Antiproton-Paares eine Energie, die über $2 \cdot 10^9$ eV liegt, während für ein Elektron-Positron-Paar 10^6 eV ausreichen. Erst das „Bevatron" genannte Synchroton in Berkeley/Kalifornien konnte einen Protonenstrahl liefern, dessen Energie ausreichte, um beim Auftreffen auf Materie Antiprotonen zu erzeugen (was auch eines der Ziele beim Bau des Beschleunigers gewesen war). Eine Arbeitsgruppe um E. Segrè gelang dort 1955 der erste sichere Nachweis von Antiprotonen, nachdem schon einige Jahre zuvor versucht wurde, Teilchenspuren aus der kosmischen Strahlung als Spuren von Antiprotonen zu deuten[58]. Anders als bei der Entdeckung des Positrons setzt der Versuchsaufbau von Segrè, der ja aus der bewußten Suche nach den Antiprotonen geplant war, genaue Kenntnis der Eigenschaften des Protons voraus. Zum Nachweis wurde eine komplizierte Anordnung von Szintillations- und Tscherenkow-Zählern benötigt, während die Positronen auf der Photoplatte beinahe noch unmittelbar zu „sehen" waren. Dieses Beispiel zeigt, wie problematisch es ist, die „Realität" eines Teilchens an das empirische Nachweisverfahren zu binden. Von der Theorie her haben das Elektron, das Proton und ihre Anteiteilchen den gleichen Status, während der empirische Nachweis vom Elektron über Proton und Positron zum Antiproton zunehmend indirekter und theoriegeladener wird.

2. Das Problem der negativen Lösungen in der quantenfeldtheoretischen Formulierung der Dirac-Gleichung

> *Valentine Bargmann has told me that Einstein asked him to give a private survey of quantum field theory, beginning with second quantization. Bargmann did so for about a month. Thereafter Einstein's interest waned.*
>
> *A. Pais*[59]

Zum Abschluß der Geschichte der Deutungen muß noch eine Entwicklung ausführlicher behandelt werden, die zu einer grundlegenden Umdeutung des

---

[58]   Vgl. Lüders (1956) und Chamberlain (1955).
[59]   Pais (1979), S. 907.

Formalismus führte. Die Möglichkeit der Zerstrahlung von Elektron und Positron zeigte, daß gewisse Effekte innerhalb der bisherigen Quantentheorie, in der z.B. die Teilchenzahl immer erhalten bleibt, nicht erfaßbar sind. Gerade die Zerstrahlung, oder auch der umgekehrte Vorgang der Paarerzeugung, fordern die Behandlung innerhalb einer Mehrteilchentheorie. In den vorhergehenden Abschnitten sind wir von der Einteilcheninterpretation der Dirac-Gleichung ausgegangen: Die Theorie wird mit Hilfe eines Feldes formuliert, das durch die Amplitudenfunktion ψ beschrieben wird, ähnlich wie im Fall der Schrödinger-Gleichung. Allerdings ist im Dirac-Fall die Bewegungsgleichung in Übereinstimmung mit der SR gewählt. Demgegenüber soll im folgenden die feldtheoretische Formulierung der Dirac-Gleichung untersucht werden, in der durch die sogenannte 2. Quantisierung die Amplitudenfunktion ψ zu einem Feldoperator mit bestimmten Vertauschungseigenschaften wird. Obwohl die Theorie des Elektrons als Einteilchentheorie bestimmte Effekte nicht erfassen kann, wird sie für viele Fragen wegen ihrer (relativen) mathematischen Einfachheit dennoch weiter verwendet (z.B. auch zur Berechnung von Strahlungsübergängen)[60]. Dies zeigt ein weiteres Mal, daß falsifizierte Theorien nicht aus der Wissenschaft verschwinden müssen, und daß die Forderungen der Anwendungspraxis an eine Theorie nicht immer mit den Kriterien für ein befriedigendes theoretisches Verständnis der Natur übereinstimmen müssen. Auch der Flug zum Mond wurde mit der Newtonschen Mechanik, d.h. mit einer falsifizierten Theorie, durchgeführt. Im folgenden soll nun untersucht werden, welche Nachfolger die Lochdeutung in der QFTh gefunden hat, oder ob sich die Schwierigkeiten mit negativen Lösungen innerhalb des neuen Formalismus eventuell gar nicht mehr stellen.

a) Zur Geschichte der Quantenfeldtheorie

Zunächst sei in einem kurzen Rückblick skizziert, welche Entwicklung die QFTh durchgemacht hatte, bis sie zu Beginn der 30er Jahre auch für die Interpretation der Dirac-Gleichung wichtig wurde[61]. Die Anfänge der Feldquantisierung schließen sich an Plancks Theorie der Hohlraumstrahlung an[62]. In diesem Zusammenhang sind die Namen Ehrenfest, Debye und auch Einstein zu nennen[63]. Die für die QFTh kennzeichnende analoge Behandlung von Strahlung und Materie wird vorbereitet u.a. von Einsteins Arbeit zur „Quantentheorie des einatomigen idealen Gases"[64], wo er explizit die Analogie von „Quantengas" (Strahlung) und „Molekülgas" (Materie) hervorhebt. Diese Analogie

---

[60] Vgl. Rose (1971).

[61] Darrigol (1982) hat die erste profunde Geschichte der QFTh vorgelegt, auf sie sei ausdrücklich hingewiesen.

[62] Vgl. hierfür und für das folgende Wentzel (1960) und Jost (1972).

[63] Vgl. Ehrenfest (1906) und Debye (1910).

[64] Einstein (1925).

besteht zunächst nur formal in der gleichen statistischen Behandlung beider Fälle, aus der sich z.B. ein Schwankungsgesetz auch für ideale Gase ergibt.

Um sich die Bedeutung dieses Schwankungsgesetzes klar zu machen, muß man sich die Vorgeschichte vergegenwärtigen: Einstein hatte nach der Einführung der Lichtquantenhypothese (im Jahre 1905)[65] gezeigt, wie in einem Hohlraum, in dem Strahlungsgleichgewicht herrscht, die Strahlungsenergie für ein bestimmtes Volumen um einen Mittelwert schwankt: Für das mittlere Schwankungsquadrat der Energie hatte er dabei (im Jahre 1909)[66] folgende Formel abgeleitet[67]:

$$(\Delta E)^2 = u^2 V^2 + \epsilon_0 u V \qquad \begin{aligned} \epsilon_0 &= h\nu \\ u &= \text{Strahlungsdichte} \\ V &= \text{Volumen} \end{aligned}$$

Hierbei wird der erste Term aus einer Wellentheorie, der zweite Term aus einer Korpuskelvorstellung verständlich. Es hat den Anschein, wie Einstein bemerkt, als ob zwei unabhängige Ursachen die Fluktuationen hervorbringen. Hier liegt also eine gut „greifbare" Manifestation des Dualismus vor, die Einstein von der Strahlung auf die Materie übertrug, indem er ein Schwankungsgesetz auch für ideale Gase ableitete.

In der erwähnten Arbeit über ideale Gase aus dem Jahre 1925 kommt Einstein durch die Deutung der Schwankungsformel im Rahmen des Dualismus[68] auch zu Welleneigenschaften der Materie. In diesem Zusammenhang macht er dann auch auf de Broglie aufmerksam, der dargetan habe, „wie einem materiellen Teilchen bzw. einem System von materiellen Teilchen ein (skalares) Wellenfeld zugeordnet werden kann"[69].

Schon an dieser Stelle zeigt sich, daß für die Diskussion um den Teilchen-Welle-Dualismus die Bemühungen um eine Quantentheorie der Strahlung und die Herausarbeitung von Gemeinsamkeiten und Unterschieden in der Beschreibung von Licht und Materie eigentlich wichtiger waren als die Diskussion innerhalb der hauptsächlich auf die Atomphysik angewandten „klassischen" Quantentheorie. Diese Beobachtung wird sich bestätigen, wenn wir im folgenden die Entstehung der QFTh weiter verfolgen.

Ansätze zu einer ausgearbeiteten QFTh finden sich 1926 bei Born, Heisenberg und Jordan[70], die die Analogie von Lichtwellen und harmonischen Oszil-

---

65   Einstein (1905).

66   Einstein (1909), vgl. auch Pais (1979).

67   Vgl. hierzu Klein (1964). In einer späteren Kontroverse haben Born und Biem (1968) darauf hingewiesen, welche zentrale Bedeutung die Überlegungen zum Schwankungsquadrat für das Verständnis des Dualismus von Welle und Teilchen haben.

68   Einstein (1925), S. 9.

69   Einstein (1925), S. 9.

70   Born / Heisenberg / Jordan (1926).

latoren ausnutzen, um die Energieschwankungen in der Hohlraumstrahlung abzuleiten. Dabei werden quantenmechanische Methoden auf den Sonderfall der Eigenschwingung in einem elektromagnetischen Hohlraum angewandt. Der nächste bedeutsame Schritt ist Diracs Theorie der Wechselwirkung von Strahlung und Materie[71]. Dirac beklagt, daß bisher mit der neuen Quantentheorie die Wechselwirkung von geladenen Teilchen und elektromagnetischen Feldern noch nicht befriedigend behandelt werden kann (nebenbei bemerkt bedeutet dies, daß das Zustandekommen der Spektren, die eine ganz zentrale Stütze der neuen QM waren, im Lichte eben dieser QM unverständlich blieb). Dirac wendet die Quantisierungsmethoden auch auf Wellenfelder an, wobei er neue Wege unabhängig vom Korrespondenzprinzip geht. Die Feldgrößen werden durch Operatoren charakterisiert („q-Zahl-Theorie"), wobei Dirac schon eine Teilchenzahldarstellung benutzt. Durch die Quantelung der Strahlungsfelder kann Dirac die erste konsequente Theorie der Emission und Absorption von Strahlung angeben.

Da Dirac nur den Strahlungsanteil des elektromagnetischen Feldes quantisiert hatte, war sein Verfahren nicht relativistisch invariant. Eine relativistisch invariante Quantentheorie des Maxwell-Feldes, das in Wechselwirkung mit geladenen Teilchen steht, war weiter nur Programm. Der Fortschritt stellte sich nur schrittweise ein. P. Jordan machte den ersten Versuch, die Quantisierung auch auf Elektronenfelder anzuwenden, indem er das Diracsche Verfahren auf Teilchen mit Fermi-Statistik übertrug[72]. Er wies dabei explizit auf die Idee Einsteins hin, ein materielles Gas analog zum Lichtquantengas darzustellen[73].

Jordan und Klein[74] erweiterten die Ansätze Diracs, so daß ein Mehrkörperproblem mit beliebigen Wechselwirkungen zwischen je zwei Teilchen (Bosonen) behandelt werden konnte. Jordan und Wigner[75] gaben die Antikommutationsrelationen für antisymmetrische Zustandsfunktionen (also für Fermionen) an, womit eine (nicht-relativistische) Viel-Elektronen-Theorie möglich wird. Im Jahre 1928 gelang Jordan und Pauli[76] für den Sonderfall des ladungsfreien Feldes (d.h. für Diracs Strahlungsfeld) eine Formulierung der Vertauschungsrelationen in relativistisch invarianter Form.

Der erste allgemeine Formulierungsversuch einer QED stammt von Heisenberg und Pauli[77]. In Anlehnung an das Vorgehen in der QM gehen sie von

---

[71] Dirac (1927).

[72] Jordan (1927 a).

[73] Auch im Verlauf der weiteren Entwicklung greift Jordan mehrmals Argumente von Einstein auf, so etwa in „Über Wellen und Korpuskeln in der Quantenmechanik" (Jordan (1927 c)).

[74] Jordan / Klein (1927 b).

[75] Jordan / Wigner (1928 a).

[76] Jordan / Pauli (1928 b).

[77] Heisenberg / Pauli (1929) und (1930).

einem Wirkungsprinzip aus, wobei eine Lagrange-Dichte das System kennzeichnet. Der im weiteren verwendete kanonische Formalismus verletzt nicht die Lorentz-Invarianz, wie Heisenberg und Pauli mühsam beweisen. Bei der Anwendung auf die QED gibt es jedoch spezielle Probleme, die später als mit der verschwindenden Ruhemasse des Photons zusammenhängend erkannt werden[78].

Schon diese kurzen Andeutungen zeigen, wie viel Gedankenarbeit in die quantenmechanische Behandlung von Feldern investiert worden war (und dabei insbesondere in die Vereinbarkeit mit den Invarianzforderungen der SR), bevor die Ergebnisse der QFTh zur Interpretation der Dirac-Gleichung fruchtbar gemacht wurden. Weiter zeigt die vorhergegangene Aufzählung, daß die QFTh – anders als die RT – nicht „mit einem Schlag" präsentiert wurde, sondern verschiedene z.T. noch unreife Konzepte mit- und gegeneinander kleine Fortschritte zu erreichen suchten. Deshalb ist auch nicht zu erwarten, daß die Anwendung quantenfeldtheoretischer Methoden auf die Dirac-Gleichung zu einem schnellen und unumstrittenen Erfolg führt.

b) Die Quantisierung der Klein-Gordon-Gleichung

Im Jahre 1934 veröffentlichten W. Pauli und V. Weisskopf[79] eine Arbeit, die nicht nur für die Weiterentwicklung der Physik bedeutsam wurde, sondern auch wichtige Aspekte für die Diskussion um die Semantik physikalischer Theorien zeigt. Pauli und Weisskopf griffen wieder die skalare relativistische Wellengleichung (Klein-Gordon-Gleichung) auf, indem sie darauf den Heisenberg-Paulischen Formalismus der Quantisierung der Wellenfelder anwandten. Dirac hatte die skalare Wellengleichung zur Beschreibung von Elektronen u.a. deshalb verworfen, weil der von ihm verwendete Ausdruck für die Ladungsdichte nicht die für die angestrebte Interpretation passenden Eigenschaften hatte[80] (z.B. war die Gesamtladung in einem bestimmten Raumgebiet nicht 0 oder $-e$). Dirac hatte also die Klein-Gordon-Gleichung aus semantischen Gründen verworfen, durch die Neuinterpretation von Pauli und Weisskopf wird wieder die Annahme möglich, daß diese Gleichung etwas in der Natur Vorhandenes beschreiben könnte. Für Dirac war eine Interpretation der Klein-Gordon-Gleichung in dem ihm vertrauten Rahmen unmöglich, für Pauli und Weisskopf ist eine solche Interpretation möglich, wenn auch nicht durchgeführt, da damals keine geladenen Teilchen mit Spin 0 bekannt waren. So werfen Pauli und Weisskopf dann auch die Frage auf, „warum ‚die Natur' von dieser Möglichkeit der Existenz entgegengesetzt geladener Teilchen ohne Spin mit Bose-Statistik, die durch Zerstrahlung bzw. Materialisationsprozesse entstehen und vergehen können, ‚keinen Gebrauch gemacht hat'"[81]. 1947 wurden

---

[78]   Vgl. Wentzel (1960), S. 51.

[79]   Pauli / Weisskopf (1934).

[80]   Vgl. Dirac (1928 c).

die geladenen π-Mesonen in der kosmischen Strahlung nachgewiesen und damit Teilchen entdeckt, die von der Klein-Gordon-Gleichung beschrieben werden.

Die Methode von Pauli und Weisskopf führt „von selbst" zu einem Energieausdruck, der stets positiv ist. Außerdem gelangt man so „ohne jede weitere Hypothese zur Konsequenz des Vorhandenseins entgegengesetzt geladener Teilchen und des Auftretens von Prozessen der Erzeugung und Vernichtung solcher Teilchenpaare"[82].

Die Neuinterpretation, durch die die Klein-Gordon-Gleichung wieder akzeptierbar wird, soll nun genauer untersucht werden. Pauli und Weisskopf haben an eine RQM andere „Forderungen" als Dirac, wobei die neuen Forderungen mehr den semantischen Rahmen als die formale Struktur der Klein-Gordon-Gleichung betreffen[83]:

1. Wegen der Prozesse der Paarerzeugung und wegen der Löcherinterpretation (mit ihrem Teilchensee) ist eine Beschränkung auf ein Einkörperproblem nicht mehr möglich.

2. Die Teilchendichte hat keinen direkten physikalischen Sinn mehr. Bei Anwesenheit äußerer Kräfte läßt sich die Teilchendichte nicht mehr so in zwei Teile zerlegen, daß der Anteil aus Zuständen mit positiver Energie und der Anteil aus Zuständen mit negativer Energie jeweils für sich einer Kontinuitätsgleichung genügen und die 4-Komponente eines Vierervektors bilden (dies aber ist eine Voraussetzung zur Interpretation der entsprechenden Größen als Teilchendichte).

3. Geht man von einer neuen Form für die Ladungsdichte $\rho\,(x)$ aus, nämlich $\rho\,(x) = -ihe\,(\psi\,\partial\psi*/\partial t - \psi*\,\partial\psi/\partial t)$, so wird $\rho\,(x)$ eine physikalisch sinnvolle Variable: Nach Integration über ein beliebiges endliches Volumen hat sie die Eigenwerte $0, \pm 1e, \pm 2e, \ldots, \pm Ne$.

Hier wird also einer empirisch zugänglichen (und vertrauten) Größe, nämlich der Ladungsdichte, ein neuer Ausdruck innerhalb des Formalismus zugeordnet. Die Brücke vom Formalismus zur Ebene des Experiments wird an einer anderen Stelle geschlagen (hier unter Umgehung der Teilchendichte).

Im nächsten Schritt soll gezeigt werden, wie Pauli und Weisskopf die Schwierigkeiten der Lösungen mit negativer Energie umgehen. Dazu muß man sich allerdings die Durchführung der Quantisierung des skalaren Wellenfeldes schon recht detailliert anschauen. Die folgenden Überlegungen beschränken sich auf den kräftefreien Fall.

Ausgangspunkt ist die Lagrange-Dichte $\mathcal{L}$, ein Lorentz-invariantes Funktional des Feldes ψ und dessen ersten Ableitungen $\partial\psi/\partial x_\nu$ (in der Notation von

<hr>

[81]   Pauli / Weisskopf (1934), S. 713.

[82]   Pauli / Weisskopf (1934), S. 710.

[83]   Vgl. Pauli / Weisskopf (1934), S. 712.

Pauli und Weisskopf):

$$\mathcal{L} = -h^2 c^2 \sum_{\nu=1}^{4} \frac{\partial \psi^*}{\partial x_\nu} \frac{\partial \psi}{\partial x_\nu} - m^2 c^4 \psi^* \psi \; .$$

Diese Lagrange-Dichte führt mit dem üblichen Lagrange-Formalismus zur Klein-Gordon-Gleichung (die Wahl der Lagrange-Dichte wird also durch die gewünschten Feldgleichungen bestimmt).

Mit Hilfe der Lagrange-Dichte ist es möglich, die kanonisch konjugierten Impulse zu definieren

$$\pi = (1/h) \frac{\partial \mathcal{L}}{\partial \, (\partial \psi / \partial t)} = h \frac{\partial \psi^*}{\partial t} \qquad\qquad \pi^* = (1/h) \frac{\partial \mathcal{L}}{\partial \, (\partial \psi^* / \partial t)} = h \frac{\partial \psi}{\partial t} \; .$$

Dabei wurde aus der klassischen Partikelmechanik die Definition des zur Koordinate q kanonisch konjugierten Impulses p durch $p = \partial L / \partial \, (dq/dt)$ analog übertragen. Heute wird üblicherweise mit $\pi = \delta \mathcal{L} / \delta \, (\partial \psi / \partial t)$ eine etwas verschiedene Definition verwendet[84].

Die eigentliche Quantisierung geht nun so vor sich, daß die Funktionen ψ und π durch hermitesche Operatoren ersetzt werden, ψ^* und π^* durch die zu ψ und π hermitesch konjugierten Operatoren ψ^+ und π^+.

Diese Operatoren genügen den Vertauschungsrelationen für Bosonen:

$$(8) \qquad\qquad i\,[\pi\,(\vec{x},\, t),\, \psi\,(\vec{x}{}',\, t)] \;\; = \delta\,(\vec{x} - \vec{x}{}')$$

$$i\,[\pi^+\,(\vec{x},\, t),\, \psi^+\,(\vec{x}{}',\, t)] = \delta\,(\vec{x} - \vec{x}{}')$$

$\psi,\, \psi^+$ sowie $\pi,\, \pi^+$, weiter $\pi,\, \psi^+$ und $\pi^+,\, \psi$ sind jeweils untereinander vertauschbar.

Um die Auswirkungen der Quantisierung genauer herauszuarbeiten, zerlegen Pauli und Weisskopf das Feld ψ nach Eigenfunktionen u_k des Impulsoperators

$$u_k = \frac{1}{\sqrt{V}} \, e^{i\,(\vec{k}\,\vec{x})} \qquad\qquad (V \text{ ist ein Normierungsvolumen}).$$

---

[84] Dabei bezeichnet δ die Funktionsableitung. Die heute verwendete Definition führt zu den von Pauli / Weisskopf abweichenden Vertauschungsrelationen $i\,[\pi\,(\vec{x}, t), \psi\,(\vec{x}{}', t)] = \hbar \delta\,(\vec{x} - \vec{x}{}')$. Diese Vertauschungsrelationen entsprechen den bekannten Beziehungen zwischen dem Ortsoperator Q und dem Impulsoperator P: $i\,[P_k, Q_j] = \hbar \delta_{kj}$.

Damit erhält man

$$\psi = (1/\sqrt{V}) \sum_k q_k \, e^{i\,(\vec{k}\,\vec{x})} \qquad\qquad \psi^+ = (1/\sqrt{V}) \sum_k q_k^+ \, e^{-i\,(\vec{k}\,\vec{x})}$$

(9)

$$\pi = (1/\sqrt{V}) \sum_k p_k \, e^{-i\,(\vec{k}\,\vec{x})} \qquad\qquad \pi^+ = (1/\sqrt{V}) \sum_k p_k^+ \, e^{i\,(\vec{k}\,\vec{x})} \, .$$

Die Operatoren q_k und p_k sind „Entwicklungskoeffizienten". Um zu zeigen, daß die Anteile der einzelnen Eigenschwingung k zur Gesamtladung, zur Energie und zum Impuls sich in zwei Teile zerlegen lassen, die einer einfachen physikalischen Interpretation fähig sind[85], werden folgende Operatoren a_k, a_k^+, b_k, b_k^+ eingeführt:

$$a_k \;\; = (1/\sqrt{2})\,((1/\sqrt{E_k})\, p_k^+ - i\,\sqrt{E_k}\, q_k)$$

$$a_k^+ = (1/\sqrt{2})\,((1/\sqrt{E_k})\, p_k \;\; + i\,\sqrt{E_k}\, q_k^+)$$

$$b_k \;\; = (1/\sqrt{2})\,((1/\sqrt{E_k})\, p_k \;\; - i\,\sqrt{E_k}\, q_k^+)$$

$$b_k^+ = (1/\sqrt{2})\,((1/\sqrt{E_k})\, p_k^+ + i\,\sqrt{E_k}\, q_k) \, .$$

Dabei ist $E_k = + c\,\sqrt{h^2 k^2 + m^2 c^2}$.

Diese a_k, a_k^+, b_k, b_k^+ gehorchen wieder den Vertauschungsrelationen

(10) $$[a_k, a_l^+] = \delta_{kl} \qquad [b_k, b_l^+] = \delta_{kl} \, .$$

Wenn man die Ausdrücke der klassischen unquantisierten Feldtheorie für Energie, Impuls und Gesamtladung analog in die Feldtheorie übernimmt und die Feldoperatoren durch die Operatoren a_k, a_k^+, b_k, b_k^+ ausdrückt, so erhält man

$$\text{für die Energie: } H = \sum_k E_k \,(a_k^+ a_k + b_k^+ b_k + 1)$$

(11) $$\text{für den Impuls: } G = h \sum_k \vec{k}\,(a_k^+ a_k - b_k^+ b_k)$$

$$\text{für die Gesamtladung: } \tilde{e} = e \sum_k (a_k^+ a_k - b_k^+ b_k)$$

Die Vertauschungsrelationen (10) haben zur Folge, daß die Operatoren

$$N_k^+ = a_k^+ a_k \qquad\qquad N_k^- = b_k^+ b_k$$

---

[85]   Pauli / Weisskopf (1934), S. 720.

beide die ganzzahligen Eigenwerte $0, 1, 2, \ldots$ besitzen. Die formale Struktur der Gleichung (11) gibt nun einen Hinweis auf die Interpretation der Ausdrücke N_k^+ und N_k^-: „Die Ausdrücke für Ladung, Energie und Impuls berechtigen uns in dem hier betrachteten kräftefreien Fall zu folgender Interpretation: Es bedeutet N_k^+ die Zahl der Teilchen mit der Ladungszahl + 1 und dem Impuls $h\vec{k}$, und N_k^- die Zahl der Teilchen mit der Ladungszahl - 1 und dem Impuls $-h\vec{k}$."[86]

Diese Interpretation führt z.B. zu dem plausiblen Ergebnis, daß sich die Gesamtladung $\tilde{e}$ aus der Differenz der Anzahl der positiven und negativen Ladungsträger durch Multiplikation mit der positiven Elementarladung ergibt. Mit Hilfe von (11) kann man weiter sehen, daß die Energie immer positiv ist. Die gleiche formale Struktur der Bewegungsgleichung (d.h. der Klein-Gordon-Gleichung), die über die Lagrange-Dichte in den Ansatz von Pauli und Weisskopf eingeht, führt bei Anwendung der Quantisierung — d.h. in einem neuen Formalismus, bei dem ψ und π Operatoren sind — nicht mehr zu einem Problem mit negativen Energien.

Die Schwierigkeiten mit negativen Energien werden dabei durch entsprechende semantische Annahmen vermieden. Dies wird deutlich, wenn man die Interpretation der a_k, a_k^+, b_k und b_k^+ als Erzeugungs- und Vernichtungsoperatoren betrachtet. Da diese Interpretation in der Arbeit von Pauli und Weisskopf nicht mehr explizit durchgeführt ist, orientieren sich die folgenden Überlegungen an einem Lehrbuch aus neuerer Zeit[87]. Wenn man in (9) die q_k durch a_k und b_k^+ ausdrückt und die Zeitabhängigkeit berücksichtigt

$$a_k = a_k(0)\, e^{-(i/\hbar)E_k t} \qquad b_k = b_k(0)\, e^{-(i/\hbar)E_k t},$$

so erhält man

$$(12) \qquad \psi = (i/\sqrt{2V}) \sum_k (1/\sqrt{E_k})\, (a_k(0)\, e^{i(\vec{k}\vec{x} - E_k t/\hbar)}\,_-$$
$$-\,b_k^+(0)\, e^{-i(-\vec{k}\vec{x} - E_k t/\hbar)}).$$

Man sieht, daß E_k auch in der quantenfeldtheoretischen Entwicklung von ψ mit verschiedenen Vorzeichen vorkommt. Um den Anschluß an die moderne Lehrbuchdarstellung zu erhalten, wird die Entwicklung von ψ in etwas veränderter Notation aufgeschrieben:

$$\psi = \sum_{\vec{p}} (1/\sqrt{2E_k})\, a_{\vec{p}}^{(+)}(0)\, e^{(i/\hbar)(\vec{p}\vec{x} - E_k t)}\,_+$$
$$+\sum_{\vec{p}} (1/\sqrt{2E_k})\, a_{\vec{p}}^{(-)}(0)\, e^{(i/\hbar)(\vec{p}\vec{x} + E_k t)}.$$

---

[86]   Pauli / Weisskopf (1934), S. 721.

[87]   Landau / Lifschitz (1975), S. 41 f. Für die hier übersprungene historische Entwicklung vgl. Darrigol (1982).

In der QFTh wird $a_{\vec{p}}^{(+)}$ als Vernichtungsoperator für ein Teilchen mit dem Impuls $\vec{p}$ und der Energie E_k interpretiert. Der Operator $a_{\vec{p}}^{(-)}$ wird jedoch nicht — wie es naheliegen würde — als Vernichtungsoperator für ein Teilchen mit dem Impuls $+\vec{p}$ und der Energie $-E_k$ gedeutet, sondern als Erzeugungsoperator für ein Teilchen mit dem Impuls $-\vec{p}$ und der Energie $+E_k$. Mit den entsprechenden Umbenennungen [88/89] erhält man für ψ

$$\psi = \sum_{\vec{p}} (1/\sqrt{2E_k}) \, (a_{\vec{p}} \, e^{(i/\hbar)\,\vec{p}\,\vec{x}} + b_{\vec{p}}^{+} \, {}^{(i/\hbar)\,\vec{p}\,\vec{x}}) ,$$

wobei dann $\quad a_{\vec{p}} = a_{\vec{p}}^{(+)}(0) \, e^{-iE_k t/\hbar} \quad$ und $\quad b_{\vec{p}}^{+} = a_{\vec{p}}^{(-)}(0) \, e^{+iE_k t/\hbar}$

die für Vernichtungs- und Erzeugungsoperatoren richtige Zeitabhängigkeit haben. Die naheliegende semantische Hypothese, *alle* Terme der Zerlegung von ψ als Vernichtungsoperatoren zu deuten, wird abgeändert, um unliebsamen Schwierigkeiten mit negativen Energien zu entgehen (das neue Vorzeichen von E_k beim Erzeugungsoperator $b_{\vec{p}}^{+}$ kommt von der hermiteschen Konjugation).

Zusammenfassend kann man also sagen, daß in dem hier benutzten heuristischen Weg, der von der alten QM zur quantisierten Feldtheorie führt, die Operatoren von Emission in (und Absorption aus) einem Zustand mit negativer Energie ersetzt werden durch die Operatoren von Absorption aus (und Emission in) einen Zustand mit positiver Energie entgegengesetzter Ladung sowie entgegengesetztem Impuls. Die dabei entstehende Theorie ist physikalisch sinnvoll und vermeidet negative Energien. Diese Ersetzung kann veranschaulicht werden durch die Vorstellung eines negativen Teilchensees, der allerdings im Formalismus nicht explizit auftaucht.

c) Die quantenfeldtheoretische Formulierung der Dirac-Gleichung

Die Überwindung der Schwierigkeiten mit negativen Lösungen im Rahmen der quantenfeldtheoretischen Formulierung war zuerst für Bose-Teilchen gelungen. Für Bose-Teilchen war ja der Ausweg der Löcherinterpretation versperrt, da hier auch negative Zustände mit beliebig vielen Teilchen besetzt werden können.

1933 versuchte V. Fock[90] vermutlich als erster, das Verfahren der 2. Quantisierung auf die Dirac-Gleichung anzuwenden[91]. Im folgenden Jahr bemühte

---

88/89   Landau / Lifschitz (1925), S. 42.

90   Fock (1933).

91   Vgl. auch die Arbeit Fock / Podolsky (1933), in der die quantenfeldtheoretische Formulierung der Schrödinger-Gleichung und der Dirac-Gleichung einander gegenübergestellt werden.

sich Heisenberg[92], die Diracsche Theorie des Positrons in den Formalismus der QED einzubauen. Ein Lehrbuch aus neuerer Zeit führt die 2. Quantisierung von Fermionen unter ausdrücklicher Berufung auf Heisenbergs Ideen[93] in Analogie zur 2. Quantisierung von Bosonenfeldern durch und vermeidet dadurch alle Schwierigkeiten mit negativen Lösungen. Die Löcherinterpretation wird dabei unnötig. In Heisenbergs Arbeit wird dieser Aspekt allerdings noch nicht so deutlich hervorgehoben.

Diese quantenfeldtheoretischen Formulierungen der Dirac-Gleichung fanden jedoch nicht gleich die Resonanz, die man aus heutiger Sicht erwarten müßte. Dirac arbeitete weiter mit Dichtematrizen und mit „Zustandsseen", die mit beliebig vielen Teilchen besetzt sind[94]. Schon 1932 hatte er die QED von Heisenberg und Pauli abgelehnt[95], die sich als Dynamik gekoppelter quantisierter Felder begreifen läßt. Bemerkenswert ist, daß Diracs Ablehnung explizit auf philosophischen Gründen beruht: Feld und Teilchen sollten nicht auf gleicher Ebene („on the same footing")[96] behandelt werden, sondern das Feld müsse als elementarer und fundamentaler angesehen werden.

Die Begründung für dieses ontologische „Vorurteil" ist empiristisch[97]. Um Beobachtungen an einem System wechselwirkender Teilchen zu machen, muß man es einem elektromagnetischen Strahlungsfeld aussetzen und die Reaktion beobachten. Das Feld stellt also ein Mittel zur Beobachtung dar.

„The very nature of an observation requires an interplay between the field and the particles. We cannot therefore suppose the field to be a dynamical system on the same footing as the particles and thus something to be observed in the same way as the particles. The field should appear in the theory as something more elementary and fundamental."[98]

Heute hat sich die Methode von Heisenberg und Pauli durchgesetzt, aber schon unabhängig von der physikalischen Seite kann man sehen, daß Diracs Argumentation hier schief ist. Erstens ist nur innerhalb einer empiristischen Erkenntnistheorie die Frage der Beobachtung überhaupt für Existenzfragen relevant, von einem realistischen Standpunkt aus würde man Diracs Überlegungen als nicht zur Sache gehörend zurückweisen. Zweitens kann man daraus, daß Felder zur Beobachtung von Teilchen nötig sind, nicht auf die ontologische Priorität von Feldern schließen. Vermutlich hatte Dirac aus anderen Motiven eine Vorliebe für Felder, denn sonst ist es eigentlich nicht verständlich, warum er die Unvollständigkeit seines Argumentes nicht bemerkt hat.

---

92   Heisenberg (1934).
93   Vgl. Hamilton (1959), S. 172.
94   Dirac (1934).
95   Dirac (1932).
96   Dirac (1932), S. 454.
97   Vgl. Dirac (1932), S. 454.
98   Dirac (1932), S. 454.

In jedem Fall zeigt sich auch hier, daß methodologische und metaphysische Einstellungen zur Ablehnung einer Theorie führen können. Außerdem wird deutlich, wieviel „Philosophie" auch bei der Entwicklung einer quantenfeldtheoretischen Formulierung der Dirac-Gleichung im Spiel war.

In der Arbeit „The physical interpretation of quantum mechanics"[99], die immerhin schon aus dem Jahre 1942 stammt, beschreibt Dirac, wie die Methode von Pauli und Weisskopf auf Photonen angewandt zur QED von Heisenberg und Pauli[100] führt, ohne die Methode in genau gleicher Weise auf Elektronen zu übertragen. Die Probleme der Renormierung innerhalb der QED haben hier wohl schon das Hauptinteresse auf sich gezogen. Außerdem reichte die Identifizierung von unbesetzten Zuständen negativer Energie mit Positronen wohl für alle praktischen Zwecke aus, so daß man nicht die Notwendigkeit empfand, Fermionen und Bosonen auch in der Interpretationsfrage ganz parallel zu behandeln.

Dirac schließt seine Arbeit aus dem Jahre 1942 mit der Bemerkung, daß eine „direkte Interpretation" der QM nur auf eine „hypothetische" Welt zutrifft, die sich von der realen wesentlich unterscheidet (in dieser hypothetischen Welt, auf die sich die Berechnungen beziehen, sind z.B. alle Zustände negativer Energie nicht besetzt, sie ist voll von Positronen, fast jeder Positronenzustand ist besetzt). Der Bezug zur realen Welt wird durch die „Annahme" hergestellt, daß Wahrscheinlichkeitsvorhersagen über Streuprozesse in beiden Welten gleich sind. Diese mehr instrumentalistische Auffassung sei zwar „philosophisch" unbefriedigend, aber für Dirac ist eine „Beschreibung (description) der Natur" (zumindest für den Stand von 1942) wohl im Fall der Schrödinger-Gleichung, aber nicht für eine relativistische Vorgehensweise möglich. Schrödingers Methode eröffnet nach Dirac[101] eher als Heisenbergs Beschränkung auf die Berechnung von Übergangswahrscheinlichkeiten die Möglichkeit, mehrere Aspekte des Formalismus faktisch zu interpretieren mit „counterparts in the physical process" in Beziehung zu setzen, so daß die Verknüpfung von Formalismus und faktischer Ebene nicht nur durch die Übergangswahrscheinlichkeiten gegeben ist, sondern möglichst viele semantische Hypothesen den Formalismus mit der Realität verbinden. Schrödingers Methode nimmt nach Dirac im Hinblick auf die semantische Einstellung eine Zwischenstellung ein zwischen der (voll interpretierten) klassischen Mechanik und der nur minimal interpretierten QFTh (nach der Methode Heisenbergs). Vom heutigen Standpunkt aus ist man wohl eher geneigt, vor einer Aufspaltung semantischer Ansprüche je nach Teilgebiet der Physik zu warnen. Der Vorschlag, die klassische Mechanik realistisch zu deuten, sich in der QFTh aber mit einer instrumenta-

---

[99]   Dirac (1942).
[100] Heisenberg / Pauli (1929).
[101] Dirac (1942), S. 2/3.

listischen Interpretation zufrieden zu geben, ist wohl ebenso unbefriedigend wie eine analoge Aufteilung von Makrophysik und Mikrophysik.

Nach diesen Abschweifungen soll der Gang der Ereignisse nicht weiter streng historisch verfolgt werden. Hier wäre nämlich dann über die Unendlichkeiten in der QED zu sprechen, deren Erörterungen die Diskussion um die QFTh von Elektron und Positron in den folgenden Jahren z.T. in den Hintergrund drängt bzw. in sich aufnimmt[102]. Stattdessen soll die quantenfeldtheoretische Formulierung der Dirac-Gleichung in einer modernen Darstellung[103] angedeutet werden, wobei besonderer Wert auf die Frage gelegt wird, wie weit die semantischen Annahmen der Löchertheorie im Rahmen der QFTh für den Fall der Fermionen präzisiert werden oder ob sie sogar überflüssig werden.

Dazu gehen wir von der Entwicklung der allgemeinen Lösungen der freien Dirac-Gleichung nach ebenen Wellen aus:

$$(13a) \qquad \psi(\vec{x},t) = \sum_{\pm s} \int d^3\vec{p}\, h^{-3/2} \sqrt{mc^2/E_p}\, [b(\vec{p},s)\, u(\vec{p},s)\, e^{(i/\hbar)(\vec{p}\,\vec{x}\, -\, E_p t)}$$

$$+\, d^+(\vec{p},s)\, v(\vec{p},s)\, e^{(-i/\hbar)(\vec{p}\,\vec{x}\, -\, E_p t)}]$$

$$(13b) \qquad \psi^+(\vec{x},t) = \sum_{\pm s} \int d^3\vec{p}\, h^{-3/2} \sqrt{mc^2/E_p}\, [b^+(\vec{p},s)\, \bar{u}(\vec{p},s)\, \gamma_0\, e^{(-i/\hbar)(\vec{p}\,\vec{x}\, -\, E_p t)}$$

$$+\, d(\vec{p},s)\, \bar{v}(\vec{p},s)\, \gamma_0\, e^{(i/\hbar)(\vec{p}\,\vec{x}\, -\, E_p t)}] .$$

Die Spinoren $u(p,s)$, $v(p,s)$ erfüllen die Dirac-Gleichung und bilden ein vollständiges orthogonales System. $\psi^+(\vec{x},t)$ ist hermitesch konjugiert zu $\psi(\vec{x},t)$. $b(\vec{p},s)$, $d(\vec{p},s)$, $b^+(\vec{p},s)$ und $d^+(\vec{p},s)$ sind Entwicklungskoeffizienten. $E_p = c\sqrt{\vec{p}^2 + m^2 c^2}$. γ_0 ist eine konstante Matrix. Über die Spinzustände wird mit dem Index s summiert.

Durch die 2. Quantisierung des Dirac-Feldes werden die Entwicklungskoeffizienten b, d, b^+, d^+ zu Operatoren. Die Vertauschungsrelationen werden so gewählt, daß das Ausschließungsprinzip erfüllt ist. Dies ist garantiert, wenn folgende Antivertauschungsrelationen ($[A, B]_+ = AB + BA$) gelten[104]:

$$[b(\vec{p},s),\, b^+(\vec{p}\,',s')]_+ = \delta_{ss'} \cdot \delta^3(\vec{p} - \vec{p}\,')$$

$$(14)$$

$$[d(\vec{p},s),\, d^+(\vec{p}\,',s')]_+ = \delta_{ss'} \cdot \delta^3(\vec{p} - \vec{p}\,').$$

---

102   Hierzu sei noch einmal auf die hervorragende Arbeit von Darrigol (1982) verwiesen.

103   Bjorken / Drell (1967), S. 53 f.

104   Aus den Vertauschungsrelationen (14) folgt z.B. für den Besetzungszahloperator $N(\vec{p},s) = b^+(\vec{p},s)\, b(\vec{p},s)$ die Beziehung $(N(\vec{p},s))^2 = N(\vec{p},s)$, d.h. $N(\vec{p},s) = 0$ oder $N(\vec{p},s) = 1$. Fermionenzustände können also nur unbesetzt oder einfach besetzt sein.

Damit erhält man die Antivertauschungsrelationen für die Felder

$$[\psi \, (\vec{x}, t), \ \psi \, (\vec{x}\,', t)]_+ \ = 0$$

$$[\psi^+ \, (\vec{x}, t), \psi^+ \, (\vec{x}\,', t)]_+ = 0 \, .$$

In Analogie zu den in der QFTh üblichen Verfahren werden in (13b) b^+ und d als Erzeugungsoperatoren für Elektronen interpretiert. Nun erzeugt aber d einen Zustand negativer Energie. Um dies zu sehen, wird der Energieoperator H durch b, d, b^+, d^+ ausgedrückt.

$$(15) \qquad H = \sum_{\pm s} \int d^3 \vec{p} \, E_p \, (b^+ \, (\vec{p}, s) \, b \, (\vec{p}, s) - d \, (\vec{p}, s) \, d^+ \, (\vec{p}, s)) \, .$$

Interpretiert man den ersten Term so, daß b^+ ein Teilchen mit positiver Energie $(E_p, \vec{p}\,)$ erzeugt, und will man diese Interpretation formal analog auf den zweiten Term in (15) übertragen, so kommt man zu dem Ergebnis, daß d^+ ein Teilchen mit negativer Energie $(-E_p, -\vec{p}\,)$ erzeugt.

Für den Impulsoperator erhält man

$$\vec{P} = \sum_{\pm s} \int d^3 \vec{p} \, \vec{p} \, (b^+ \, (\vec{p}, s) \, b \, (\vec{p}, s) - d \, (\vec{p}, s) \, d^+ \, (\vec{p}, s)) \, .$$

An (15) kann man erkennen, daß der Energieausdruck nicht positiv definit ist. Deshalb schreibt man den Energieoperator und den Impulsvektor um, wobei die Löcherinterpretation als heuristischer Leitfaden verwendet werden kann.

$$H = \sum_{\pm s} \int d^3 \vec{p} \, E_p \, (b^+ \, (\vec{p}, s) \, b \, (\vec{p}, s) + d^+ \, (\vec{p}, s) \, d \, (\vec{p}, s) - $$

$$- [d \, (\vec{p}, s), d^+ \, (\vec{p}, s)]_+)$$

$$\vec{P} = \sum_{\pm s} \int d^3 \vec{p} \, \vec{p} \, (b^+ \, (\vec{p}, s) \, b \, (\vec{p}, s) + d^+ \, (\vec{p}, s) \, d \, (\vec{p}, s) - $$

$$- [d \, (\vec{p}, s), d^+ \, (\vec{p}, s)]_+) \, .$$

In Anlehnung an die Löchertheorie wird als Vakuumzustand derjenige Zustand definiert, den man erhält, wenn alle Zustände negativer Energie besetzt und alle Zustände positiver Energie unbesetzt sind. Die beiden ersten Terme verschwinden, wenn man sie auf dieses Vakuum anwendet, da hier keine Zustände positiver Energie besetzt sind, die durch $b \, (\vec{p}, s)$ vernichtet werden könnten, und keine Löcher unter den Zuständen negativer Energie, die durch $d \, (\vec{p}, s)$ aufgefüllt werden könnten. Der letzte Term ist eine unendliche Konstante, die (in gewissem Sinn begründet) weggelassen wird.

Formal ist dazu äquivalent, die Komponenten des Energie-Impuls-Vektors durch *normal geordnete* Produkte von Feldamplituden anzuschreiben. In Normalordnung werden Produkte von Feldoperatoren so geschrieben, daß die Anteile positiver Frequenz (Energie)

$$\psi^{(+)} = \sum_{\pm s} \int d^3\vec{p}\, h^{-3/2} \sqrt{mc^2/E_p}\; b\,(\vec{p}, s)\, u\,(\vec{p}, s)\, e^{(i/\hbar)(\vec{p}\,\vec{x}\, - E_p t)}$$

(16)

$$\overline{\psi}^{(+)} = \sum_{\pm s} \int d^3\vec{p}\, h^{-3/2} \sqrt{mc^2/E_p}\; d\,(\vec{p}, s)\, \overline{v}\,(\vec{p}, s)\, e^{(i/\hbar)(\vec{p}\,\vec{x}\, - E_p t)}$$

rechts von den Anteilen negativer Frequenz stehen.

$$\psi^{(-)} = \sum_{\pm s} \int d^3\vec{p}\, h^{-3/2} \sqrt{mc^2/E_p}\; d^+\,(\vec{p}, s)\, v\,(\vec{p}, s)\, e^{(-i/\hbar)(\vec{p}\,\vec{x}\, - E_p t)}$$

(17)

$$\overline{\psi}^{(-)} = \sum_{\pm s} \int d^3\vec{p}\, h^{-3/2} \sqrt{mc^2/E_p}\; b^+\,(\vec{p}, s)\, \overline{u}\,(\vec{p}, s)\, e^{(-i/\hbar)(\vec{p}\,\vec{x}\, - E_p t)}$$

(vgl. (13)).

In dem hier betrachteten Fall ändert die Einführung der Normalordnung eine Bilinearform wie den Energie-Impuls-Vektor höchstens um eine c-Zahl[105].

$$H = \sum_{\pm s} \int d^3\vec{p}\, E_p \,(b^+\,(\vec{p}, s)\, b\,(\vec{p}, s) + d^+\,(\vec{p}, s)\, d\,(\vec{p}, s))$$

$$\vec{P} = \sum_{\pm s} \int d^3\vec{p}\, \vec{p} \,(b^+\,(\vec{p}, s)\, b\,(\vec{p}, s) + d^+\,(\vec{p}, s)\, d\,(\vec{p}, s)) \, .$$

Ähnlich wie bei der Klein-Gordon-Gleichung wird nun interpretiert, daß $b^+\,(\vec{p}, s)$ ein Elektron positiver Energie erzeugt und $b\,(\vec{p}, s)$ ein Elektron positiver Energie vernichtet. $N^+\,(\vec{p}, s) = b^+\,(\vec{p}, s)\, b\,(\vec{p}, s)$ ist der Teilchenzahloperator für Elektronen positiver Energie. Die Eigenwerte von $N^+\,(\vec{p}, s)\, d^3\vec{p}$ geben an, wieviele Elektronen mit dem Spin s sich im Impulsintervall $d^3\vec{p}$ befinden.

Aus der formalen Analogie von (16) und (17) läge nun nahe, so zu interpretieren, daß $d^+\,(\vec{p}, s)$ ein Elektron negativer Energie vernichtet. Im Hinblick auf die Löchertheorie wird hier jedoch die Referenzhypothese so gewählt, daß $d^+\,(\vec{p}, s)$ für die Erzeugung eines Teilchens mit positiver Energie, eines Positrons, steht. Entsprechend legt man fest, daß $d\,(\vec{p}, s)$ für die Vernichtung eines Positrons steht (in Kenntnis dieses Ergebnisses hat man in der Entwicklung (13) das Zeichen für die hermitesche Konjugation schon „richtig" gewählt).

Der Operator

(18) $$\qquad\qquad N^-\,(\vec{p}, s) = d^+\,(\vec{p}, s)\, d\,(\vec{p}, s)$$

---

[105]   Vgl. Bjorken / Drell (1967), S. 69.

ist der Teilchenzahloperator für Positronen positiver Energie. Energie und Impuls kann man damit so schreiben

$$H = \sum_{\pm s} \int d^3\vec{p}\, E_p \left[N^+ (\vec{p}, s) + N^- (\vec{p}, s) \right]$$

(19)

$$\vec{P} = \sum_{\pm s} \int d^3\vec{p}\, \vec{p} \left[N^+ (\vec{p}, s) + N^- (\vec{p}, s) \right] .$$

Der Ladungsoperator

$$Q = e \int d^3\vec{x}\, \psi^+ \psi$$

kann nun auch in Normalordnung umgeschrieben werden

$$Q = e \int d^3\vec{x} : \psi^+ \psi := e \sum_{\pm s} \int d^3\vec{p} : b^+ (\vec{p}, s)\, b (\vec{p}, s) + d (\vec{p}, s)\, d^+ (\vec{p}, s) :$$

$: =$ Zeichen für Normalordnung

Damit erhält man

(20)
$$Q = e \sum_{\pm s} \int d^3\vec{p} \left[N^+ (\vec{p}, s) - N^- (\vec{p}, s) \right] .$$

Durch die Einführung des Normalproduktes legt man eine unendliche Konstante fest, die Gesamtladung des Vakuums[106]. Das negative Vorzeichen des zweiten Terms in Gleichung (20) legt die Interpretation nahe, dem Positron eine Ladung zuzusprechen, deren Vorzeichen der des Elektrons entgegengesetzt ist.

Die Gleichungen (19) und (20) zeigen das symmetrische Auftreten von Elektronen und Positronen gleicher Masse, aber entgegengesetzter Ladung in der Quantentheorie des Dirac-Feldes.

Auch hier sehen wir wieder, wie die anschauliche Vorstellung der Löchertheorie ein heuristischer Leitstern für die Interpretation der strengen Fassung der QFTh abgeben kann, ohne daß im Nachhinein diese anschauliche Vorstellung voll zu rechtfertigen wäre[107]. Im Prinzip werden in der QFTh die Schwierigkeiten mit den Zuständen negativer Energie für Bosonen und Fermionen in gleicher Weise behoben. Die Besonderheit der Fermionen, das Pauli-Verbot, das die anschauliche Löcherinterpretation erst möglich gemacht hat, spielt dabei nur noch eine untergeordnete Rolle (es wird wichtig bei der Definition des Fermionen-Vakuums).

---

[106] Vgl. Bjorken / Drell (1967), S. 69.

[107] Herrn Dr. Olivier Darrigol verdanke ich den Hinweis, daß es zu diesem heuristischen Weg Alternativen gibt, die ohne Teilchenseevorstellung auskommen. Diese ist zur quantenfeldtheoretischen Interpretation der Dirac-Gleichung demnach nicht notwendig.

Bemerkenswert in diesem Zusammenhang ist vielleicht noch die Tendenz vieler Lehrbücher, den Hypothesencharakter von Referenzannahmen zu verschleiern. Es wird versucht, die Uminterpretation der negativen Lösungen möglichst stringent darzustellen. Vielleicht könnte das wissenschaftstheoretisch geschärfte Bewußtsein, daß Referenzannahmen eben auch Hypothesen sind, über die man in vielfältiger Weise argumentieren kann und die u.U. nicht aus anderen Referenzhypothesen ableitbar sind, dazu verhelfen, die Lehrbuchdarstellungen durchsichtiger und verständlicher zu machen.

In der Mitte der 70er Jahre wurde übrigens untersucht, ob das Kleinsche Paradoxon[108], das ja speziell die Probleme der Lösungen mit negativer Energie demonstrierte, in der quantisierten Form der Dirac-Gleichung noch auftaucht[109]. Obwohl es in dieser Mehrteilchen-Dirac-Theorie keine Zustände mit negativer Energie mehr gibt, ist — so das Ergebnis der Autoren — das Kleinsche Paradoxon auch hier nicht verschwunden, vielmehr entspricht es in dieser Rekonstruktion einer Situation, die im Rahmen einer Feldtheorie mit vorgegebenen äußeren Potentialen überhaupt nicht konsistent formuliert werden kann. Die Beschreibung der Wechselwirkung mit einem elektromagnetischen Feld durch Hinzunahme von äußeren Potentialen ist nicht mehr möglich, wenn die potentielle Energie des Feldes so groß ist, daß eine Teilchenerzeugung möglich wird und die erzeugten Teilchen das äußere Feld überlagern[110].

3. Überlegungen zur Semantik
und Ontologie physikalischer Theorien

Ich weiß nicht, was soll es bedeuten ...

Heinrich Heine[111]

Im vorhergehenden ist die zeitliche Entwicklung der Semantik der Dirac-Gleichung im Detail verfolgt worden. Jetzt soll sich der Versuch anschließen, daraus philosophische Lehren zu ziehen. Es geht also darum, wie ein mathematischer Formalismus faktisch interpretiert wird, wie die verwendeten Terme zu ihrer Bedeutung kommen. Haben sich die Forscher bei der Diskussion um die negativen Lösungen — im Nachhinein betrachtet — rational verhalten? Kann man aus ihrem Vorgehen gar Strategievorschläge für gegenwärtige Problemstellungen ableiten?

Für den angegebenen Fragenkreis kann man ein typisches Beispiel angeben: Seit der mathematischen Ausformulierung der klassischen Mechanik in der Zeit nach Newton ist die Entwicklung der modernen Physik gekennzeichnet durch

---

[108]   Vgl. Kap. III, 1a.

[109]   Bongaarts / Ruijsenaars (1976).

[110]   Jauch / Rohrlich (1976), S. 312.

[111]   Heinrich Heine in der Gedichtsammlung „Die Heimkehr" (1823).

die wachsende Bedeutung von hochentwickelten mathematischen Methoden. Die mathematisch-theoretische Seite gewinnt gegenüber der rein empirisch-experimentellen Forschung immer mehr an Gewicht. Dabei kann folgende spezielle Fragestellung auftauchen: Ein Naturgesetz ist als Differentialgleichung formuliert, diese Differentialgleichung läßt nun formal auch Lösungen zu, die nicht ohne weiteres physikalisch interpretierbar sind. Man kann nun annehmen, daß hier eben der mathematische Formalismus zu reich ist und nur teilweise faktisch interpretiert werden kann (etwa bei der Verwendung komplexer Größen in der Schwingungslehre oder bei bestimmten Lösungen der allgemeinrelativistischen Feldgleichungen der Gravitation)[112]. Andererseits hat sich insbesondere in der Elementarteilchenphysik die Strategie bewährt, in der Realität nach allem zu suchen, was der mathematische Formalismus an Möglichkeiten zuläßt.

In diesem Zusammenhang sind auch Fragen der Semantik und Ontologie betroffen. Die Entscheidung, welche physikalischen Entitäten man als existierend akzeptiert, wird dabei auf zwei Ebenen behandelt. Erstens wird die Bewährung einer Theorie den in der Theorie als existierend vorausgesetzten Teilchen zur Anerkennung ihrer Existenz verhelfen. Zweitens können offene Fragen in bezug auf die Existenz physikalischer Entitäten auch innerhalb eines Formalismus, bei seiner Interpretation oder bei seiner Ausgestaltung auftreten. Die folgenden Überlegungen befassen sich insbesondere mit der zweiten Fragestellung.

Vorab muß jedoch eine Sprachregelung eingeführt werden. Die Beziehung von mathematischem Formalismus und Realität wird in unterschiedlichen Begriffssystemen verschieden ausgedrückt: z.B. durch Korrespondenzregeln oder „semantic assumptions"[113]. Da subtile sprachphilosophische Überlegungen für die folgende, eher an der Praxis der Wissenschaft orientierte Argumentation keine Rolle spielen, soll hier von „Referenzhypothesen"[114] gesprochen werden. Dabei kommt gleichzeitig zum Ausdruck, daß die Semantik einer Theorie ebenso vorläufig und revidierbar ist wie ihre mathematischen Theoreme und wie diese erst im Laufe der Fortentwicklung der Theorie präzisiert und schrittweise festgelegt wird[115].

a) Kriterien zur Prüfung von Referenzhypothesen

Im folgenden wird versucht, Kriterien zur Prüfung von Referenzhypothesen zu sammeln und zu systematisieren. Vorsichtiger sollte man von der Bewertung

---

[112]   Vgl. Kanitscheider (1979), S. 181.
[113]   Vgl. Bunge (1974 a), S. 104 f.
[114]   Vgl. Bunge (1967 a), S. 20/21.
[115]   Vgl. Bunge (1974 b), S. 65/68 und Stegmüller (1970) C, S. 310.

von Referenzhypothesen sprechen, da die angegebenen Kriterien weder relativ gewichtet sind noch in jedem Anwendungsfall oder in der Hand jedes Forschers zum gleichen Ergebnis führen.

Dabei wird auf Kataloge von Kriterien zur Bewertung von Theorien zurückgegriffen[116], wobei sich zeigt, daß die meisten Kriterien zur Theorienbewertung auf die Beurteilung von Referenzhypothesen übertragbar sind. In beiden Fällen ist jedoch eine Klassifikation der Kriterien nur schwer säuberlich durchzuführen, da sie teilweise zusammenhängen und unterschiedliches Gewicht haben.

Es sollen vier verschiedene Arten von Kriterien unterschieden werden, und zwar[117]

(i) innertheoretische Kriterien
(ii) zwischentheoretische Kriterien
(iii) metatheoretische Kriterien
(iv) empirische Kriterien.

(i) Innertheoretische Kriterien

Bei Theorien ist eine erste Forderung die *logische Konsistenz*. Auch bei der Bewertung von Referenzhypothesen können Konsistenzüberlegungen eine Rolle spielen[118]. Ein gutes Beispiel ist die Diskussion um die Existenz von Teilchen mit Überlichtgeschwindigkeit (Tachyonen)[119]. Solche Teilchen werden durch die Relativitätstheorie nicht direkt ausgeschlossen. Die Frage ist nun, ob den entsprechenden Lösungen der Bewegungsgleichungen tatsächlich Tachyonen in der Natur entsprechen.

Aus der Referenzhypothese, die die Existenz von Tachyonen akzeptiert, folgt (unter gewissen Bedingungen), daß ein Signal, das in einem Bezugssystem B zum Zeitpunkt t_1 ausgesandt und zum Zeitpunkt t_2 (mit $t_2 > t_1$) aufgefangen wird, in einem anderen Bezugssystem B^* zu einem Zeitpunkt t_2^* aufgefangen wird, der *vor* dem Zeitpunkt t_1^* des Aussendens liegt ($t_2^* < t_1^*$). Das Signal kommt als früher an, als es ausgesandt wurde. Es lassen sich dann Versuchsanordnungen so konstruieren, daß der Versuchsablauf nicht mehr konsistent beschreibbar ist[120]. In diesem Fall kann man zunächst schließen, daß es die Kausalketten der Versuchsanordnung mit Tachyonen nicht gibt.

---

[116]   Vgl. Bunge (1967 b), S. 346 f. und Diederich (1972), sowie Vollmer (1975), S. 107 f., wobei letzterer diese Kriterien auch zur Beurteilung einer Metatheorie (der evolutionären Erkenntnistheorie) heranzieht.

[117]   Diese Unterscheidungen finden sich im Prinzip schon bei Popper (1971), S. 7-8.

[118]   W. Stegmüller (1970) C, S. 312 weist darauf hin, daß die Kopplung von formaler Theorie und Zuordnungsdefinition inkonsistent sein kann, ohne allerdings ein Beispiel anzugeben.

[119]   Zur Tachyonendiskussion vgl. etwa Fitzgerald (1970) und Maund (1979).

[120]   Vgl. Anhang D.

Wenn man keine physikalischen Gründe angeben kann, warum diese Versuchs-anordnungen nicht realisiert werden können, so muß man die Existenz der Tachyonen für die Inkonsistenz verantwortlich machen. Man würde daraus schließen, daß es keine Teilchen mit Überlichtgeschwindigkeit gibt und die entsprechenden Lösungen der relativistischen Bewegungsgleichungen nicht faktisch interpretierbar sind, d.h. kein Gegenstück in der Realität haben.

Eine explizite Forderung der Konsistenz von Formalismus oder Interpreta-tion findet sich sogar in einem Lehrbuch: „Our object is to get a single com-prehensive theory that will describe the whole of physics. This theory should consist of a scheme of equations, together with the rules for applying and interpretating the equations ... A primary requirement is that the equations and the rules for using them should be consistent."[121] Allerdings behandelt Dirac nach diesem Vorwort die semantischen Regeln nicht wesentlich sorgfäl-tiger als es in anderen Lehrbüchern geschieht.

Eine zweite Forderung ist weniger scharf formuliert, die Forderung nach *begrifflicher und systematischer Einfachheit*. Nach Einstein[122] ist es ein Vor-zug einer Theorie, wenn sie nicht durch willkürliche Wahl (etwa eines Parame-ters) aus einer Klasse an sich gleichwertiger und analog gebauter Theorien ausgewählt werden muß. Der Kontingenzanteil einer Theorie soll möglichst gering sein. Ein vergleichbares Argument war wohl für Dirac ein Grund, nach der Bedeutung der in der relativistischen Theorie aufgetauchten negativen Lösungen zu suchen[123]. Ein älteres Beispiel ist die Vorhersage bis dahin unbe-kannter Elemente aus dem Periodensystem der chemischen Elemente: man geht zunächst davon aus, daß „freie" Plätze des Schemas nicht ohne Grund unbesetzt sind. Der Spielraum der logischen Möglichkeiten soll mit der Gesamt-heit der faktisch realisierten Fälle übereinstimmen: Alles, was nicht verboten ist, soll auch vorkommen. Spezialisiert auf die Tachyonendebatte folgt daraus die bezeichnende Äußerung: „If tachyons exist they ought to be found. If they do not exist, we ought to be able to say why not."[124]

Weiter soll die Referenzhypothese so gewählt werden, daß Theorie und Referent *strukturell angepaßt* sind[125]. So hatte Dirac die Klein-Gordon-Glei-chung verworfen, weil der Ausdruck, der als Aufenthaltswahrscheinlichkeit interpretiert wurde, negativ werden konnte. Es können aber nur positive Grö-ßen als Wahrscheinlichkeiten interpretiert werden. Darüber hinaus muß jede

---

[121]   Dirac (1966), S. 1.

[122]   Einstein (1955), S. 8-9.

[123]   Die Bedeutung der Forderung nach der *vollständigen* Interpretation des For-malismus für die Postulierung der Positronen betont Zahar (1979), S. 375. Vgl. Kragh (1979 b), S. 15 f.

[124]   Bilaniuk (1969), S. 51.

[125]   Im Prinzip handelt es sich dabei um Eddingtons Identifizierungsprinzip (vgl. Kap. II, 1 b).

Größe (des Formalismus einer Theorie), die als Wahrscheinlichkeit interpretiert werden soll, die Kolmogoroff-Axiome erfüllen[126].

Unter Umständen können auch mehrere Strukturmerkmale gleichzeitig gefordert werden. So muß in der RQM an eine Größe, die als Aufenthaltswahrscheinlichkeit interpretiert werden soll, zusätzlich die Forderung gestellt werden, daß sie beim Wechsel des Bezugssystems wie die Zeitkomponente eines Vierervektors transformiert[127].

Man wird allerdings nur in weit entwickelten Wissenschaftsbereichen die formale Struktur von Ausdrücken als Hilfsmittel bei der Interpretation heranziehen können. Als weiteres Beispiel kann man die relativistische QFTh ansehen, wo der der klassischen und der quantisierten Feldtheorie gemeinsame Lagrange-Formalismus benutzt wird, um z.B. die Energie- und Drehimpulsoperatoren zu finden. Das Noether-Theorem liefert einen Zusammenhang zwischen Symmetrieoperationen und Erhaltungsgrößen, so daß man etwa die zu einer infinitesimalen Lorentz–Transformation (deren Interpretation als räumliche Drehung aus der klassischen Theorie übernommen wird) gehörende Erhaltungsgröße als Drehimpuls interpretiert[128]. Bei einem solchen Vorgehen muß man natürlich wissen, welche Strukturmerkmale von der entsprechenden Größe erwartet werden müssen. Ist dieser Zusammenhang bekannt, kann eine ganze Klasse von Theorien nach dem gleichen Schema interpretiert werden.

Ein anderes Beispiel zur strukturellen Anpassung von Theorie und Referent gibt M. Bunge[129]: Im Formalismus der QM kommen als Argument der Wellenfunktion nur einfache physikalische Objektvariable vor, deshalb kann die Wellenfunktion nicht für das Paar (Mikroteilchen X Beobachter) stehen.

---

[126]   So wird z.B. in der QM bei der Messung einer Observablen A (zu der ein vollständiges normiertes Orthogonalsystem von Eigenvektoren φ_i mit Eigenwerten a_i gehört: $A\varphi_i = a_i\varphi_i$) das Quadrat der Entwicklungskoeffizienten b_i eines beliebigen Zustandes $\psi = b_i\varphi_i$ interpretiert als Wahrscheinlichkeit, bei der Messung den Wert a_i zu erhalten. Das Ereignis E_i (der Übergang von ψ in den Eigenzustand φ_i) hat also die Wahrscheinlichkeit

$$p(E_i) = b_i^2 = <\psi \mid \varphi_i> <\varphi_i \mid \psi> \, .$$

Es läßt sich leicht zeigen, daß die Kolmogoroff-Axiome erfüllt sind:

1. Für alle E_i gilt $p(E_i) \geqq 0$.

2. $\sum_i p(E_i) = \sum_i <\psi \mid \varphi_i> <\varphi_i \mid \psi> = <\psi \mid \psi> = 1$.

3. Für die Wahrscheinlichkeit $p(E_i \cup E_j)$, d.h. für die Wahrscheinlichkeit a_i oder a_j zu erhalten, ergibt sich $p(E_i \cup E_j) = <\psi \mid (\mid \varphi_i> <\varphi_i \mid + \mid \varphi_j> <\varphi_j \mid) \mid \psi> = $ $= <\psi \mid \varphi_i> <\varphi_i \mid \psi> + <\psi \mid \varphi_j> <\varphi_j \mid \psi> = p(E_i) + p(E_j)$.
   Dabei projeziert $(\mid \varphi_i> <\varphi_i \mid + \mid \varphi_j> <\varphi_j \mid)$ auf den von φ_i und φ_j aufgespannten Unterraum.

[127]   Vgl. Dirac (1942), S. 6.

[128]   Bjorken / Drell (1967), S. 28.

[129]   Bunge (1974 a), S. 108 und Bunge (1973 b), S. 89.

P. A. M. Dirac hat empfohlen, bei der Suche nach der Interpretation bei der Diskussion von einfachen Fällen zu beginnen[130]. Eine Anwendung dieser Methode kann man bei A. Einstein finden, der den Spezialfall der Schwankungen der Energieverteilung berechnete, um Aufschlüsse über die Natur der Wärmestrahlung zu erhalten[131]. Hier wurden die formalen Eigenschaften einer abgeleiteten Formel benutzt, um semantische Hypothesen aufzustellen.

(ii) Zwischentheoretische Kriterien

Ein Hauptgewicht bei der Beurteilung von Referenzhypothesen liegt auf der Untersuchung des Verhältnisses zu anderen Theorien.

Die Referenzhypothese muß *mit anderen akzeptierten Theorien vereinbar* sein. Dabei kann es sich durchaus um fernliegende Theorien handeln. Sehr schön kann man das bei der schon erwähnten Diskussion um die Tachyonen verfolgen. Das Sein oder Nichtsein der Tachyonen wird mitentschieden an den Konsequenzen, die sie für die Kosmologie oder für die Thermodynamik haben[132].

Referenzhypothesen, bzw. mit ihrer Hilfe abgeleitete Konsequenzen, müssen mit dem physikalischen „Hintergrundwissen" vereinbar sein. Dazu gehören z.B. gut bestätigte Erhaltungssätze. So war Dirac nicht bereit, den Ladungserhaltungssatz aufzugeben. Er verwarf lieber die Referenzhypothese „negative Elektronenzustände = Protonen". Im Bereich der Theorienkonstruktion führte im gleichen Jahr 1930 W. Pauli das Neutrino ein, um Energie-, Impuls- und Drehimpulserhaltung zu retten[133]. Andererseits war Bohr bereit, den Energiesatz aufzugeben, um die Ontologie nicht unnötig auszudehnen. Die Abwägung, ob man auf die Gültigkeit bewährter Sätze auch in neuen Bereichen vertrauen kann oder ob man besser ganz neue Ansätze entwickeln soll, ist schon bei der Theorienkonstruktion schwierig[134]. Deshalb bietet dieses Kriterium (wie mehr oder weniger auch die anderen) nur plausible Hinweise und keine in jedem Einzelfall eindeutig anzuwendende Regel.

Zum Test von Referenzhypothesen können auch triviale Anteile des Hintergrundwissens herangezogen werden: Die Deutung der Löcher als Proton führt zu einer Zerstrahlungswahrscheinlichkeit, die so groß ist, daß die Existenz stabiler Materie nicht mehr verständlich wird. Deshalb wurde diese Referenzhypothese aufgegeben. Die Veränderung und Ablösung von Theorien kann dazu

---

130   Dirac (1942), S. 3.

131   Vgl. Kap. III 2 a.

132   Vgl. Walstadt (1979) und Terletskii (1968), insbes. S. 65 f.

133   Vgl. Drell (1978).

134   Die Auseinandersetzung um die Quarks scheint ein aktuelles Beispiel zu sein, vgl. Drell (1978).

zwingen, Referenzhypothesen anderer (akzeptierter) Theorien nachträglich abzuändern. So war es nach Einführung der SR unmöglich, weiterhin anzunehmen, daß die elektromagnetischen Feldgrößen $\vec{E}$ und $\vec{B}$ die Auslenkung von oszillierenden Ätherteilchen beschreiben[135]. Oft werden aber auch die Referenzhypothesen von alten Theorien übernommen. Ein Beispiel ist die Deutung des Eigenwertes E in der Dirac-Gleichung und die Interpretation der positiven Lösungen, die aus der nichtrelativistischen Theorie übernommen wurden.

Es ist ein Vorzug, wenn es durch die Referenzhypothese möglich wird, *vorher getrennte Gebiete zu vereinigen* (die Referenzklasse soll möglichst groß sein). So begrüßt es Dirac, daß bei der Protonendeutung der Löcher nur noch *eine* Sorte von Elementarteilchen anzunehmen ist. Die Referenzhypothesen der kinetischen Gastheorie machen es möglich, (in einem bestimmten Sinn) die phänomenologische Thermodynamik auf die Mechanik zurückzuführen. Eine ähnliche Tendenz zur Vereinheitlichung liegt vor, wenn man versucht, möglichst viele Teilchen in *ein* Schema zu bekommen, oder auch vorher verschiedene Teilchen als unterschiedliche Zustände des gleichen Systems anzusehen.

Das Streben nach Vereinheitlichung kann in der Einbeziehung eines bisher unabhängigen Erfahrungsbereiches in die Klasse der Anwendungsfälle einer Theorie bestehen, aber auch in der Übertragung von Modellvorstellungen und Formalismen. So stellt die Löchervorstellung der negativen Lösungen eine Übertragung von semantischen Hypothesen aus der Atomphysik dar. Die Annahme, daß ein Kernfeld von π-Mesonen begleitet ist, wurde durch das Zusammenspiel von elektromagnetischem Feld und Photonen plausibler gemacht[136]. Die Verfolgung von Einheitsprinzipien spielt gerade bei der Theorienkonstruktion in der Elementarteilchenphysik eine wichtige Rolle, man denke etwa an die Symmetrie von Quarks und Leptonen.

(iii) Metatheoretische Überlegungen

Ein Theoretiker, der überzeugt ist, daß die Natur in „mathematischer Sprache" geschrieben ist, wird viel eher bereit sein, alle Möglichkeiten des Formalismus faktisch zu interpretieren, als ein operationalistisch eingestellter Empirist, für den u.U. nur das existiert, was unmittelbar nachgewiesen ist. So waren es für die empiristisch eingestellten Landau und Peierls[137] explizit metatheoretische Gründe, mit denen sie die faktische Interpretation der negativen Lösungen ausschlossen. Zu den metatheoretischen Überlegungen gehören also bestimmte *methodologische Grundeinstellungen* (Operationalismus, Empirismus, Realismus).

---

[135]   Bunge (1967 a), S. 20-21.
[136]   Vgl. Achinstein (1971), S. 208.
[137]   Landau / Peierls (1931).

Das bekannteste Beispiel dafür dürfte die Auseinandersetzung um die Interpretation der Wellenfunktion in der (nichtrelativistischen) QM sein. Hier ist die Standardantwort auf die Frage, wofür die Wellenfunktion stehe, durch eine empiristische Grundhaltung geprägt. Auch die Kritiker dieser Interpretation benutzen metatheoretische Argumente[138]. „It has often been claimed, with enviable conviction, that the marriage of QM to subjectivism, and particularly positivism, is indissoluble … This marriage has now become a mésalliance and must be disolved."[139]

Eine ähnliche Auseinandersetzung entstand um die Interpretation der Wahrscheinlichkeitsrechnung. Die subjektive Deutung des Wahrscheinlichkeitsbegriffs stieß auf Ablehnung, weil sie bedenkliche metatheoretische Konsequenzen hatte, die W. Stegmüller so kennzeichnet: „Es ist schlechthin unzumutbar, z.B. einem Atomphysiker das Eingeständnis abzuverlangen, daß er nicht über Atome und subatomare Entitäten spricht, sondern über seine eigenen ‚idealisierten' Kollegen."[140] Im folgenden wird dann der Vorschlag gemacht, den hinter der subjektiven Deutung stehenden Operationalismus aufzugeben und darauf zu verzichten, den Wahrscheinlichkeitsbegriff durch eine Definition auf bereits bekannte Größen zurückzuführen (womit natürlich nicht auf jegliche Interpretation verzichtet wird!).

Bei der Beurteilung von Referenzhypothesen spielen nicht nur methodologische Prinzipien eine Rolle, sondern auch *grundlegende Annahmen über die Beschaffenheit der Natur.* So wie bei A. Einstein die Idee eines ontologischen Monismus Leitprinzip bei der Theorienentwicklung war[141], war für Dirac die Vorstellung wichtig, daß im Prinzip *eine* Teilchensorte ausreicht, um die Materie aufzubauen. Metaphysische Überzeugungen geben also oft die Begründung für andere Kriterien ab (z.B. für Einfachheitsüberlegungen, ontologische Sparsamkeit), die dann in Kopplung mit dem speziellen Formalismus als innertheoretische Kriterien wirksam werden. Ein anderes metatheoretisches Argument brachte Pauli gegen die Antiteilchen vor: Es ist nicht plausibel, warum der *Anfangszustand* der Welt in bezug auf Teilchen und Antiteilchen nicht symmetrisch ist. Diese fehlende Symmetrie sah er als Schwäche der Referenzhypothese Diracs an.

Ähnlich gelagerte Probleme finden sich in der Auseinandersetzung der Positionen Determinismus/Indeterminismus, in der Frage der verborgenen Parameter oder bei der Diskussion um die Reichweite der Gültigkeit von Gesetzen in der Kosmologie. Auch in der AR spielen metatheoretische Überlegungen eine Rolle. So hat man versucht, mit Kausalitätsargumenten zu beweisen, daß bestimmte Lösungen der Feldgleichungen, die geschlossene Weltlinien und damit

---

[138]   Vgl. Bunge (1973 b).
[139]   Bunge (1973 b), S. 104.
[140]   Stegmüller (1973), Teil A, S. 68.
[141]   Vgl. Kanitscheider (1979 b), S. 147.

Zeitreisen ermöglichen, aus logischen Gründen nicht faktisch interpretiert werden dürfen[142]. Im Zusammenhang der Singularitäten der Raum-Zeit stellt sich die Frage, ob bestimmte Bereiche der Raum-Zeit nur „mathematisch" existieren, oder ob die zugehörigen Lösungen auch faktisch interpretiert werden können[143].

Ein weiteres instruktives Beispiel für den Einfluß metatheoretischer Argumente auf die Bildung von Referenzhypothesen stellt die Diskussion um die avancierten und retardierten Potentiale in der Elektrodynamik dar. Für das elektrische Potential $\Phi\,(\vec{r},\,t)$ kann man folgende Gleichung ableiten

$$\Delta\Phi\,(\vec{r},\,t) - (1/c^2)\,\partial^2\Phi\,(\vec{r},\,t)/\partial^2 t^2 = -4\pi\rho\,(\vec{r},\,t)$$

($\rho\,(r,\,t)$ ist die Ladungsdichte).

Man kann nun zwei Klassen von Lösungen finden, die „retardierten" Lösungen

$$\Phi_r\,(\vec{r},\,t) = \int \frac{\rho\,(\vec{r}\,',\,t - |\,\vec{r} - \vec{r}\,'\,|\,/c)}{|\,\vec{r} - \vec{r}\,'\,|}\,d^3\vec{r}\,'$$

und die „avancierten" Lösungen

$$\Phi_a\,(\vec{r},\,t) = \int \frac{\rho\,(\vec{r}\,',\,t + |\,\vec{r} - \vec{r}\,'\,|\,/c)}{|\,\vec{r} - \vec{r}\,'\,|}\,d^3\vec{r}\,' .$$

Üblicherweise werden nur die retardierten Lösungen faktisch interpretiert, während man annimmt, daß den avancierten Lösungen in der Realität nichts entspricht. Dieser Verzicht auf die Interpretation einer ganzen Klasse von Lösungen wird in der Regel durch die metatheoretische Forderung einer bestimmten Kausalstruktur begründet[144].

Dazu kann man sich am Beispiel einer Antenne klar machen, daß das avancierte Feld eine Welle beschreibt, die sich aus dem Unendlichen auf den Sender zubewegt (auch wenn in der Antenne noch gar kein Strom geflossen ist). Diese einlaufende Welle verschwindet dann in der Sendeantenne, so daß danach kein elektromagnetisches Feld mehr vorhanden ist. Nimmt man jedoch an, daß eine punktförmige Quelle eine Störung erzeugt, die nur durch eine auslaufende Kugelwelle gekennzeichnet ist, so muß man sich auf die retardierten Potentiale beschränken. Dieser Verzicht stellt einen Spezialfall einer Referenzhypothese dar, die aus metatheoretischen Gründen motiviert ist[145]. In neuerer Zeit gibt

---

[142]   Vgl. dazu Kanitscheider (1979 a), S. 182-186.

[143]   Vgl. Kanitscheider (1979 a), S. 157-196 und Kanitscheider (1979 b), S. 159.

[144]   Vgl. etwa Jackson (1962), S. 185: „This Green's function is sometimes called the retarded Green's function because it exhibits the causal behavior associated with wave disturbance." Ausführlich geht Ludwig (1974, S. 169-180) auf dieses Problem ein.

[145]   Vgl. auch Anhang E. Übrigens geht durch diese Referenzhypothese auch die Symmetrie der Maxwell-Gleichungen gegenüber Zeitumkehr verloren.

es jedoch Formulierungsversuche der Elektrodynamik, die retardierte und avancierte Lösungen gleichberechtigt verwendet[146]. Eine solche Welt mit Wirkungen aus der Zukunft ist nicht aus logischen Gründen unmöglich, sie muß nicht zu unauflösbaren Paradoxa führen.

Gegen die Verwendung avancierter Potentiale spricht unsere Alltagserfahrung, andererseits kann es Gründe geben, die Forderung nach Kausalität aufzugeben bzw. zwischen verschiedenen Formen der Kausalstruktur zu unterscheiden (z.B. weil es dann möglich wird, die Strahlungsrückwirkung zu erklären oder die Wirkungen von Punktladungen auf sich selbst zu vermeiden[147]).

Das Beispiel zeigt, daß semantische Hypothesen auch abgeändert werden können. Allerdings wird man metatheoretische Forderungen wie die Kausalität nicht so schnell aufgeben, zumal diese durch die Alltagserfahrung gestützt wird. Das Vordringen der Physik in neue, dem Menschen bisher unzugängliche Erfahrungsbereiche kann jedoch auch zur Änderung von solch vertrauten Annahmen führen.

Metatheoretische Überlegungen besitzen keine allein ausschlaggebende Bedeutung für die Semantik physikalischer Theorien. Sie können sogar untereinander in Konkurrenz treten, wobei das Gewicht der verschiedenen Argumente von verschiedenen Forschern unterschiedlich beurteilt werden kann. Dies wird an der „Many-Worlds-Interpretation"[148] der QM deutlich, wo die (metatheoretische) Unzufriedenheit mit einigen Zügen der üblichen Interpretation der QM zu der Annahme einer beliebig großen Zahl nebeneinander existierender (und für uns nicht erfahrbarer) Welten geführt hat. Gegen eine solche Vorstellung kann man wiederum manche konkurrierenden metatheoretischen Bedenken erheben, sei es aus philosophischen Gründen, sei es mit common-sense-Argumenten.

(iv) Empirische Prüfung

Bei der Bewertung von Theorien spielt die empirische Prüfung eine zentrale Rolle. So ist zu vermuten, daß die Kontrolle an der Erfahrung auch bei der Prüfung von Referenzhypothesen wichtig ist. Andererseits wird eine Theorie durch Referenzhypothesen überhaupt erst empirisch testbar. Nun erfolgt der empirische Test von Referenzhypothesen immer im Verbund mit der Theorie, die durch die semantischen Annahmen interpretiert wird. In der Regel wird man auch noch andere Theorien samt ihren Referenzhypothesen — etwa für die Meßgeräte — voraussetzen müssen.

---

[146]   Vgl. dazu Kanitscheider (1979 a), S. 101-113.
[147]   Vgl. Kanitscheider (1979 a), S. 108.
[148]   Zu dieser auch „EWG-Interpretation" oder „Relative Zustandsformulierung" genannten Interpretation der QM vgl. die kritischen Bemerkungen in Kanitscheider (1979 a), S. 308-320.

Es gibt aber dennoch Fälle, in denen die Übereinstimmung mit dem Experiment bzw. das Scheitern an der Realität in besonderer Weise auf die Referenzhypothese zurückgeführt werden kann. In solchen Situationen kann man von einer empirischen Überprüfung der Referenzhypothese sprechen.

Die Akzeptierung einer bestimmten Referenzhypothese sollte *nicht zu einem Widerspruch zum Experiment* führen. Als sich herausstellte, daß nach der Protonendeutung der Löcher Elektronen und Protonen die gleiche Masse haben müßten, gab Dirac diese Interpretation auf. Die Übereinstimmung mit der Erfahrung muß dabei nicht unbedingt durch aufwendige Experimente erwiesen werden. Wenn eine Referenzhypothese zu einer Zerstrahlungswahrscheinlichkeit der Materie im Bereich von Bruchteilen von Sekunden führt, wird schon der Hinweis auf die relativ stabile materielle Existenz eines Lehrbuches oder eines Schreibtisches zu einer Änderung der Hypothese führen.

Die Referenzhypothese sollte die *Vorhersage neuer Testmöglichkeiten* und bisher unbekannter Fakten ermöglichen. Hier kann die Vorhersage des Positrons als Erfolg angesehen werden. Allerdings hat in der Diskussion um die Deutungen der negativen Lösungen der direkte empirische Nachweis keine große Rolle gespielt. Vermutlich geht die Bedeutung der direkten, anschaulichen empirischen Überprüfung um so mehr zurück, je weiter sich der Objektbereich physikalischer Theorien von der Alltagsumgebung entfernt und dadurch die Testmöglichkeiten eingeschränkt werden. Oft sind es dann nur noch wenige zentrale Schlüsselexperimente, die (neben der Verbindung zu anderen getesteten Theorien und neben nichtempirischen Prüfungsmöglichkeiten) eine Theorie samt ihren Referenzhypothesen stützen. In der Elementarteilchenforschung kann man an die Entdeckung des von Gell-Mann und Ne'eman im „Achtfachen Weg" vorhergesagten Ω^-, in der Kosmologie an die Nebelflucht (Hubble) und an die kosmische Hintergrundstrahlung (Penzias und Wilson) denken.

Gerade die Elementarteilchentheorie und die Kosmologie zeigen, daß bei allem Gewicht der nichtempirischen Argumente die experimentelle Überprüfung durch — wenn auch wenige, so doch zentrale — Schlüsselexperimente und durch den Zusammenhang mit anderen akzeptierten Theorien nicht aufgebbar ist. Deshalb darf die Tendenz, die Bedeutung der empirischen Prüfbarkeit abzuschwächen, nicht überbewertet werden. Hier verbirgt sich nicht die Absicht der Physiker, die Basis des empirisch Kontrollierbaren zu verlassen und in eine Phase der apriorischen Physik oder des kühnen, aber belanglosen Spekulierens zu verfallen. Die Theorien, die gegenwärtig diskutiert werden, sind aus *technischen* Gründen schwer empirisch kontrollierbar, so daß notgedrungen auf die Realisation bestimmter Experimente verzichtet werden muß. Jedoch sollten die Theorien im Prinzip faktische Folgen haben.

Es gibt jedoch in der Elementarteilchentheorie einen Fall, wo die prinzipielle Nichtbeobachtbarkeit von Teilchen als Vorteil einer Theorie angesehen wird.

Es handelt sich dabei um eine bestimmte Variante der Quark-Theorie. Bisher wurden keine freien Quarks experimentell nachgewiesen. Es gibt nun Überlegungen, das Fehlen beobachtbarer Spuren nicht als Folgen experimenteller Schwächen anzusehen, sondern als nomologische Konsequenz der Natur der starken Wechselwirkung, wodurch das Auftreten isolierter freier Quarks verhindert wird[149]. In diesem „quark-confinement" haben einige Autoren die Möglichkeit gesehen, das sogenannte „Fundamentalproblem" der Materie zu lösen. "It is difficult to imagine how a particle could have an internal structure if the particle cannot be created."[150] Wenn man davon ausgeht, daß nicht frei vorkommende Teilchen auch nicht weiter zusammengesetzt sein können, so ist damit der infinite Regreß vermieden, der durch die Möglichkeit droht, daß die jeweils als elementar geltenden Teilchen auf einer tieferen Stufe als zusammengesetzt erkannt werden (daß also auf jeder Stufe „Atomspaltungen" vorkommen). Die Vermeidung dieses infiniten Regresses wäre eine Lösung des Fundamentalproblems und sicherlich ein Vorteil der Quark-Theorie.

Andererseits wird nicht ganz deutlich, warum auf der Stufe der Quarks das Fragebedürfnis ein Ende haben soll. Warum sollen die nicht frei vorkommenden Quarks zwar existieren, aber keine innere Struktur haben? Natürlich kann es theoretische Gründe dafür geben, die Quarks nicht mehr als zusammengesetzt anzusehen. Die Tatsache ihrer Gefangenschaft stellt — entgegen der oben zitierten Bemerkung von Glashow — keinen hinreichenden Grund dar. Möglicherweise sind die Quarks auch in ihrer ewigen Gefangenschaft aus Subquarks zusammengesetzt[151]. Diese innere Struktur verschwindet ja nicht deshalb, weil man Quarks nicht beobachten kann, vielleicht hat die Art der Zusammensetzung sogar Auswirkungen auf das Verhalten der sichtbaren Teilchen. Wenn Quarks nicht mehr frei vorkommen, ist der infinite Regreß als empirisches Problem isolierter Teilchen zwar abgebrochen, aber damit ist nicht das Fundamentalproblem der Materie gelöst.

b) Philosophische Überlegungen
zur Bewertung von Referenzhypothesen

Die im vorhergehenden gesammelten Kriterien waren mehr oder weniger eine *Beschreibung* und Auflistung von Gesichtspunkten, nach denen Referenzhypothesen beurteilt werden. Der nächste Schritt wäre eigentlich die Gewichtung dieser Kriterien und die Einführung einer Hierarchie. Aber vermutlich läßt sich eine solche Hierarchie gar nicht unabhängig von der Anwendung auf eine bestimmte Theorie aufstellen. Es gibt auch im Fall der Theorienbewer-

---

149   Vgl. (auch für das folgende) Kanitscheider (1979 a), S. 365 f., Glashow (1975), Shrader-Frechette (1979).

150   Glashow (1975), S. 45.

151   Vielleicht aus „Rishonen" oder „Quips"? Vgl. Jørgensen (1980).

tung fast keine Ansätze, die in den Kriterienvergleich komparative Aspekte einbringen[152].

Darüber hinaus wäre es ein erstrebenswertes Ziel, auch eine *Rechtfertigung* für die Verwendung der Kriterien angeben zu können. Dazu ist allerdings eine explizite philosophische Position notwendig. Deswegen sollen im folgenden einige für dieses Thema relevante Überlegungen von W. v. O. Quine dargestellt werden[153]. Seine Position sei für unseren Zweck in vier Punkten kurz zusammengefaßt:

1. Die Frage danach, was existiert, kann nicht unabhängig von einer Theorie beantwortet werden. Es gibt keine autonome Ontologie, d.h. keinen besonderen, von den Objektwissenschaften unabhängigen Zugang zu der Frage danach, was existiert (Naturalisierung der Ontologie). „Ontological questions ... are on a par with questions of natural science."[154] Existenzvoraussetzungen müssen sich zusammen mit einer Theorie bewähren. „We do not learn first what to talk about and then what to say about it."[155]

2. Die Bewertung von Existenzvoraussetzungen erfolgt über die Bewertung von Theorien, die diese Existenzvoraussetzungen machen. Kriterium muß dabei nicht die unmittelbare Erfahrbarkeit der vorausgesetzten Objekte sein. „We posit molecules, and eventually electrons, even though these are not given to direct experience, merely because they contribute to on overall system which is simpler as a whole than its known alternatives."[156]

3. Nach Quine sind die Kriterien zur Bewertung von Existenzannahmen („ontic decisions") von gleicher oder ähnlicher Art wie beim Beurteilen von empirischen Hypothesen: Einfachheit, Reichweite, Fruchtbarkeit. So spricht für die Annahme von Molekülen, daß man damit weit auseinanderliegende Phänomene wie Wärmeausdehnung, Wärmeleitung und Oberflächenspannung erklären kann. Eine einheitliche Theorie mit einem großen testbaren Bereich ersetzt dann viele Einzeltheorien[157]. Die Einfachheit wird dabei im Hinblick auf das ganze System beurteilt. Eine allzu große ontologische Sparsamkeit kann ein System sehr kompliziert machen. Deswegen ist ein übertriebener Empirismus nicht angebracht. Aber natürlich werden nicht beliebige Dinge ohne Rücksicht auf die Erfahrung angenommen. Die weitgehende Übereinstimmung mit der Erfahrung ist gewissermaßen eine notwendige Bedingung.

---

[152]   Einen vorläufigen Versuch hierzu hat K. Schaffner unternommen, der sich Überlegungen von H. Hertz aus den „Prinzipien der Mechanik" anschließt (Schaffner (1970)). Sich darauf stützend sieht Shrader-Frechette (1979, S. 176) in der Quarktheorie eine ungerechtfertigte Bevorzugung des innertheoretischen Kriteriums der Einfachheit gegenüber den zwischentheoretischen Beziehungen und der empirischen Prüfung.

[153]   Vgl. auch Kaeser (1977), Lauener (1977) und Morscher (1974).

[154]   Quine (1963 c), S. 45.

[155]   Quine (1960), S. 16.

[156]   Quine (1952), S. 223.

[157]   Vgl. Quine (1955).

„How do we decide, apropos of the real world, what things there *are*? Ultimately, I think, by considerations of simplicity plus pragmatic guess as to how the overall system will continue to work in connection with experience."[158]

4. Aus dem indirekten Bezug von Existenzannahmen und Referenzhypothesen zur Erfahrungsebene kann man nun allerdings nicht schließen, daß Elektronen weniger real sind als Tische und Schafe. „The empirical relevance of the notion of molecules and electrons is indirect, and exists only by the virtue of the links with experience which exist at other points of the system. Actually I expect that tables and sheep are, in the last analysis, on much the same footing as molecules and electrons."[159] An anderer Stelle schreibt Quine, wohl in Anspielung auf Eddington: „In whatever sense the molecules in my desk are unreal and a figment of the imagination of the scientist, in that sense the desk itself is unreal and a figment of the imagination of the race."[160]

Die vorhergehenden Überlegungen lassen sich abschließend in einem Zitat zusammenfassen: „Our acceptance of an ontology is, I think, similar to our acceptance of a scientific theory, say a system of physics: we adopt, at least insofar as we are reasonable the simplest conceptual scheme into which the disordered fragments of raw experience can be fitted and arranged. Our ontology is determined once we have fixed upon the over-all conceptual scheme which is to accommodate science in the broadest sense; and the considerations which determine a reasonable construction of any part of that conceptual scheme, for example, the biological or the physical part, are not different in kind from the considerations which determine a reasonable construction of the whole. To whatever extent the adoption of any system of scientific theory may be said to be a matter of language, the same — but no more — may be said of the adoption of an ontology."[161]

Ein wesentliches Ergebnis der Quineschen Überlegungen ist wohl, daß sich daraus im Nachhinein die Übertragung der Bewertungskriterien von der Theorienkonstruktion auf die Prüfung von Referenzhypothesen in einem gewissen Sinn rechtfertigen läßt. Überhaupt zeigt sich hier eine bemerkenswerte Übereinstimmung von philosophischen Argumenten, wissenschaftstheoretischen Systematisierungen und der Praxis der Wissenschaft.

Allerdings ist diese Praxis meist nicht philosophisch reflektiert. Die historische Untersuchung zeigt, daß die Fachwissenschaft ihren metatheoretischen Weg eher instinktiv und manchmal auf verschlungenen Pfaden verfolgt. Es wäre mindestens einen Versuch wert, ob eine wissenschaftstheoretisch reflektierte, systematische Zusammenstellung von Kriterien zur Bewertung von

<hr>

158   Quine (1952), S. 223.
159   Quine (1952), S. 223.
160   Quine (1955), S. 250.
161   Quine (1963 b), S. 16-17.

Referenzhypothesen auch in der aktuellen Forschung (insbesondere in der Elementarteilchentheorie und in der Kosmologie) nicht das eine oder andere Vorurteil von fachwissenschaftlichen Theorien zu durchschauen hilft. Vielleicht kann ein reflektierter wissenschaftstheoretischer Hintergrund so zu neuen Ideen verhelfen und Umwege der Forschung ersparen.

Auch der Quineschen Position ist es nicht gelungen, die Bewertungskriterien für Referenzhypothesen so zusammenzufassen, daß sie etwa aus einem einheitlichen Prinzip deduzierbar werden oder daß eine Rangfolge der Kriterien deutlich würde. Der Blick auf die Praxis zeigt, wie schwierig ein solches Unternehmen angesichts der vielen miteinander wechselwirkenden Faktoren sein muß. Insofern spricht die vorhergehende Untersuchung eher für eine Erkenntnistheorie, die die Prinzipien der Erkenntnis nicht allzu ambitioniert festlegen will. Andererseits ist die erstaunliche Konvergenz von empirischen und nichtempirischen Argumenten etwa bei der Vorhersage des Positrons ein Faktum, das erkenntnistheoretisch erklärt werden sollte.

Es ist denkbar, daß die Bewertungskriterien vom Objektbereich der Theorie abhängen und sich im Laufe der Entwicklung einer Wissenschaft verändern. Die gegenwärtige physikalische Grundlagenforschung findet nicht nur in großer Entfernung von der Alltagswelt statt, sie hat darüber hinaus überhaupt Schwierigkeiten, eine genügend große Erfahrungsbasis (evidence) zu bekommen. Um so wichtiger werden deshalb bei der Theorienkonstruktion *nicht*empirische Bewertungsmaßstäbe. Damit wäre auch in der Semantik eine Entwicklung zu beobachten, die ein Kennzeichen der modernen Physik seit Einstein ist: Der zunehmende Einfluß nichtempirischer Faktoren bei der Theorienbildung.

IV. Relativistische Aspekte des EPR-Paradoxons

> *This difficulty occurs also when we have several particles interacting with each other. The only theory which we can formulate at the present is a non-local one, and of course one is not satisfied with such a theory. I think one ought to say that the problem of reconciling quantum theory and relativity is not solved.*
>
> *P. A. M. Dirac*[1]

Wenn im „Scientific American" unter dem Titel „The Quantum Theory and Reality" die These aufgestellt wird, daß die Lehre, nach der die Welt aus unabhängig vom menschlichen Bewußtsein bestehenden Gegenständen aufgebaut ist, nicht mit der QM und mit experimentell bestätigten Fakten vereinbart werden kann[2], so könnte man darin eine journalistisch motivierte Übertreibung sehen. Wenn man aber auch in einer physikalischen Fachzeitschrift liest, daß das Bellsche Theorem zusammen mit experimentellen Ergebnissen nur die Wahl lasse, entweder auf die erkenntnistheoretische Position des Realismus zu verzichten oder die Vorstellung von Raum und Zeit dramatisch zu ändern[3], so wird man weniger leicht über solche Behauptungen hinweglesen können. Unbestreitbar ist darüber hinaus die philosophische Relevanz der Aussage, daß die Existenz von nichtklassischen Korrelationen zwischen nichtwechselwirkenden und räumlich getrennten Objekten den Systembegriff der klassischen Naturwissenschaften problematisch mache und die Idee, daß die Welt durch Kompartimentalisierung beschrieben werden kann, revidiert werden müsse[4].

Hinter diesen drei Formulierungen verbirgt sich eines der klassischen Probleme der Grundlagenforschung der QM, das sogenannte EPR-Paradoxon. Zu diesem auf Einstein, Podolsky und Rosen zurückgehenden Gedankenexperiment sind unzählige Arbeiten erschienen. Im folgenden soll vor allem ein bestimmter, bisher noch nicht so deutlich hervorgehobener Aspekt betont werden, nämlich die Argumente, die aus der RT kommen. Die Untersuchung der Bedeutung der relativistischen Argumente ist das Thema dieses Kapitels. Für die Diskussion um das EPR-Paradoxon war von Anfang an die enge Verflechtung von physi-

---

[1] Dirac (1973), S. 11.
[2] Vgl. d'Espagnat (1979), S. 128.
[3] Clauser / Shimony (1978), S. 1881.
[4] Primas / Gans (1979), S. 23.

kalischen und philosophischen Argumenten kennzeichnend. So muß die folgende metatheoretische Untersuchung, die ihren Schwerpunkt in intertheoretischen und semantischen Fragen hat, auch ausführlich auf physikalische Argumente eingehen. Die gegenseitige Abhängigkeit der Interpretationsproblematik der QM und der Frage nach der Vereinbarkeit von QM und SR erzwingt dabei eine komplexe Argumentationsstruktur.

Um die folgenden Ausführungen durchsichtiger zu machen, möchte ich zunächst einen Überblick über die einzelnen Argumentationsschritte geben. Im ersten Abschnitt wird das EPR-Paradoxon anhand seiner Geschichte dargestellt. Der zweite Abschnitt diskutiert den Bellschen Beweis, durch den das EPR-Paradoxon auch für die RQM relevant wird. Insbesondere wird dabei herausgearbeitet, in welchem Sinn die QM nicht lokal ist. Im dritten Abschnitt geht es um die Eigenschaften verschränkter Systeme, wie sie im EPR-Paradoxon auftreten. Philosophisch wichtig sind dabei zwei Fragen: Muß man diese Systeme als Hinweis auf einen Holismus sehen, d.h. als Hinweis darauf, daß Teilsysteme auch dann nicht als unabhängig angesehen werden können, wenn sie räumlich getrennt sind und nicht mehr wechselwirken können? Kann man Korrelationen zwischen Ereignissen ohne einen zugrundeliegenden Wechselwirkungsmechanismus akzeptieren? Der vierte Abschnitt führt auf die Frage zurück, ob die im EPR-Fall auftretenden nichtlokalen Effekte mit der SR vereinbar sind. Dabei zeigt sich, daß ohne weitere Präzisierung der Natur der Nichtlokalität keine Antwort möglich ist. Die sich im fünften Abschnitt anschließende Diskussion relativistischer Fernwirkungstheorien soll diesen Punkt weiter erläutern. Der sechste Abschnitt stellt als Exkurs solche Lösungsversuche des EPR-Paradoxons vor, die allgemein akzeptierte Voraussetzungen der gegenwärtigen Physik aufgeben. Der siebte Abschnitt setzt sich mit Lösungsversuchen auseinander, die durch die Zurücknahme des erkenntnistheoretischen Anspruchs der QM das EPR-Paradoxon lösen wollen. Im achten Abschnitt werden einige Schlußfolgerungen zusammengefaßt. Wer die Diskussion um das EPR-Paradoxon kennt, wird keine endgültige Lösung erwarten: Mein Ziel ist, die Problemlage möglichst klar darzustellen.

1. Das EPR-Paradoxon und einige Stationen seiner Geschichte

> *Ohne dies allseitige Durchgehen und das Hin und Her der Untersuchung ist es nicht möglich, die Wahrheit zu fassen und zur Einsicht zu gelangen.*
>
> *Zenon*[5]

Da das Schwergewicht der folgenden Untersuchung auf systematischen Fragen liegt, wird das sogenannte EPR-Paradoxon nicht in der ursprünglichen

---

[5] Vgl. Platon, Parmenides 136 e.

Fassung referiert, sondern in einer Formulierung, die auf David Bohm zurückgeht[6]. Die Fassung von D. Bohm liegt den meisten gegenwärtigen Diskussionen zugrunde, da in ihr der Kern des Argumentes deutlicher als in früheren Fassungen hervortritt[7]. Das EPR-Paradoxon hat seinen Namen von den Autoren einer Arbeit, die im Mai 1935 erschien und gemeinsam von A. Einstein, B. Podolsky und N. Rosen verfaßt worden war[8]. Im Titel wird die Frage gestellt: „Can Quantum-Mechanical Description of Physical Reality Be Considered Complete?" Dieser Aufsatz, der in den folgenden Jahrzehnten unzählige Male zitiert wird, beruft sich selbst übrigens auf keine andere Arbeit.

Einstein, Podolsky und Rosen entwickelten ihr Argument in Form eines Gedankenexperiments: Ein System habe 2 Komponenten, die über eine bestimmte Zeit wechselwirken und sich dann trennen. Man kann dabei etwa an 2 Atome denken, die als Spin-1/2-Teilchen ein Molekül mit dem Gesamtspin 0 bilden. Der Trennung der Komponenten entspricht der Zerfall des Moleküls, wobei die Atome in verschiedene Richtungen davonfliegen. Die Wellenfunktion des Gesamtspins läßt sich aus den Wellenfunktionen der Komponenten aufbauen. Es seien

$$u_+ (1), \quad u_- (1) \qquad \text{Spineigenfunktionen des 1. Atoms,}$$

$$u_+ (2), \quad u_- (2) \qquad \text{Spineigenfunktionen des 2. Atoms.}$$

Die Funktionen $u_\pm$ sollen dabei Eigenfunktionen zur x-Komponente des Spins sein:

$$s_x \, u_\pm = \pm \, (\hbar/2) \, u_\pm \, .$$

Das Molekül im Zustand mit Spin 0 wird durch folgende Wellenfunktion beschrieben (dabei wird zur Vereinfachung der Ortsanteil weggelassen).

$$\Psi (1, 2) = (1/\sqrt{2}) \, [u_+ (1) \, u_- (2) - u_- (1) \, u_+ (2)] \, .$$

Nach Einstein, Podolsky und Rosen kann der Zustand der einzelnen Komponenten (d.h. der Atome) nicht berechnet, sondern nur durch eine weitere Messung bestimmt werden.

---

[6] Bohm (1951), S. 611 f.

[7] Das EPR-Paradoxon wird hier am Beispiel von Spin-Funktionen entwickelt. Es gibt jedoch noch weitere Systeme, auf die die folgende Argumentation analog dazu übertragen werden kann: Polarisationszustände von Photonen (Wightman (1948)), Korrelationen bei der Streuung eines Elektrons am Proton (Janossy / Nagy (1956)), Korrelationen zwischen kurz- und langlebigen K^0-Mesonen (Day (1961)). Die Diskussion beschränkt sich allerdings üblicherweise auf das vereinfachte Modell, das auch in dieser Arbeit verwendet wird. Die Untersuchung eines realistischeren Falles (zeitabhängige Wellenfunktion im Ortsraum) durch Flores (1981) et al. legt nahe, daß diese Vereinfachung zulässig ist. Über Experimente zum EPR-Gedankenexperiment vgl. Kap. IV,8.

[8] Einstein / Podolsky / Rosen (1935).

Mißt man nun am Teilchen 1 die x-Komponente des Spins, so tritt eine Reduktion des Wellenpakets ein und das System wird durch eine Wellenfunktion in Produktform beschrieben. D.h. nach der Messung gilt entweder

$$\Psi_r(1, 2) = u_+(1)\, u_-(2)$$

oder

$$\Psi_r(1, 2) = u_-(1)\, u_+(2)\,.$$

In jedem Fall zeigen die Spins der beiden Atome in entgegengesetzte Richtung, die Ergebnisse der Spinmessung an Atom 1 und an Atom 2 sind streng korreliert. Bei dem Übergang von $\Psi(1, 2)$ nach $\Psi_r(1, 2)$ geht übrigens auch die Antisymmetrie der Wellenfunktion verloren.

Man kann die Wellenfunktion für das Gesamtsystem jedoch auch mit Hilfe von Eigenfunktionen der y-Komponente des Spins ausdrücken.

$$s_y v_\pm = \pm\, (\hbar/2)\, v_\pm\,,$$

d.h. es gilt auch

$$\Psi(1, 2) = (1/\sqrt{2})\, [v_+(1)\, v_-(2) - v_-(1)\, v_+(2)]\,.$$

Man kann nun am Teilchen 1 anstelle der x-Komponente des Spins (wie im vorher betrachteten Fall) die y-Komponente messen. Nach der Messung gilt dann entweder

$$\widetilde{\Psi}_r(1, 2) = v_+(1)\, v_-(2)$$

oder

$$\widetilde{\Psi}_r(1, 2) = v_-(1)\, v_+(2)\,.$$

Der Vergleich der beiden Fälle zeigt, daß durch die Messung am Teilchen 1 eine Art von indirekter, theorievermittelter Messung der Spinrichtung des Teilchens 2 möglich ist. Hier beginnt nun die Auswertung des EPR-Gedankenexperiments durch die Autoren: Da die beiden Teilchen soweit getrennt sind, daß sie nicht mehr miteinander wechselwirken können, kann die Messung an Teilchen 1 nicht den Zustand von Teilchen 2 verändern. Ergibt die Messung an 1 den Zustand $u_+(1)$, so weiß man, daß Teilchen 2 schon vor der Messung im Zustand $u_-(2)$ war. Andererseits hätte man sich auch für die Messung der y-Komponente des Spins von Teilchen 1 entschließen können. Damit hätte man dem Teilchen 2 die Zustände $v_+(2)$ oder $v_-(2)$ zuordnen müssen.

Die Auswahl der Zustandsfunktion von Teilchen 2 hängt von der Messung an Teilchen 1 ab, die aber den Zustand von 2 wegen der Trennung der Komponenten gar nicht beeinflussen kann. Es ist also möglich, dem gleichen Objekt, nämlich dem Teilchen 2, nach Ende der Wechselwirkung, zwei verschiedene Zustandsfunktionen zuzuordnen, die zudem noch Eigenvektoren zu nicht vertauschbaren Operatoren sind. Einstein, Podolsky und Rosen wollen mit diesen Überlegungen beweisen, daß die QM unvollständig ist, da diese nicht jedem

„Element der Realität" ein Gegenstück in der physikalischen Theorie zuordnet. Ausgehend von der Betrachtung von Eigenfunktionen nichtvertauschbarer Operatoren wird folgende Alternative behauptet: Entweder ist (1) die quantenmechanische Beschreibung der Realität durch die Wellenfunktion nicht vollständig, oder (2) die zu nichtvertauschbaren Operatoren gehörenden physikalischen Größen können nicht gleichzeitig Realität haben. A. Einstein hat diese beiden Möglichkeiten in einer späteren Schrift erläutert:

Zu (1), d.h. zu der Aussage, daß die QM unvollständig ist, da in ihr nicht jedes Element der Realität ein Gegenstück in der Theorie hat:

„Das (freie) Teilchen hat in Wirklichkeit einen bestimmten Ort und einen bestimmten Impuls, wenn auch nicht beide zugleich in demselben individuellen Falle durch Messung festgestellt werden können. Die ψ-Funktion gibt nach dieser Auffassung eine unvollständige Beschreibung eines realen Sachverhaltes."[9]

Zu (2), d.h. zu der Aussage, daß Eigenvektoren nichtvertauschbarer Operatoren nicht gleichzeitig ein Gegenstück in der Realität haben können:

„Das Teilchen hat in Wirklichkeit weder einen bestimmten Impuls noch einen bestimmten Ort; die Beschreibung durch die ψ-Funktion ist eine prinzipiell vollständige Beschreibung."[10] „Nach dieser Auffassung beschreiben zwei (nicht nur trivial) verschiedene ψ-Funktionen stets zwei verschiedene reale Situationen ... auch wenn sie bei Vornahme einer Messung zu übereinstimmenden Meßresultaten führen können. Die Übereinstimmung der Meßresultate wird dann zum Teil dem partiell unbekannten Einfluß der Meßanordnung zugeschrieben."[11]

Nun zeigt das EPR-Gedankenexperiment, daß dem Teilchen 2 gleichzeitig z.B. die Zustände u_+ (2) und v_+ (2) zugeordnet werden können, ohne in das System 2 physikalisch eingreifen zu müssen. Wenn man aber den Wert einer physikalischen Größe vorhersagen kann, ohne das System zu stören, dann gibt es nach Einstein ein Element der Realität, das der physikalischen Größe korrespondiert. Damit ist zwei Größen gleichzeitig Realität verliehen, denen nichtvertauschbare Operatoren zugeordnet sind, und die zweite Aussage der oben angegebenen Alternative widerlegt. Also muß die erste Behauptung wahr sein, die die Unvollständigkeit der QM feststellt. Damit ist gezeigt, daß die Wellenfunktion keine vollständige Beschreibung der Realität geben kann. Einstein, Podolsky und Rosen lassen die Frage offen, ob eine vollständige Beschreibung existiert, sie glauben jedoch, daß sie möglich ist[12].

Die Auswertung des EPR-Gedankenexperimentes im Hinblick auf die Unvollständigkeit der QM wurde hier nur kurz skizziert, da das Hauptgewicht der

---

9   Einstein (1948), S. 320.
10   Einstein (1948), S. 320.
11   Einstein (1948), S. 321.
12   Einstein / Podolsky / Rosen (1935), S. 780.

Untersuchung auf der Bedeutung der RT für die Diskussionen um das EPR-Paradox liegen soll. Für eine kritische Untersuchung und Bewertung der Argumente Einsteins und seiner Auffassungen von Vollständigkeit und Realität muß daher auf vorliegende Literatur verwiesen werden, etwa auf die ausführlichen Darstellungen von M. Jammer[13] und C. A. Hooker[14]. Die RT wird für das EPR-Argument vor allem dann relevant, wenn man den Einfluß untersucht, den die Messung am Teilchen 1 auf die Zustandsbeschreibung des Teilchens 2 ausübt. Ist dieser Einfluß z.B. ein Signal im Sinne der RT und mit welcher Geschwindigkeit breitet er sich aus? Der Zusammenhang mit der RT wird in folgenden, noch zu diskutierenden, Arbeiten deutlicher, in denen das EPR-Gedankenexperiment in einer anderen Weise ausgewertet wird. Für Einstein können getrennte Systeme nicht mehr wechselwirken. Die Möglichkeit, daß die Messung am Teilchen 1 den Realzustand von Teilchen 2 gleichsam „telepathisch" verändert, ist für Einstein „ganz inacceptabel"[15]. Obwohl die Systeme formal durch die Wellenfunktion gekoppelt sind, wird von Einstein inhaltlich die Selbständigkeit der Systeme vorausgesetzt.

Eine frühe Reaktion auf das EPR-Gedankenexperiment und die von den Autoren daraus gezogenen Konsequenzen kam von Niels Bohr[16]. Bohr bestreitet die Behauptung, daß zwei Größen gleichzeitig Realität zugeordnet werden kann, wenn sie nichtvertauschbaren Operatoren zugeordnet sind. Dennoch ist nach Bohr die Beschreibung der QM nicht unvollständig, da nicht willkürlich auf weitere Informationen verzichtet wird, sondern eine weitergehende Kenntnis im Prinzip ausgeschlossen ist. Niels Bohr geht dabei nicht so sehr auf den mathematischen Teil des EPR-Argumentes ein, sondern greift Einsteins Kriterium an, das festlegt, ob einer Zustandsfunktion ein Element der Realität zugeordnet werden kann. Seine Kritik geht von einer erkenntnistheoretischen Position aus, die sich von der Einsteins unterscheidet. Nach dieser erkenntnistheoretischen Auffassung muß eine eindeutige Beschreibung von Quantenphänomenen grundsätzlich die Angabe über die verwendete Meßapparatur einschließen[17], da Objekt und Beobachtungsapparat ein unteilbares Ganzes bilden. Vor diesem erkenntnistheoretischen Hintergrund läßt sich das EPR-Argument nicht mehr in der ursprünglichen Fassung durchführen. Insofern kann man Bohrs Entgegnung als erfolgreich ansehen.

Die Gedanken Bohrs können im Rahmen dieser Arbeit nicht ausführlich gewürdigt werden. Die Interpretation seiner nicht immer klaren Formulierungen hat eine umfangreiche Diskussion ausgelöst, auf die hier verwiesen werden

---

13   Jammer (1974), Kap. 6.
14   Hooker (1972).
15   Vgl. Einstein (1970), S. 80 f.
16   Bohr (1935).
17   Vgl. d'Espagnat (1971 b), S. 64 f.

muß[18]. Es soll nur noch ein Aspekt weiterverfolgt werden, der für unsere Fragestellung, d.h. im Hinblick auf die RT, wichtig ist. Ein zentraler Kritikpunkt an der Position von Bohr ist der Vorwurf, daß dadurch Fragen abgeschnitten werden, die durchaus sinnvoll erscheinen. Hierzu gehören z.B. die Fragen, wie weit der Einfluß des Meßgerätes am Teilchen 1 reicht, und ob dadurch auch der Zustand von Teilchen 2 verändert wird. Mit welcher Geschwindigkeit könnte letzteres geschehen? Clifford A. Hooker formuliert diese Schwierigkeiten so[19]: Bohr betont, daß die unkontrollierbaren quantenhaften Wechselwirkungen zwischen atomarem System und Meßgerät die physikalische Grundlage dafür sind, daß die Beschreibungsmöglichkeiten der QM gegenüber der klassischen Mechanik eingeschränkt sind. Andererseits scheint Bohr zuzugestehen, daß im EPR-Fall keine mechanische Verbindung zwischen diesen beiden Systemen vorhanden ist[20]. So bleibt offen, wie die Messung am System 1 den Zustand von System 2 (oder die Kombination von Zustand 2 und Meßgerät 2) beeinflussen kann. Damit kommt ein kritischer Punkt im EPR-Argument zum Vorschein, der unabhängig von der Auseinandersetzung um die Vollständigkeit ist. In der EPR-Situation zeigt die QM einen nichtlokalen Charakter. Dies erklärt auch, warum das EPR-Paradoxon noch immer im Zentrum grundlagentheoretischer Auseinandersetzungen steht.

Auch Erwin Schrödinger nahm sehr schnell zu der Arbeit von Einstein, Podolsky und Rosen Stellung[21]. Anders als Bohr legt Schrödinger viel Wert auf die formale Seite des Problems, während die erkenntnistheoretischen EPR-Argumente in den Hintergrund treten. Anders als Bohr bietet Schrödinger keine Lösung an, er spricht vielmehr zum erstenmal von einem Paradoxon. Eine besondere Schwierigkeit liegt für ihn darin, daß man nach der Wechselwirkung den getrennten Systemen nicht einzeln eine Wellenfunktion zuordnen kann. Das ist nur im Falle einer Wellenfunktion in Produktform möglich, etwa bei $\Psi_r(1, 2) = u_+(1)\,u_-(2)$.

---

[18]   Vgl. Hooker (1972), Part II. Zur Auseinandersetzung zwischen Bohr und Einstein vgl. auch Kap. IV,3 der vorliegenden Arbeit. Es ist vielleicht einer Nebenbemerkung wert, daß 1970 in einer physikalischen Fachzeitschrift Bohrs Antwort methodologisch korrekt kritisiert wurde (Ballentine (1970), S. 364): „Bohr's reply to EPR is really a criticism of their definitions of completeness and physical reality, but it is of a rather imprecise character. A satisfactory pursuit of this line of attack should first admit the validity of the EPR theorem with their definitions. Second it should propose alternative definitions with arguments in favor of the superiority of the new definitions. Finally it should show that the vector provides a complete description of physical reality in terms of the new definitions. Bohr has done none of these."

[19]   Hooker (1972), S. 194-195.

[20]   Im Anfang diskutiert Hooker (in Hooker (1972), S. 222 f.) die konkreten Systeme, die Bohr im Auge hatte. Bei diesen besteht eine physikalische Verbindung über die Meßgeräte, mit denen an den beiden Systemen Messungen durchgeführt werden. Es ist jedoch nicht zu sehen, daß diese Verbindung in allen Fällen, also auch bei Spin- und Polarisationsmessungen, vorhanden sein muß.

[21]   Schrödinger (1935).

Im EPR-Gedankenexperiment liegt aber eine Wellenfunktion folgender Art vor:

$$\Psi\,(1,\,2) = (1/\sqrt{2})\,[u_+\,(1)\,u_-\,(2) - u_-\,(1)\,u_+\,(2)]\,.$$

Schrödinger spricht von einer Verschränkung der Systeme (entanglement). Zur Auflösung dieser Verschränkung muß man sich weitere Informationen durch ein Experiment verschaffen. Nach dem Experiment kann man dem Teilchen, an dem gemessen wurde, wieder eine Wellenfunktion zuordnen. Aber auch die Wellenfunktion des anderen Teilchens steht dann fest, was zu Problemen führt: „It is rather discomforting that the theory should allow a system to be steered or piloted into one or the other type of state at the experimenter's mercy in spite of his having no access to it."[22] Dabei denkt Schrödinger aber nicht an eine reale Wechselwirkung, durch die die Messung an Teilchen 1 das zweite Teilchen beeinflussen könnte (deshalb wird auch nicht auf mögliche Probleme mit einer sich aus der SR ergebenden oberen Grenze von Signalgeschwindigkeiten hingewiesen). Die Sprechweise Schrödingers zeigt eine empiristisch-operationalistische Beeinflussung. Nach der Messung ist man gezwungen (forced), auch dem Teilchen 2 eine Wellenfunktion zuzuordnen (to assign). Die Frage, was diesem Vorgang in der Natur entspricht, wird jedoch nicht gestellt. Andererseits gibt es auch Formulierungen, die eher eine realistische Einstellung nahelegen[23]. Wie in den erkenntnistheoretischen Fragen nimmt Schrödinger auch in der Auswertung des EPR-Arguments eine Stellung zwischen Einstein und Bohr ein, wobei er weder Einsteins Behauptung der Unvollständigkeit der QM noch Bohrs Lösungsvorschlag akzeptiert. Durch die Hervorhebung der Verschränkung der Systeme betont Schrödinger die Schwierigkeit der QM, die Wellenfunktionen von gekoppelten Systemen zu bestimmen. Diese Schwierigkeit wird uns im folgenden noch beschäftigen.

Fast gleichzeitig mit Schrödinger und unabhängig von ihm schrieb Wendell Hinkle Furry eine Arbeit zum EPR-Paradoxon, wobei er einen ähnlichen Formalismus wie Schrödinger benutzt, aber zu einer ganz anderen Interpretation kommt[24]. Furry kommt zu dem Schluß, daß die Annahme, zwei getrennte Systeme hätten in jedem Fall voneinander unabhängige „reale Eigenschaften", in Widerspruch zur QM steht. Das Problem, wodurch denn die Eigenschaften der beiden Systeme voneinander abhängen (obwohl zwischen den beiden Systemen keine physikalischen Wirkungen mehr ausgetauscht werden können), wird unter Berufung auf Bohr durch den Hinweis umgangen, daß die Beziehung zwischen Meßgerät und beobachtetem System, zwischen Subjekt und Objekt in der QM eben komplizierter als in klassischen Theorien sei[25].

---

[22] Schrödinger (1935), S. 556.

[23] Vgl. z.B. „So the experimenter, even with this indirect method, which avoids touching the system itself, controls its future state in very much the same way as is well known in the case of a direct measurement." (Schrödinger (1936), S. 446).

[24] Furry (1936 a), vgl. auch Furry (1936 b).

[25] Furry (1936 a), S. 399.

Für unsere Untersuchung ist jedoch weniger das Ergebnis von Furry als vielmehr sein Gedankengang interessant. Einsteins Forderung, daß die beiden Systeme nach der Wechselwirkung voneinander unabhängige reale Eigenschaften haben sollten, wird in einer bestimmten Weise in den Formalismus übersetzt. Den so entstehenden mathematischen Ansatz nennt Furry „Annahme und Methode A" und stellt ihn der üblichen QM, der „Methode B" gegenüber.

Annahme und Methode A (oft als „Furry-Hypothese" bezeichnet):

Während der Wechselwirkung geht jedes Teilsystem in einen bestimmten Zustand über, der jedoch nicht bekannt ist. Für unser Beispiel umgeschrieben, bedeutet dies die Annahme eines Gemisches, d.h. mit der Wahrscheinlichkeit $w_1 = 1/2$ liegt $u_+(1)\,u_-(2)$ vor und mit der Wahrscheinlichkeit $w_2 = 1/2$ liegt $u_-(1)\,u_+(2)$ vor.

Methode B:

Die Methode B hält sich an das übliche Verfahren der QM, insbesondere wird das Gesamtsystem nicht durch ein Gemisch, sondern durch folgende Wellenfunktion beschrieben

$$\Psi(1,2) = (1/\sqrt{2})\,[u_+(1)\,u_-(2) - u_-(1)\,u_+(2)]\,.$$

Die Methode A unterscheidet sich dadurch von der üblichen Methode der QM, daß schon vor der Messung eine Produktfunktion vorliegt und jedes Teilsystem einen wohldefinierten, wenn auch nicht bekannten Zustand besitzt. Innerhalb der Methode B kann den Teilsystemen einzeln dagegen kein Zustandsvektor zugeordnet werden.

Für viele Messungen ergeben die Methoden A und B das gleiche Ergebnis. Als Beispiel soll die Messung einer beliebigen Größe in System I betrachtet werden, die etwa durch den Operator O mit den Eigenwertgleichungen $Ow_+ = o_1 w_+$ und $Ow_- = o_2 w_-$ beschrieben wird. Sowohl Methode A als auch Methode B ergeben für die Wahrscheinlichkeit m, bei Messung von O in System I den Wert o_2 zu erhalten

$$m = (1/2) < u_+(1), w_-(1) > + (1/2) < u_-(1), w_-(1) > \,.$$

D.h. durch solche Messungen kann das Gemisch A nicht von der Superposition B unterschieden werden.

Die Vorhersage der Annahme A und die Methoden der üblichen QM stimmen aber nicht überein, wenn nach der Wahrscheinlichkeit $\tilde{w}$ gefragt wird, nach einer Messung von $w_-(1)$ am Teilsystem I den Wert o_1 (und damit $w_+(2)$ am Teilsystem II vorzufinden). Um diese Abweichung im Wert von $\tilde{w}$ zu berechnen, soll von der Formel $P(B\,|\,A) = P(B \cap A)/P(A)$ für bedingte

Wahrscheinlichkeiten ausgegangen werden[26]. Für $P(A)$, d.h. für die Wahrscheinlichkeit, an I den Zustand $w_-(1)$ als Meßergebnis zu erhalten, wird

$$m = (1/2) \left\{ < u_+(1), w_-(1) > + < u_-(1), w_-(1) > \right\}$$

eingesetzt.

Die Berechnung von $\widetilde{w}$ nach Annahme A:

Die Wahrscheinlichkeit, die Kombination $w_-(1)$ und $w_+(2)$ zu messen, errechnet sich aus dem Produkt der Wahrscheinlichkeiten, an I den Zustand $w_-(1)$ und an II den Zustand $w_+(2)$ zu messen.

$$\widetilde{w}_A = (1/m) \left\{ (1/2) | < w_-(1), u_+(1) > |^2 | < w_+(2), u_-(2) > |^2 + \right.$$

$$\left. + (1/2) | < w_-(1), u_-(1) > |^2 | < w_+(2), u_+(2) > |^2 \right\}.$$

Die Berechnung von $\widetilde{w}$ nach Methode B:

Hierzu schreibt man $\Psi(1,2)$ so um, daß im Teilsystem I $w_+(1)$ und $w_-(1)$ anstelle von $u_+(1)$ und $u_-(1)$ als Basisvektoren benutzt werden.

$$\Psi(1,2) = (1/\sqrt{2}) \, w_+(1) \, [< w_+(1), u_+(1) > u_-(2) - < w_+(1), u_-(1) > u_+(2)]$$

$$+ (1/\sqrt{2}) \, w_-(1) \, [< w_-(1), u_+(1) > u_-(2) - < w_-(1), u_-(1) > u_+(2)].$$

Wenn an I der Zustand $w_-(1)$ gemessen wird, liegt nach den üblichen Regeln der QM an II der Zustand

$$(1/\sqrt{2}) \, [< w_-(1), u_+(1) > u_-(2) - < w_-(1), u_-(1) > u_+(2)] \quad \text{vor.}$$

Durch die Bildung des inneren Produkts mit $w_+(2)$ erhält man damit die Wahrscheinlichkeit, in II den Zustand $w_+(2)$ zu messen. Für $\widetilde{w}$ erhält man so

$$\widetilde{w}_B = (1/m) \left\{ | (1/\sqrt{2}) < w_-(1), u_+(1) > < w_+(2), u_-(2) > - \right.$$

$$\left. - (1/\sqrt{2}) < w_-(1), u_-(1) > < w_+(2), u_+(2) > |^2 \right\}.$$

$\widetilde{w}_A$ und $\widetilde{w}_B$ unterscheiden sich also durch Interferenzterme, so daß Annahme A und Methode B zu verschiedenen Aussagen über die Korrelation der Meßwerte in den beiden Teilsystemen kommen.

---

[26]   Furrys Ableitung wird dabei vereinfacht.

Furry konstruiert das EPR-Argument nicht in einer von Einstein, Podolsky und Rosen beabsichtigten Weise. Deutlich wird dabei jedoch — und das ist für das folgende bedeutsam —, daß ein Gemisch von Produktfunktionen (in dem jedem Teilsystem eine Wellenfunktion zugeordnet werden kann) und der übliche Ansatz der QM (nach dem den Teilsystemen nicht in gleicher Weise eine Wellenfunktion entspricht) bei Messungen, die die Korrelation der beiden Systeme betreffen, zu verschiedenen Ergebnissen führen. Dieser Unterschied sollte später auch experimentell zugänglich werden.

Zu den bisher besprochenen Arbeiten, die alle kurz nach der Veröffentlichung von Einstein, Podolsky und Rosen erschienen sind, soll nun noch der Hinweis auf eine wichtige Grundlage des EPR-Gedankenexperiments hinzukommen. Es handelt sich dabei um die mathematische Behandlung zusammengesetzter Systeme, die Johann v. Neumann in seinem Buch „Mathematische Grundlagen der Quantenmechanik" schon 1932 vorgelegt hat. Einstein und seine Mitarbeiter nehmen darauf nicht Bezug, aber schon bei Schrödinger und Furry wird v. Neumann zitiert. Johann v. Neumann untersucht die mathematische Beschreibung zusammengesetzter Systeme im Zusammenhang mit dem Meßprozeß. Dementsprechend wendet v. Neumann seine Ergebnisse nicht auf eine dem EPR-Experiment vergleichbare Situation an, sondern auf den Zusammenhang von Meßobjekt und Meßinstrument. Da bei Johann v. Neumanns Überlegungen deutlich wird, daß die quantenmechanische Behandlung zusammengesetzter Systeme neue mathematische Hilfsmittel und neue Referenzhypothesen erfordert, sollen einige seiner Ergebnisse hier kurz referiert werden[27]. Den Einzelsystemen I und II sollen die Hilberträume H^I und H^{II} entsprechen, dem Gesamtsystem ist der Hilbertraum H^{I+II} zugeordnet. a_k (1) sei ein vollständiges Orthonormalsystem in H^I, b_l (2) sei ein vollständiges Orthonormalsystem in H^{II}.

Dann bilden auch die Produktfunktionen

$$\Psi_{kl}(1, 2) = a_k(1)\, b_l(2)$$

ein vollständiges Orthonormalsystem in H^{I+II}.

Analog dem Skalarprodukt in H^I

$$\int \varphi(1)\, \psi^*(1)\, d\vec{r}_1$$

wird das Skalarprodukt in H^{I+II} definiert durch

$$\int \Phi(1, 2)\, \Psi^*(1, 2)\, d\vec{r}_1 d\vec{r}_2 \, .$$

Zur Zustandsbeschreibung verwendet v. Neumann den statistischen Operator (die Dichtematrix)

$$\rho_{kl,\, k'l'}^{I+II} \, .$$

----

[27]　Vgl. v. Neumann (1968), S. 225-232.

Dem Zustand Ψ_{kl} (1, 2) $= a_k$ (1) b_l (2) wird der Projektionsoperator $|\Psi_{kl}(1, 2) > < \Psi_{kl}(1, 2)|$ als statistischer Operator zugeordnet. Eine Gesamtheit, in der z.B. mit der Wahrscheinlichkeit w_2 der Zustand $|\Psi_{kl}(1, 2)>$ und mit der Wahrscheinlichkeit w_2 der Zustand $|\Phi_{k'l'}(1, 2)>$ vorliegt, wird durch den statistischen Operator eines Gemisches

$$|\Psi_{kl}(1, 2) > w_1 < \Psi_{kl}(1, 2)| + |\Phi_{k'l'}(1, 2) > w_2 < \Phi_{k'l'}(1, 2)|$$

gekennzeichnet (vgl. Anhang F).

Durch den statistischen Operator des Gesamtsystems werden auch die statistischen Eigenschaften der Größen in den Einzelsystemen bestimmt. Bei gegebenem $\rho^{I+II}_{kl,\,k'l}$ erhält man die Matrizen der statistischen Operatoren der Einzelsysteme wie folgt:

$$\text{Für das System I} \qquad \rho^{I}_{k,\,k'} = \sum_{l} \rho^{I+II}_{kl,\,k'l}$$

(1)

$$\text{Für das System II} \qquad \rho^{II}_{l,\,l'} = \sum_{k} \rho^{I+II}_{kl,\,kl'}.$$

Johann v. Neumann diskutiert ausführlich das Umkehrproblem. Zu $\rho^{I}_{k,\,k'}$ und $\rho^{II}_{l,\,l'}$ kann man immer eine Matrix $\rho^{I+II}_{kl,\,k'l'}$ finden, so daß die Gleichungen (1) gelten. Die Matrix des Gesamtsystems ist aber nur dann eindeutig bestimmt, wenn mindestens eines der Teilsysteme in einem reinen Zustand ist, also nicht ein Gemisch ist.

Eine Zustandsfunktion Φ (1, 2) im Gesamtsystem mit der Entwicklung Φ (1, 2) $= \sum f_{kl} a_k$ (1) b_l (2) stiftet zwischen den möglichen Werten in I und II einen eindeutigen Zusammenhang: wenn in I a_k (1) vorliegt, dann auch b_l (2) in II und diese Kombination hat die Wahrscheinlichkeit $|f_{kl}|^2$. Die verschiedenen Matrizen, die bei gleichen ρ^I und ρ^{II} dem Gesamtsystem zugeordnet werden können, führen zu verschiedenen Korrelationen zwischen den Messungen in I und II. Ein weiteres bemerkenswertes Ergebnis ist, daß dann, wenn das Gesamtsystem durch einen reinen Zustand beschrieben wird, der sich nicht als Produkt a (1) $\cdot b$ (2) darstellen läßt, die Teilsysteme I und II i.a. nicht als reine Zustände vorliegen, d.h. Gemische sind. Die Zustandsfunktion des Gesamtsystems stiftet dann einen eindeutigen Zusammenhang zwischen den möglichen Meßwerten in I und II (für eine ausführlichere Darstellung vgl. Anhang F).

Innerhalb dieser formalen Hilfsmittel läßt sich nun das EPR-Paradoxon kurz so formulieren[28]:

28　Vgl. Schrödinger (1936).

Die Einzelsysteme sind Gemische von der Form

$$|u_+(1)> \frac{1}{2} <u_+(1)| + |u_-(1)> \frac{1}{2} <u_-(1)|\,.$$

Diese Gemische können nun in verschiedener Weise in ihre Bestandteile zerlegt werden, etwa auch in der Form

$$|v_+(1)> \frac{1}{2} <v_+(1)| + |v_-(1)> \frac{1}{2} <v_-(1)|\,.$$

Die Art der Zerlegung hängt nun aber von der Art des Meßprogramms für das 2. (getrennte!) System ab.

Diese formalen Hilfsmittel, die Johann v. Neumann schon vor der Formulierung des EPR-Paradoxons bereitstellte, sind heute die wichtigste technische Grundlage bei der Auseinandersetzung um das EPR-Problem. Überhaupt ist bemerkenswert, wie viele Aspekte der gegenwärtigen Diskussion schon in den referierten Aufsätzen angelegt sind, die innerhalb kurzer Zeit nach der Arbeit von Einstein, Podolsky und Rosen entstanden sind. Deshalb wurden sie auch hier zur Exposition des Problems herangezogen. Im folgenden soll nun weniger historisch als vielmehr systematisch untersucht werden, welche Rolle die SR in der Diskussion um das EPR-Gedankenexperiment spielt.

2. Der Bellsche Beweis, Lokalität und Relativität

> *Bell's theorem is the most profound discovery of science.*
>
> *H. P. Stapp*[29]

a) Der Bellsche Beweis

Wir werden die Frage, ob die quantenmechanische Behandlung gekoppelter Systeme, auf die das EPR-Argument Bezug nimmt, mit der speziellen RT vereinbar ist, zunächst nur indirekt angehen. Ausgangspunkt ist eine Arbeit von John Stewart Bell[30], die mittlerweile fast schon so berühmt ist wie der Aufsatz von Einstein, Podolsky und Rosen. Im Mittelpunkt von Bells Aufsatz und der Diskussion, die sich daran angeschlossen hat, steht die Frage, ob die QM durch die Einführung verborgener Parameter wieder zu einer deterministischen Theorie gemacht werden kann. Bell kommt dabei zu dem überraschenden Ergebnis, daß *keine* Theorie mit verborgenen Parametern, wenn sie die Vorhersagen der QM wiedergibt, *lokal* in dem Sinne sein kann, daß die Messung an

---

29   Stapp (1975), S. 270.
30   Bell (1964).

einem System nicht beeinflußt wird vom Meßverfahren an einem anderen getrennten System. Da zumindest auf den ersten Blick nichtlokale Theorien zum Konflikt mit der SR führen, könnten die verborgenen Parameter danach nicht auf den relativistischen Bereich erweitert werden. Im folgenden wird sich noch dazu zeigen, daß der nichtlokale Charakter nicht auf Theorien mit verborgenen Parametern eingeschränkt werden kann, sondern ein charakteristischer Zug der QM ist. Hiermit wäre ein Konflikt zwischen QM und SR angelegt. Zunächst soll jedoch der Bellsche Beweis etwas ausführlicher untersucht werden. Dem Bellschen Beweis liegt ein Modell zugrunde, das von der Situation des EPR-Gedankenexperiments ausgeht. Am System I und am System II können Messungen durchgeführt werden, die jeweils nur zwei mögliche Ausgänge haben. Ein Beispiel wäre die Messung der x-Komponente des Spins, die als Ergebnis zu den Zuständen u_+ (1) oder u_- (1) führt. Ganz allgemein ordnet Bell den beiden jeweils möglichen Ausgängen die Ergebnisse $+1$ und -1 zu. Eine Messung der Spinkomponente entlang einer beliebigen Richtung $\vec{a}$ am System I hat als mögliche Ergebnisse

$$(2) \qquad\qquad A(\vec{a}) = \pm 1 \ .$$

Eine Messung entlang $\vec{b}$ am System II ergibt

$$(3) \qquad\qquad B(\vec{b}) = \pm 1 \ .$$

Es soll nun ein verborgener Parameter λ existieren, der den Ausgang der Messung determiniert. Der Erwartungswert der Meßgröße $A(\vec{a}, \lambda)$ werde mit $P(\vec{a})$ bezeichnet. Er ergibt sich mit Hilfe der Verteilungsfunktion

$$\rho(\lambda) \ [\text{mit } \textstyle\int d\lambda\, \rho(\lambda) = 1] \text{ als}$$

$$P(a) = \int d\lambda\, \rho(\lambda)\, A(\vec{a}, \lambda) \ .$$

Als Erwartungswert $P(\vec{a}, \vec{b})$ für das Produkt $A(\vec{a}, \lambda) \cdot B(\vec{b}, \lambda)$ setzt man

$$(4) \qquad\qquad P(\vec{a}, \vec{b}) = \int d\lambda\, \rho(\lambda)\, A(\vec{a}, \lambda)\, B(\vec{b}, \lambda) \ .$$

Dadurch wird ausgedrückt, daß die Messung am System I nicht von der Meßvorrichtung (etwa der Wahl der Achse $\vec{b}$) in System II abhängt, d.h. A ist bei einem gegebenen Zustand nur eine Funktion von $\vec{a}$ und λ. Ebenso hängt B nicht von $\vec{a}$ ab. Dadurch ist die Bedingung der Lokalität ausgedrückt.

Die Funktion $P(\vec{a}, \vec{b})$ macht gleichzeitig eine Aussage über die Korrelation der Meßergebnisse in den beiden Systemen. Wenn an beiden Systemen die gleiche Messung durchgeführt wird ($\vec{b} = \vec{a}$), ergibt sich z.B. für den im EPR-Argument angenommenen Fall der strengen Korrelation (aus $A(\vec{a}) = 1$

folgt $B(\vec{a}) = -1)$ $P(\vec{a}, \vec{a}) = -1$. Mit elementaren Überlegungen läßt sich aus (2) bis (4) folgende Ungleichung ableiten[31] („Bellsche Ungleichung")

$$(5) \qquad |P(\vec{a}, \vec{b}) - P(\vec{a}, \vec{c})| \leq 1 + P(\vec{b}, \vec{c})$$

(dabei ist $\vec{c}$ ein weiterer Einheitsvektor beliebiger Richtung).

Mit Hilfe dieser Ungleichung kann Bell zeigen, daß Theorien mit lokalen verborgenen Parametern nicht alle statistischen Vorhersagen der QM reproduzieren können. In etwas vereinfachter Form lautet die Argumentation wie folgt[32]: Die QM ergibt mit der üblichen Spinfunktion $\Psi(1, 2)$ für den Erwartungswert $P(\vec{a}, \vec{b})$

$$(6) \qquad P_{qm}(\vec{a}, \vec{b}) = -\vec{a} \cdot \vec{b}.$$

Die Annahme, daß die verborgenen Parameter in allen Fällen zu den gleichen Erwartungswerten wie die QM führen, d.h. daß

$$P(\vec{a}, \vec{b}) = P_{qm}(\vec{a}, \vec{b}) = -\vec{a} \cdot \vec{b}$$

ergibt für den Sonderfall $\vec{a} = \dfrac{\vec{b} - \vec{c}}{|\vec{b} - \vec{c}|}$ in (5) eingesetzt

$$|-\vec{a}\,\vec{b} + \vec{a}\,\vec{c}| = |\vec{b} - \vec{c}| \leq 1 - \vec{b}\,\vec{c}.$$

Für die weitere Spezialisierung $\vec{b} \cdot \vec{c} = 0$ erhält man daraus einen Widerspruch

$$\sqrt{2} \leq 1.$$

Daraus folgt, daß $P(\vec{a}, \vec{b})$ nicht immer mit $P_{qm}(\vec{a}, \vec{b})$ identisch sein kann und daß deswegen eine Theorie mit lokalen verborgenen Parametern zu anderen Vorhersagen als die QM kommt.

Der Beweis von Bell läßt weitere Verallgemeinerungen zu, so daß sich z.B. die Einschränkung auf binäre Meßausgänge nicht als wesentlich erweist[33]. Ohne auf die nähere Gestaltung von Theorien mit verborgenen Parametern eingehen zu müssen, hat Bell gezeigt, daß keine Theorie, in der die Korrelationsfunktion, d.h. der Erwartungswert $P(\vec{a}, \vec{b})$, die Form

$$(4) \qquad P(\vec{a}, \vec{b}) = \int \rho(\lambda) A(\vec{a}, \lambda) B(\vec{b}, \lambda)\, d\lambda$$

---

[31]   Vgl. Anhang G.

[32]   Jammer (1974), S. 306 f. Eine anschauliche Herleitung für $P_{qm}(a, b)$ gibt Harrison (1982), S. 812.

[33]   Bell (1964), S. 199.

hat, die Erwartungswerte der QM wiedergeben kann, ganz gleich wie die Funktionen $A(\vec{a}, \lambda)$, $B(\vec{b}, \lambda)$ und $\rho(\lambda)$ gewählt werden. Damit als gleichbedeutend gemeint ist die Aussage, daß jede Theorie, die auf deterministischer Ebene die Aussagen der QM reproduziert, eine nichtlokale Struktur haben muß.

„In a theory in which parameters are added to quantum mechanics to determine the results of individual measurements, without changing the statistical predictions, there must be a mechanism whereby the setting of one measuring device can influence the reading of another instrument, however remote. Moreover, the signal involved must propagate instantaneously, so that such a theory could not be Lorentz invariant."[34]

Um die Beziehung des Bellschen Beweises zur SR zu untersuchen, soll nun zunächst der Frage nachgegangen werden, ob in der Ableitung des Bellschen Beweises Einschränkungen auf den nichtrelativistischen Bereich gemacht werden, so daß der Beweis u.U. in einer RQM keine Gültigkeit mehr hätte. Bell selbst hält eine solche Einschränkung für nicht gegeben[35]. In der Tat ändert z.B. der Übergang von der Schrödinger-Gleichung zur Dirac-Gleichung nichts an Bells Argumentation, die ja überhaupt nicht auf die dynamische Entwicklung der Systeme eingeht. Eine Formel zur Berechnung von Erwartungswerten wird auch in einer RQM die gleiche Form wie (4) haben. Darüber hinaus gibt es keinen Hinweis darauf, daß der quantenmechanische Ausdruck für den Erwartungswert $P(\vec{a}, \vec{b})$

$$(6) \qquad\qquad P_{qm}(\vec{a}, \vec{b}) = -\vec{a} \cdot \vec{b}$$

nicht auch in der RQM gültig wäre. Der Formalismus zur Behandlung des Spins ergibt sich ja gerade aus der RQM. Außerdem gilt (6) z.B. auch für die Absorption polarisierter Wellen (ein Effekt, der nicht mehr in der nichtrelativistischen QM beschrieben werden kann). Von diesen Einzelbeispielen abgesehen, geht in (6) nur ein, daß die Koeffizienten $< a_i \mid \Psi >$ der Entwicklung einer Zustandsfunktion $\mid \Psi >$ nach einem vollständigen normierten Orthogonalsystem $\mid a_i >$ direkt mit den Übergangswahrscheinlichkeiten $p_i = \mid < a_i \mid \Psi > \mid^2$ zusammenhängen. Diese semantische Annahme gilt aber auch für die RQM. Außerdem stimmt (6) mit den meisten Experimenten überein. Insgesamt ist also Bells Auffassung zuzustimmen, daß seine Ableitungen nicht auf den nichtrelativistischen Bereich beschränkt sind.

Das Bellsche Theorem wird oft als Beweis gegen die Existenz verborgener Parameter angesehen: Lokale verborgene Parameter können die Vorhersagen der QM nicht reproduzieren, nichtlokale verborgene Parameter führen zumindest prima facie zu Schwierigkeiten mit der SR. Offenbar sind es insbesondere

---

[34]   Bell (1964), S. 199.

[35]   „The demonstration moreover is in no way restricted to the context of nonrelativistic wave mechanics, but depends only on the existence of separated systems highly correlated with respect to quantities such as spin." (Bell (1971), S. 178).

die Korrelationen zwischen den Meßergebnissen in voneinander getrennten Systemen, die den nichtlokalen Charakter der Theorien mit verborgenen Parametern erzwingen. Aber diese Korrelationen werden schon von der QM beschrieben, so daß man eigentlich schon der QM einen nichtlokalen Charakter attestieren müßte. U.U. wäre man dann zu dem Schluß gezwungen, daß keine relativistische (und damit lokale) Theorie die Vorhersagen der QM wiedergeben kann. Innerhalb der QM ist es aber schwierig auszudrücken, daß die Art der Messung in einem System das Meßergebnis des anderen beeinflußt, da hier den einzelnen Systemen nicht eindeutig ein Zustand zugeordnet und das Meßinstrument nicht in die Betrachtung einbezogen wird. Innerhalb eines Ansatzes für verborgene Parameter wie etwa (4) läßt sich die Lokalitätsbedingung viel besser präzisieren. Dennoch ist die Frage sinnvoll, ob nicht schon in der üblichen QM ein nichtlokaler Zug deutlich wird. Möglicherweise ist dieser nichtlokale Zug auch auf gekoppelte Systeme beschränkt und tritt bei *einem* Teilchen nicht auf. Außerdem ist zu klären, ob die Nichtlokalität zu einem Widerspruch mit der SR führen muß.

b) Verallgemeinerung des Bellschen Beweises

Im Anschluß an Bell hat sich Ingemar Nordin der Frage nach der Vereinbarkeit von QM und SR zugewandt[36]. Er kommt dabei zu folgenden Thesen: Die wichtigste Konsequenz des Bellschen Beweises sei der nichtlokale Charakter der QM; dies führe zu einem Widerspruch mit der SR; die Unmöglichkeit von Theorien mit verborgenen Parametern komme daher, daß keine Interpretation der QM, die zu empirisch bestätigten Vorhersagen führt, sowohl mit der QM als auch mit der SR vereinbar sei.

Nordins Strategie ist es, das Lokalitätsproblem von der Frage nach dem Determinismus zu trennen. Vielleicht sollten an dieser Stelle Nordins Definitionen aufgeführt werden[37]:

Lokalitätsprinzip: S_I und S_{II} seien zwei Mikrosysteme. Das Ergebnis einer Messung an S_I ist unabhängig von der Art der Messung, die an S_{II} durchgeführt wird, und umgekehrt (vorausgesetzt, die Systeme S_I und S_{II} sind weit genug (z.B. raumartig) voneinander getrennt).

Determinismus: Das Verhalten eines Systems ist genau dann deterministisch, wenn 1. jede Zustandsänderung durch eine vorhergehende Zustandsänderung des Systems oder seiner Umgebung verursacht wird und 2. das Eintreten der gleichen Zustandsänderung jeweils das gleiche Systemverhalten verursacht.

---

[36] Nordin (1979).
[37] Vgl. Nordin (1979), S. 72.

Zum Beweis seiner These lehnt sich Nordin an eine Variante des Bellschen Beweises an, die auf Henry Pierce Stapp[38] zurückgeht. Nordin wählt die Formulierung des Beweises so, daß dieser von einer Reihe von unterschiedlichen Interpretationen der QM akzeptiert werden kann.

Die Gleichung (4) des Bellschen Beweises wird ersetzt durch das sogenannte Korrelationspostulat[39]

$$(7) \qquad P(\vec{a}, \vec{b}) = \; < \sigma_I \vec{a}, \; \sigma_{II} \vec{b} > \; = \frac{1}{N} \sum_j n_{1j}(\vec{a}, \vec{b}) \, n_{2j}(\vec{a}, \vec{b}) \, .$$

Dabei sind $\vec{a}$ und $\vec{b}$ wie bei Bell Richtungen, an denen entlang der Spin von Teilchen I und der Spin von Teilchen II gemessen werden können (man denke etwa an ein Stern-Gerlach-Experiment).
N ist eine (große) Zahl von Versuchen.
$n_{1j}(\vec{a}, \vec{b})$ ist das Ergebnis der Messung am System I, das im j-ten Versuch gefunden wurde, wobei in System I die Meßapparatur auf eine Messung in $\vec{a}$-Richtung und im System II auf eine Messung in $\vec{b}$-Richtung eingerichtet war. Aus Einfachheitsgründen soll $n_{1j}(\vec{a}, \vec{b})$ die Werte $+1$ und -1 annehmen, je nachdem, ob die Messung spin-up oder spin-down ergibt.
$n_{2j}(\vec{a}, \vec{b})$ ist dementsprechend das Ergebnis der Messung am System II, das im j-ten Versuch gefunden wurde, wobei im System I die Meßapparatur auf eine Messung in $\vec{a}$-Richtung und im System II auf eine Messung in $\vec{b}$-Richtung eingerichtet war.

Wenn man in Formel (7) $\vec{a} = \vec{b}$ wählt, d.h. beide Teilchen entlang der gleichen Richtung mißt, und wenn die Teilchen dann jeweils entgegengesetzten Spin haben (d.h. für alle Versuche entweder $n_{1j}(\vec{a}, \vec{a}) = 1$ und $n_{2j}(\vec{a}, \vec{a}) = -1$ gilt oder aber $n_{1j}(\vec{a}, \vec{a}) = -1$ und $n_{2j}(\vec{a}, \vec{a}) = 1$), so erhält man für $P(\vec{a}, \vec{a})$ den Wert -1. Ein wichtiger Zug von Nordins Ansatz ist die Beschränkung auf Meßausgänge, wobei der Mechanismus der Messung (etwa die Rolle des Beobachters oder die Bedeutung der Reduktion der Wellenfunktion) keine Rolle spielt.

Wie Bell geht Nordin davon aus, daß das Ergebnis der QM

$$(8) \qquad P(\vec{a}, \vec{b}) = - \vec{a} \cdot \vec{b}$$

die Korrelation zwischen den einzelnen Systemen korrekt beschreibt, daß also gilt

$$(9) \qquad \frac{1}{N} \sum_j n_{1j}(\vec{a}, \vec{b}) \, n_{2j}(\vec{a}, \vec{b}) = - \vec{a} \cdot \vec{b} \, .$$

---

[38] Stapp (1971).
[39] Nordin (1979), S. 74.

Das Prinzip der Lokalität impliziert, daß die Ergebnisse am System I unabhängig sind von der Wahl der Meßrichtung im System II:

$$(10) \qquad n_{1j}\,(\vec{a},\,\vec{b}\,) = n_{1j}\,(\vec{a},\,\vec{b}\,') = n_{1j}' \;.$$

Ebenso sollen die Meßausgänge am System II nicht von der Richtung abhängen, entlang der im anderen System gemessen wird.

Nordin zeigt nun mit Hilfe einer speziellen Wahl von Richtungen $\vec{a}$ und $\vec{a}\,'$ sowie $\vec{b}$ und $\vec{b}\,'$, daß die Voraussetzungen (7) bis (10) nicht miteinander verträglich sind[40]. Nach Nordin muß in einer Meßreihe am Teilchen II mindestens *ein* Versuch sein Ergebnis wechseln, wenn am Teilchen I in Richtung $\vec{a}\,'$ statt in Richtung $\vec{a}$ gemessen wird, sonst ist (8), das Ergebnis der QM, nicht reproduzierbar. Dadurch ist aber eine Verletzung des Lokalitätsprinzips im Sinne von (10) gegeben, die aus der Annahme der quantenmechanischen Korrelation folgt[41]. Nordin hält dieses Ergebnis für unabhängig von der Annahme verborgener Parameter: „The question of determinism is not at stake here."[42] So kommt er zu dem Schluß, daß alle Interpretationen der QM, die die folgenden Voraussetzungen akzeptieren und die Vorhersagen der QM (d.h. (8)) reproduzieren wollen, die Lokalität aufgeben müssen und damit in Konflikt mit der SR kommen. Die Voraussetzungen lauten:

a) Die Auswahl der Richtungen $\vec{a}, \vec{a}\,'$ am System I und $\vec{b}, \vec{b}\,'$ am System II ist unabhängig voneinander möglich.
b) Jede Messung hat ein eindeutiges Ergebnis (d.h. entweder $+1$ oder -1).
c) Es gilt das „Korrelationspostulat" (7):
$$< (\sigma_{\mathrm{I}}\vec{a}\,), (\sigma_{\mathrm{II}}\vec{b}\,) > \; = (1/N)\;\sum_{j} n_{1j}\,(\vec{a},\,\vec{b}\,)\,n_{2j}\,(\vec{a},\,\vec{b}\,).$$

Da dies für die meisten Interpretationen zutreffe, schreibt Nordin in seiner Zusammenfassung: „I have tried to show how the nonlocality proof gives rise to a serious dilemma: QM and the theory of relativity are incompatible. Therefore, no theory deterministic or indeterministic, local or nonlocal, can be compatible with both, QM and relativity."

Da dies eine außerordentlich weitgehende Folgerung ist, müssen Nordins Argumente besonders sorgfältig geprüft werden. Dabei wird sich zeigen, daß sie nicht ausreichen, um die Unvereinbarkeit von QM und SR zu zeigen. Die Kritik wird sich zunächst auf zwei Punkte beziehen:

1. Auch in Nordins Beweis wird Determinismus vorausgesetzt.
2. Nordins Begriff der Abhängigkeit ist unklar.

---

[40] Für die Rechnung vgl. Anhang H.
[41] Vgl. für den Nachweis Anhang H.
[42] Nordin (1979), S. 83.

(Eine weitere Voraussetzung von Nordin, daß die Aufgabe der Lokalität nicht mit der SR vereinbar ist, wird erst in einem der folgenden Abschnitte diskutiert.)

Zur Erläuterung des ersten Punktes soll noch einmal auf den Beweis von Stapp zurückgegriffen werden[43]. Stapp macht deutlich, daß jedem Experiment j acht Zahlen $n_{ik}\,(\tilde{a}, \tilde{b})$ zugeordnet werden (dabei ist $i = 1, 2$ und $\tilde{a} = \vec{a}, \vec{a}\,'$ sowie $\tilde{b} = \vec{b}, \vec{b}\,'$). Nur zwei dieser Zahlen können experimentell überprüft werden, die anderen beziehen sich auf andere mögliche Experimente, die aber nicht durchgeführt wurden. Diese sechs Werte beziehen sich also kontrafaktisch auf Ergebnisse, die Experimente gehabt hätten, wenn sie durchgeführt worden wären.

Die Lokalitätsforderung (10) enthält damit die Behauptung, daß etwa an I auch dann $n_{1j} = 1$ gemessen worden wäre, wenn ein System II nach $\vec{b}\,'$ statt nach $\vec{b}$ gemessen worden wäre. Eine solche Forderung ist jedoch nur sinnvoll, wenn man annimmt, daß der Ausgang der j-ten Messung deterministisch festgelegt ist. Ansonsten muß man als mögliche Meßausgänge immer auch $n_{1j} = -1$ mit einbeziehen. Dies würde aber die Ableitung eines Widerspruchs aus den Voraussetzungen (7) bis (10) nicht mehr in der gleichen Weise möglich machen[44]. Wenn man nicht die deterministische These vertritt, daß n_{1j} keinen anderen Ausgang hätte haben können, dann kann man nicht fordern, daß n_{1j} in anderen möglichen Experimenten immer den gleichen Wert hätte haben müssen. So ist Stapp dann auch der Auffassung, daß sein Beweis den Determinismus voraussetzt. Bei Nordin wird nicht klar, wie er ohne diese Voraussetzung auskommen will.

Nordins Argumentation hat eine weitere Schwachstelle, die damit zusammenhängt, daß er nicht mit Wahrscheinlichkeiten, sondern mit relativen Häufigkeiten rechnet. Die beiden Seiten des Korrelationspostulats (7) haben verschiedene Bedeutung:

$< (\sigma_I \vec{a}\,), (\sigma_{II} \vec{b}\,) >$ (und damit der Ausdruck $-\vec{a} \cdot \vec{b}$ der QM) steht für einen Erwartungswert, $(1/N) \sum_j n_{1j}\,(\vec{a}, \vec{b})\,n_{2j}\,(\vec{a}, \vec{b})$ für den Mittelwert *einer* Meßreihe. Selbst wenn man annimmt, daß dieser Mittelwert mit $-\vec{a} \cdot \vec{b}$ übereinstimmt, kann man daraus nicht schließen, daß der Mittelwert einer anderen möglichen, aber nicht durchgeführten Meßreihe $(1/N) \sum_j n_{1j}\,(\vec{a}, \vec{b}\,')\,n_{2j}\,(\vec{a}, \vec{b}\,')$ mit dem Erwartungswert dieses Experimentes $-\vec{a} \cdot \vec{b}\,'$ übereingestimmt hätte. Dies geschieht aber bei der Herleitung des Widerspruchs[45]. Dabei wird eine Unklarheit in der Bedeutung der n_{ij} deutlich: Entweder sind die n_{ij} Protokolle von Meßreihen, dann ist der angegebene Widerspruch nicht ableitbar,

---

43   Vgl. Stapp (1971), S. 1306 f.

44   Vgl. Anhang H. Dort würde dann das Ausklammern der n_{1j}'' in (18) unmöglich.

45   Wenn in Anhang H (15) von (14) subtrahiert wird.

oder die n_{ij} können auch mögliche Ergebnisse nicht durchgeführter Experimente bezeichnen, dann ist man aber auf die Determinismusvoraussetzungen angewiesen.

Nun soll noch auf eine zweite Unklarheit in Nordins Beweisführung hingewiesen werden. Nordin benutzt folgende Definition der Abhängigkeit[46]:

> Ein Zustand $s(t)$ ist abhängig genau dann, wenn es zwei verschiedene Ereignisse $E_1(t)$ und $E_2(t)$ gibt, so daß $s(t_2, E_1(t_1)) \neq s(t_2, E_2(t_1))$ und $t_1 \leq t_2$.

Dieser Begriff der Abhängigkeit muß aber nicht identisch sein mit einer realen physischen Beeinflussung. Dazu betrachte man folgendes Beispiel. Ein Elektron wird auf einen Heliumkern geschossen. Vom zentralen Stoß einmal abgesehen, kann man das Elektron nach dem Stoß in zwei Zuständen finden, links vom Platz des Heliumkerns vor dem Stoß oder rechts davon (vgl. Abb. 11).

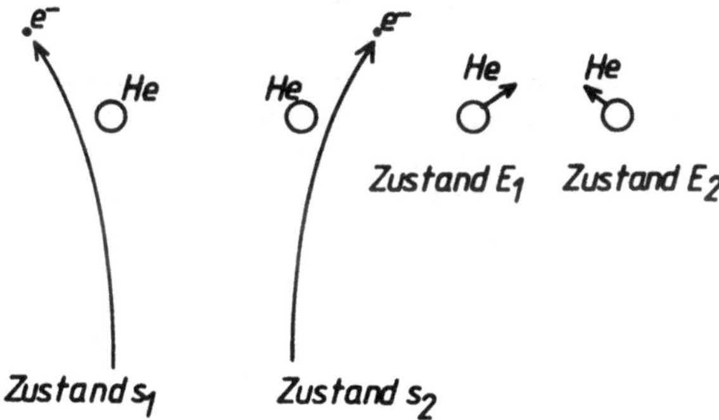

Abb. 11: Korrelationen bei einem Streuversuch

Nun wird der Heliumkern einen Rückstoß erfahren, der ihn rechts (E_1) oder links (E_2) von seinem Platz wegtreibt.

Der Zustand von $s(t)$ hängt im Sinne der Definition von $E_1(t)$ und $E_2(t)$ ab.

$$s(t, E_1(t)) = s_1 \neq s_2 = s(t, E_2(t)).$$

Man kann die Zustände von e^- und He zur gleichen Zeit messen, die Meßergebnisse hängen dann voneinander ab, obwohl die Teilchen voneinander getrennt sind.

Nordin kann also auf seinen Abhängigkeitskriterien zwischen den Fällen (a), bei denen die Ereignisse A und B deshalb korreliert sind, weil sie einzeln von einem zurückliegenden Ereignis C verursacht wurden, und den Fällen (b), bei denen A das Ergebnis B unmittelbar beeinflußt, *nicht* unterscheiden (vgl. Abb. 12).

---

[46] Nordin (1979), S. 77.

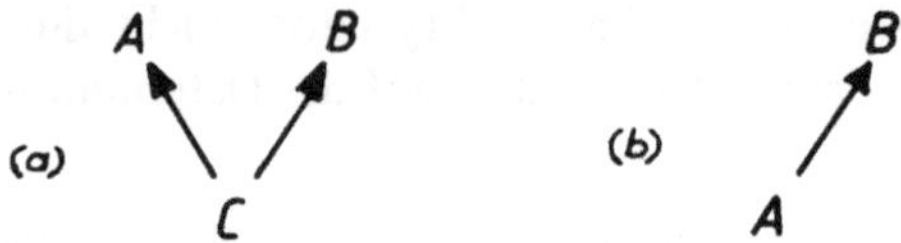

Abb. 12: Korrelation und unmittelbare Beeinflussung

Im Fall (a) verletzen Korrelationen auch dann nicht die SR, wenn die Ereignisse *A* und *B* raumartig liegen.

Nun schließt Nordin nicht direkt von Korrelationen auf eine physische Wechselwirkung. Er geht davon aus, daß eine Meßreihe in System I anders ausgefallen wäre, wenn der Meßwinkel in II anders gewählt worden wäre. Da die Wahl des Meßwinkels frei ist und im Prinzip erst dann geschehen kann, wenn die Teilchen schon getrennt sind, ist in diesem Fall die Möglichkeit (a) ausgeschlossen. Als Kritik bleibt, daß man die Änderung in der Meßreihe I nur dann für durch die Meßapparatur in II beeinflußt halten kann, wenn man annimmt, daß eine Wiederholung ohne Änderung des Meßwinkels in II mit Sicherheit den Wert der ersten Messung reproduziert hätte (Determinismus). So läßt sich zusammenfassend sagen, daß die detaillierte methodologische Kritik ergeben hat, daß eine grundsätzliche Unvereinbarkeit von QM und SR mit Nordins Argumenten nicht verteidigt werden kann.

In einer Arbeit aus dem Jahre 1977 vertrat H.P. Stapp[47] wie I. Nordin die These, daß QM und Lokalitätsforderung nicht vereinbar sind. Da Stapps Beweis mit einer didaktisch interessanten Methode geführt ist, werden seine Behauptungen im Anhang I näher untersucht.

Ganz ähnlich wie Nordin und Stapp argumentiert auch Asher Peres[48] in seiner Arbeit aus dem Jahre 1978 mit dem Ergebnis von Experimenten, die hätten ausgeführt werden können, aber nicht ausgeführt worden sind. Auch dieser Autor versucht zu zeigen, daß die (empirisch gestützte) Voraussage der QM mit der Lokalität von Systemen nicht verträglich ist. In einer kurzen Bemerkung macht er sich Gedanken über die Zulässigkeit eines solchen Verfahrens. Dabei geht er jedoch nicht auf den Einwand ein, daß ein mögliches, aber nicht durchgeführtes Experiment das gleiche Ergebnis gehabt hätte wie ein tatsächlich durchgeführtes. Die Verteidigung von Peres richtet sich nur gegen die Auffassung, daß es illegitim sei, über den Ausgang von nichtdurchgeführten Experimenten zu spekulieren. Gegen ein solches Denkverbot führt er die ursprüngliche Formulierung des EPR-Paradoxons ins Feld, in der Einstein, Podolsky und Rosen ein Argument der folgenden Form vorbringen:

„If ... we had chosen another quantity ... we should have obtained, ... "[49] Bei Einstein und seinen Mitarbeitern wird an dieser Stelle aber nicht

---

[47]   Stapp (1977).

[48]   Peres (1978).

[49]   Einstein / Podolsky / Rosen (1935), S. 779, zitiert bei Peres (1978), S. 747.

auf den Ausgang eines Experimentes, sondern auf eine andere Darstellung der Wellenfunktion geschlossen: „... we should have obtained, instead of ...

$$[\psi\,(x_1, x_2) = \sum_{n=1}^{\infty} \psi_n\,(x_2)\,u_n\,(x_1)]\,,$$

the expansion

$$\psi\,(x_1, x_2) = \sum_{s=1}^{\infty} \varphi_s\,(x_2)\,v_s\,(x_1)\,,$$

where φ_s's are the new coefficients."[50] Zwar wird auch in der EPR-Arbeit auf das Ergebnis eines nicht durchgeführten Experimentes geschlossen, aber nur unter der Voraussetzung, daß das Ergebnis am System I bekannt ist und das erschlossene Ergebnis am System II die Wahrscheinlichkeit 1 hat, wenn das bei I als gegeben vorausgesetzte Experiment vorliegt. Diese Voraussetzungen sind aber bei den Überlegungen von Nordin, Stapp und Peres nicht gegeben.

Sowohl Nordin als auch Stapp und Peres ziehen falsche Schlüsse aus einem irrealen Konditionalsatz, der ein probabilistisches Gesetz enthält. Da an den Gesetzen der QM festgehalten werden soll, liegt hier ein nomologischer irrealer Konditionalsatz vor[51]. Die Gesetze, die weiter gelten sollen, werden auf Fälle angewendet, die nicht real sind. Doch auch wenn die Gesetze der QM weiter gelten sollen, kann man in diesem Fall die Konsequenzen des kontrafaktischen Sonderfalls nicht mit Sicherheit bestimmen, da die Verknüpfung von Prämisse und Konklusion auf probabilistischen Gesetzen beruht. Insgesamt können die Argumente dieser Autoren nicht davon überzeugen, daß im Bellschen Beweis auf die Determinismusvoraussetzung verzichtet werden kann.

c) Lokalität und Quantenmechanik

Während Nordins Analyse zu zeigen versucht, daß jede Theorie, die die Vorhersagen der QM erfüllt, zu einer Verletzung der Lokalitätsforderung führt, treten John F. Clauser und Michael A. Horne[52] den umgekehrten Beweisgang an: Jede Theorie, die in einem zu spezifizierenden Sinn lokal ist, führt zu einer Verletzung der Vorhersagen der QM. Die von den Autoren untersuchte Klasse von Theorien, die sie objektiv-lokale Theorien nennen, ist im wesentlichen durch folgende Bedingungen gekennzeichnet:

a) Eine Quelle emittiert Teilchenpaare, deren Teile vom Apparat I mit (variabler) Orientierung $\vec{a}$ und vom Apparat II mit der (variablen) Orientierung $\vec{b}$ analysiert werden. Der Zustand des emittierten Systems soll durch die Größe λ charakterisiert werden.

---

[50] Einstein / Podolsky / Rosen (1935), S. 779.
[51] Stegmüller (1969), Teil 2, S. 331.
[52] Clauser / Horne (1974).

Es wird angenommen, daß die Quelle mit einer Verteilung $\rho\,(\lambda)$ verschiedene Zustände emittiert.

b) Für die Wahrscheinlichkeit des Ansprechens der Meßapparaturen I und II (z.B. bei „spin-up") soll gelten

$$P_1\,(\vec{a}) = \int d\lambda\,\rho\,(\lambda)\,p_1\,(\lambda,\vec{a})$$

$$P_2\,(\vec{b}) = \int d\lambda\,\rho\,(\lambda)\,p_2\,(\lambda,\vec{b}).$$

(In der EPR-Situation würde sich eine δ-förmige Verteilungsfunktion ergeben. Für die Furry-Hypothese wäre das Integral durch eine Summe zu ersetzen.)

c) Für die Wahrscheinlichkeit des gleichzeitigen Ansprechens beider Zähler

$$P_{12}\,(\vec{a},\vec{b}) = \int d\lambda\,\rho\,(\lambda)\,p_{12}\,(\lambda,\vec{a},\vec{b})$$

wird folgende Forderung aufgestellt:

$$(21) \qquad\qquad p_{12}\,(\lambda,\vec{a},\vec{b}) = p_1\,(\lambda,\vec{a})\,p_2\,(\lambda,\vec{b})\,.$$

(Durch (21) wird die Unabhängigkeit der Ansprechwahrscheinlichkeiten in bezug auf die Meßrichtungen von $\vec{a}$ und $\vec{b}$ ausgedrückt. Über λ (d.h. über die Entstehung der Einzelsysteme) können p_1 und p_2 gekoppelt sein. In der QM ist (21) nicht erfüllt, wenn man die übliche Wellenfunktion $\Psi\,(1,2)$ benutzt. Ein Gemisch von Produktfunktionen (Furry-Hypothese) würde (21) erfüllen, Furrys Methode A würde also zu den objektiv-lokalen Theorien zählen.)

Die so gekennzeichnete Klasse der objektiv-lokalen Theorien enthält die lokalen Verborgenen-Parameter-Theorien und die sogenannten stochastischen Verborgenen-Parameter-Theorien[53]. Durch Abschätzungen, die dem Bellschen Beweis vergleichbar sind, zeigen die Autoren Sonderfälle, in denen alle objektiv-lokalen Theorien zu Vorhersagen kommen, die von der QM abweichen. Clauser und Horne zeigen weiter, daß objektiv-lokale Theorien mit einer plausiblen Zusatzforderung unvereinbar sind mit den vorliegenden experimentellen Daten[54].

Die Vorhersagen der QM mit der Wellenfunktion

$$\Psi\,(1,2) = (1/\sqrt{2})\,[u_+\,(1)\,u_-\,(2) - u_-\,(1)\,u_+\,(2)]$$

---

[53] Clauser und Horne stützen sich dabei auf Vorarbeiten von Bell (1971) und Shimony (1971). Auf diese Autoren geht auch der Begriff der stochastischen Verborgenen-Parameter-Theorie zurück, bei denen λ den Meßausgang nicht vollständig bestimmt.

[54] Weitere Verallgemeinerungen des Bellschen Beweises finden sich in Selleri / Tarozzi (1981).

können nicht durch eine Koinzidenzwahrscheinlichkeit in Produktform wiedergegeben werden:

$$p_{12}^{QM} (\lambda, \vec{a}, \vec{b}) \neq p_1^{QM} (\lambda, \vec{a}) \, p_2^{QM} (\lambda, \vec{b}) \, .$$

Insbesondere können alle Wellenfunktionen, die als Produkt oder als Gemisch von Produktwellenfunktionen geschrieben werden können und damit (21) erfüllen, nicht die Voraussagen der QM mit Ψ (1, 2) wiedergeben. Der Beweis von Clauser / Horne ist damit eine Verallgemeinerung der Überlegungen von Furry. Außerdem ist damit in einer präzisierten Form das Ziel des Beweises von Nordin erreicht: Die QM gekoppelter Systeme, die durch die Wellenfunktion Ψ (1, 2) beschrieben werden, ist unvereinbar mit der Forderung (21), die oft als Lokalitätsforderung bezeichnet wird.

Gegen die Voraussetzungen, die den sog. objektiv-lokalen Theorien zugrundeliegen, hat man neuerdings Einwände erhoben. Selleri / Tarozzi (1980) haben eine probabilistische Verborgene-Parameter-Theorie konstruiert, die im herkömmlichen Sinn als lokal anzusehen ist (der Meßausgang an I hängt nur vom Teilchen 1 ab), obwohl die Korrelationswahrscheinlichkeiten *nicht* gemäß (21) in ein Produkt aufgespalten werden können. A. Fine (1982a) hat unter Aufgabe der von den objektiv-lokalen Theorien vorausgesetzten Bedingungen eine Verborgenen-Parameter-Theorie konstruiert, die (im herkömmlichen Sinn) *lokal* ist *und* die Vorhersagen der QM wiedergibt. Er schlägt deshalb vor, zwischen einer Lokalitätsbedingung (im herkömmlichen Sinn) und der Aufspaltbarkeit in ein Produkt gemäß (21) zu trennen und „Locality“ und „Factorizability“ nicht zu identifizieren[55].

Bemerkenswert ist in diesem Zusammenhang noch das Ergebnis des gleichen Autors[56], nach dem für vorgegebene Korrelationswahrscheinlichkeiten genau dann ein deterministisches Modell mit Verborgenen Parametern existiert, wenn es ein stochastisches Modell gibt, daß die Forderung (21) erfüllt.

Offen bleibt weiter, ob die Invarianzforderungen der SR verletzt werden, wenn diese beiden Bedingungen (Locality/Factorizability) nicht erfüllt sind. Selbst wenn diese Konflikte auftreten würden, müßte untersucht werden, ob die QM auf gekoppelte Systeme angewendet werden darf, ob sich aus einer Anwendung notwendig die Wellenfunktion Ψ (1, 2) ergibt und ob die damit errechneten Ergebnisse mit dem Experiment übereinstimmen. Erst wenn diese Bedingungen erfüllt sind, kann man von einer Unvereinbarkeit von QM und SR sprechen.

---

[55] Vgl. Fine (1982 b), S. 293.
[56] Fine (1982 b).

3. Die Abtrennbarkeit von Teilsystemen (Separierbarkeit)

Divide et impera!

Wie wir im vorhergehenden Abschnitt gesehen haben, kann die Wahrscheinlichkeit für das gleichzeitige Auftreten etwa von u_+ (1) und u_- (2) nicht geschrieben werden als Produkt der Wahrscheinlichkeit des Auftretens von u_+ (1) und der Wahrscheinlichkeit des Auftretens von u_- (2). Daraus folgt, daß die Ereignisse nicht unabhängig voneinander sind, obwohl die Teilchen nicht mehr miteinander wechselwirken können. Man hat daraus weitgehende Konsequenzen gezogen in bezug auf die Aufteilbarkeit der Welt in isolierte Einzelsysteme. So bezeichnet Werner Leinfellner das Bell-Theorem als das (neben der Heisenbergschen Unschärferelation) ontologisch wichtigste Ergebnis der heutigen Physik, da es zur Konsequenz habe, daß es keine absolut separierten Teilsysteme geben kann und man deshalb einen holistischen Allzusammenhang annehmen müsse:

„Das heißt z.B., daß man nach dem Schiffbruch des Atomismus und des Substanzdenkens in der Physik keine voneinander unabhängigen, unstrukturierten Letztsysteme annehmen kann, aus denen dann alle anderen Systeme aufgebaut sind."[57]

Schon in der Struktur der Darstellung gekoppelter Systeme im Produktraum, insbesondere darin, daß nicht alle Zustände im Produktraum (etwa Ψ (1, 2)) in Produktform auflösbar sind, sieht d'Espagnat[58] eine Verletzung des Prinzips der Separierbarkeit: Wenn ein System über eine bestimmte Zeit von anderen Systemen getrennt ist, dann kann die Veränderung der Eigenschaften dieses System nicht von Operationen abhängen, die an anderen Systemen ausgeführt werden.

Die Verletzung dieses Prinzips werde insbesondere an Situationen wie der des EPR-Experiments deutlich. D'Espagnat sieht als wichtigstes Ergebnis der Grundlagenforschung der QM an, daß die Welt nicht als Menge voneinander trennbarer Systeme mit jeweils zugehörigen Eigenschaften zu beschreiben ist:

„As a matter of fact, this is the first and perhaps the most significant conclusion in our investigation of the conceptual foundations of quantum physics. The world cannot consistently be described as essentially a collection of physical objects of finite size ... which would each possess its own specific attributes, ... "[59]

Diese Nichtseparabilität zeige sich auch in der Nichtlokalität von Vielteilchen-Wellenfunktionen, als anschauliches Beispiel erwähnt d'Espagnat[60] das Pauli-Prinzip.

---

[57] Leinfellner (1980), S. 125-126.
[58] D'Espagnat (1976), S. 81 f.
[59] D'Espagnat (1976), S. 280.
[60] D'Espagnat (1976), S. 156.

Wenn aus einem physikalischen Theorem so weitreichende und für das Naturverständnis grundlegende Folgerungen gezogen werden, ist es wohl angebracht, zunächst die Ursachen der Korrelationen zwischen den EPR-Teilsystemen genauer zu untersuchen und danach zu prüfen, ob die eben angeführten Behauptungen tatsächlich zutreffen.

Zunächst sollte man sich darüber klar werden, daß die Messungen am System S_{II} nicht in der Weise von S_I abhängen, daß etwa die Wahrscheinlichkeit, $u_+(1)$ zu messen, von der *Orientierung* des Meßapparates in S_{II} beeinflußt würde. Für den Fall, daß an beiden Systemen s_x gemessen wird, erhält man[61] aus der Wellenfunktion

$$\psi(1,2) = (1/\sqrt{2})\,[u_+(1)\,u_-(2) - u_-(1)\,u_+(2)]$$

für die Wahrscheinlichkeit w_+^1, d.h. für die Wahrscheinlichkeit, $u_+(1)$ zu messen, durch Quadrieren des Koeffizienten $1/\sqrt{2}$ von $u_+(1)\,u_-(2)$

$$w_+^1 = 1/2 \,.$$

Ebenso groß ist die Wahrscheinlichkeit w_{+-}^{12}, d.h. die Wahrscheinlichkeit an S_I $u_+(1)$ und an S_{II} $u_-(2)$ zu messen.

Es werde nun am System S_{II} der Spin in y-Richtung, d.h. s_y gemessen. Zur Berechnung der Meßwahrscheinlichkeiten ist es nun günstig, $u_+(2)$ und $u_-(2)$ nach Eigenfunktionen von s_y, d.h. nach $v_+(2)$ und $v_-(2)$, zu entwickeln[62]. Für $\Psi(1,2)$ erhält man damit[63]

$$(22)\quad \Psi(1,2) = (1/2)\,[u_+(1)\,v_+(2) - u_+(1)\,v_-(2) - u_-(1)\,v_+(2) - u_-(1)\,v_-(2)]\,.$$

Durch die Messungen an den Systemen S_I und S_{II} wird die Wellenfunktion in einen der vier Summanden von (22) übergehen. Die Wahrscheinlichkeit für jedes dieser Ereignisse ist 1/4. Die Wahrscheinlichkeit w_+^1 ist natürlich auch hier wieder 1/2. Sie errechnet sich aus der Summe der Wahrscheinlichkeiten des Auftretens von $u_+(1)\,v_+(2)$ und $u_+(1)\,v_-(2)$: w_+^1 hängt also nicht von der *Orientierung* des Meßapparates in S_{II} ab.

Die Verknüpfung zwischen den beiden Systemen werden erst dann deutlich, wenn man Korrelationen zwischen den *Ergebnissen* der Messungen an S_I und S_{II} betrachtet. Es werde wieder an beiden Systemen s_x gemessen. Für die Wahrscheinlichkeit $w\,(u_-(2)\,|\,u_+(1))$, daß in S_{II} $u_-(2)$ gemessen wird,

---

[61]   Vgl. Jauch (1971), S. 33 f.

[62]   Dabei gilt (vgl. Bohm (1951), S. 393):

$$v_+(2) = (1/\sqrt{2})\,(u_+(2) + u_-(2)) \qquad u_+(2) = (1/\sqrt{2})\,(v_+(2) + v_-(2))$$
$$v_-(2) = (1/\sqrt{2})\,(u_+(2) - u_-(2)) \qquad u_-(2) = (1/\sqrt{2})\,(v_+(2) - v_-(2))\,.$$

[63]   Eine analoge Entwicklung haben Bleuler / Ter Haar (1948) benutzt, um in einer einfachen Weise die Winkelkorrelationen bei der Streuung von Photonen aus einer Elektron-Annihilation zu berechnen.

unter der Voraussetzung, daß in S_I u_+ (1) gemessen wird, erhält man (nach der üblichen Formel für bedingte Wahrscheinlichkeiten)

$$(23) \qquad w\,(u_-\,(2)\mid u_+\,(1)) = w^{12}_{+-}/w^{1}_{+} = 1\;.$$

Wenn also an S_I u_+ (1) gemessen wird, liegt an S_{II} mit Sicherheit u_- (2) vor.

Das gilt jedoch nur, wenn die Meßapparatur in S_{II} in x-Richtung ausgerichtet ist. Wird in S_{II} die Spinkomponente in y-Richtung gemessen, erhält man die bedingten Wahrscheinlichkeiten

$$(24) \qquad w\,(v_+\,(2)\mid u_+\,(1)) = 1/2$$

$$(25) \qquad w\,(v_-\,(2)\mid u_+\,(1)) = 1/2\;.$$

Diese Beispiele zeigen, daß es nicht sinnvoll ist, nach einer Messung von u_+ (1) die bedingten Wahrscheinlichkeiten für beliebige Zustände anzugeben: Schon die Summe der bedingten Wahrscheinlichkeiten (23) bis (25) ist größer als 1. Deshalb kann man auch nicht sagen, daß nach einer Messung von u_+ (1) auf alle Fälle in S_{II} u_- (2) vorliegen muß. Dies gilt nur, wenn S_{II} in x-Richtung gemessen wird. Hierbei hilft auch die Berufung auf den Drehimpulserhaltungssatz nicht weiter: Die Messung kann die Spinprojektion des Teilchens ändern. Alle Messungen in S_{II}, die nicht in x-Richtung geschehen, führen zu Konstellationen, bei denen die Spins nicht mehr antiparallel stehen.

Mit dieser Überlegung kann man übrigens Bohrs Kritik an Einstein rekonstruieren. Man kann auch nach der Kenntnis des Meßergebnisses an S_I nur dann Aussagen über den Zustand von S_{II} machen, wenn man weiß, nach welcher Richtung in S_{II} gemessen wird. Die Argumentation von Einstein, Podolsky und Rosen ist dann nicht mehr durchführbar, wenn man für Ψ (1, 2) nicht mehr die Entwicklung nach beliebigen Basisvektoren zuläßt, sondern nur nach Produkten von Eigenfunktionen der in S_I bzw. S_{II} gemessenen Observablen. Der Formalismus der QM legt *nicht* fest, in welchen Zustand S_{II} übergeht, wenn an S_I u_+ (1) gemessen wird, an S_{II} aber keine Messung durchgeführt wird: Je nach der Entwicklung von Ψ (1 2) kommen dafür eine oder mehrere Möglichkeiten in Frage. Für Bohr ist die Frage nach dem Zustand eines Systems, das nicht der Messung unterliegt, wohl sinnlos. Einstein wählt aus den möglichen Zuständen für S_{II} etwas willkürlich den aus, der (in unserem Beispiel) mit der Erhaltung des Spins vereinbar ist. Einsteins Argumentation scheint nach diesen Überlegungen nicht zwingend.

Die vorangegangenen Überlegungen mußten leider sehr detailliert ausfallen. Wir können jetzt jedoch die Konsequenzen für die EPR-Situation in drei Punkten prägnant zusammenfassen. Es wird nämlich deutlich, daß

a) die Wellenfunktion Ψ (1, 2) keinem der beiden Teilsysteme S_I und S_{II} einen bestimmten Spinzustand zuweist. S_I hat in dem Spinraum, der von dem vollständigen normierten Orthogonalsystem u_+ (1) und u_- (1) aufgespannt wird, auch dann keinen Zustand, wenn es sehr weit von S_{II} entfernt ist und als freies Teilchen angesehen werden kann.

b) auch nach der Messung in S_I dem System S_{II} i.A. kein Zustand zugeordnet werden kann, solange nicht auch in S_{II} gemessen wird oder wenigstens die Meßrichtung festliegt.

c) auch dann, wenn die beiden Teilsysteme S_I und S_{II} weit voneinander getrennt sind, die Reduktion der Wellenpakete nicht unabhängig voneinander vor sich geht. Die Wellenfunktion Ψ (1, 2) geht vielmehr in eine der Basisfunktionen im Produktraum über, so als ob das Teilchen S_{II} Informationen darüber hätte, in welchen Zustand S_I übergegangen ist.

Diese drei Punkte ergeben sich daraus, daß Ψ (1, 2) nicht als Produkt darstellbar ist und auch nicht durch ein Gemisch solcher Produktfunktionen ersetzbar ist. Sie geben gleichzeitig an, in welchem Sinn gekoppelte Systeme, die durch Ψ (1, 2) beschrieben werden, als nicht separabel betrachtet werden können. Durch (a) und (b) wird deutlich, daß die Teilsysteme eines durch Ψ (1, 2) gekoppelten Systems bestimmte Eigenschaften eines freien Teilchens (nämlich einen wohldefinierten Zustand im Spinraum) auch dann nicht besitzen, wenn sie aufgrund der weiten Entfernung der Systeme intuitiv als freie Teilchen angesehen werden müssen. Durch (c) wird deutlich, daß der Meßausgang in S_I u.U. den Meßausgang in S_{II} festzulegen scheint, selbst wenn die Messungen raumartig zueinander liegen. Durch (a) und (b) werden Fragen der Semantik berührt, durch (c) Fragen der intertheoretischen Beziehungen zur RT.

Die Darstellung gekoppelter Systeme durch beliebige Vektoren im Produktraum erscheint unbefriedigend, da den einzelnen Systemen nicht nur kein Eigenzustand (etwa von s_x, s_y oder s_z) zugerechnet werden kann, sondern überhaupt kein Zustand im Spinraum[64]. So wird man fordern, daß beim Auseinanderlaufen der Teilsysteme die davonfliegenden Teilchen irgendwann als frei betrachtet werden können, d.h. daß jedem Teilchen ein Zustand im Spinraum zugeordnet wird. Der Formalismus läßt aber keinen Platz für einen solchen Übergang. Umgekehrt kann man fragen, wann zwei sich vereinigende Teilsysteme einige ihrer Eigenschaften (etwa einen Zustand im Spinraum) aufgeben. J.M. Jauch hat die Auffassung vertreten, daß man den Einzelsyste-

---

[64] „Wenn zwei (oder mehr) Quantensysteme in irgendeinem Zeitpunkt miteinander in Wechselwirkung getreten sind und jetzt getrennt sind, ohne sich weiter gegenseitig zu beeinflussen, so darf man im allgemeinen nicht behaupten, daß jedes der beiden Systeme durch einen ihm zugeordneten Zustandsvektor beschrieben wird. Insbesondere widerspricht es auch den Tatsachen, wenn man sagt, daß jedes der beiden Systeme einen Zustandsvektor hat, den man aber nicht kennt ... Das einzig mögliche Urteil, an dem man in Wirklichkeit festhalten kann, liegt in der Behauptung, daß keines der beiden Systeme einen Zustandsvektor hat." (D'Espagnat (1971 b), S. 17)

men immer einen Zustand zuordnen soll[65]. Er ist aber dann zu der Annahme gezwungen, daß sich die Teilsysteme stochastisch entwickeln[66]. Für Jauch ist die Frage der Interpretation der Zustände getrennter Teilsysteme noch nicht hinreichend geklärt[67]. Auch Einstein hat die Vermutung geäußert, daß die übliche Formulierung des Vielteilchenproblems in der QM ungültig wird, wenn die Teilchen weit genug voneinander entfernt sind[68]. Allerdings machen es die Furry-Hypothese und die Überlegungen zu den objektiv lokalen Theorien schwierig, eine Alternative zu finden, die sowohl die Erfolge der quantenmechanischen Vielteilchentheorie in der bisherigen Form wiedergeben als auch deren Schwierigkeiten vermeiden kann.

Ein weiterer Problemkreis wird durch die Frage eröffnet, woher die Korrelationen zwischen den Messungen an den Teilsystemen kommen (vgl. Punkt (c) der vorhergehenden Aufstellung). Einerseits kann die Messung an System S_I das davon getrennte System S_II nicht beeinflussen, zudem können die Meßereignisse raumartig liegen. Andererseits ist bei der Messung von s_x an beiden Systemen immer u_+ (1) mit u_- (2) gekoppelt und diese Kopplung ergibt sich schon aus der Wellenfunktion Ψ (1, 2).

Da der Übergang von Ψ (1, 2) in u_+ (1) u_- (2) von der QM nicht näher analysiert wird, kann man keine Aussagen über eventuelle reale physikalische Wechselwirkungen machen, die die beiden Systeme koppeln. Nach dem Vielteilchenformalismus der QM reagiert das System als Ganzes, obwohl man intuitiv von zwei getrennten unabhängigen Systemen ausgehen würde. Die naheliegende Frage, ob die Kopplung der beiden Systeme mit der SR vereinbar ist, wird im nächsten Abschnitt angegangen werden.

Die Schwierigkeit, die beobachteten Korrelationen und naheliegende Separabilitätsforderungen zu vereinbaren, ist u. U. gar nicht an die QM in der gegenwärtigen Form gebunden. Zwar ist denkbar, daß die formalen Mittel der QM nicht ausreichen, um die EPR-Situation korrekt wiederzugeben[69]. So weist

---

[65]   Nach Jauch gibt es dann keine Gemische zweiter Art. Gemische erster Art erhält man als Ensemble von Elementen, die alle in einem reinen Zustand sind. Gemische zweiter Art beschreiben den Zustand der Teilsysteme von zwei gekoppelten Quantensystemen (vgl. Jauch (1971), S. 31 und d'Espagnat (1971), S. 21 f.).

[66]   Jauch (1971), S. 31 f.

[67]   Jauch (1971), S. 38.

[68]   Vgl. Bohm / Aharonov (1957), S. 1071.

[69]   Für *eine bestimmte* Kombination der Meßrichtungen (etwa s_x in S_I und s_y in S_II) kann man die Wellenfunktion Ψ (1, 2) immer so durch ein Gemisch ersetzen, daß das Gemisch für *diese* Kombination die gleichen Korrelationen vorhersagt wie die QM. Von einer solchen Überlegung sind etwa Bohm / Aharonov (1957) ausgegangen. Dabei bleibt jedoch unklar, warum die Wellenfunktion Ψ (1, 2) sich gerade in zu den Meßgeräten passende Elemente auflösen soll, wobei die Richtung der Messung z. B. erst nach der Trennung der Systeme gewählt werden kann. In der Sprache der objektiv-lokalen Theorien würde ρ (λ) von der Meßanordnung abhängen (die Auflösung von Ψ (1, 2) in verschiedene Gemische entspricht verschiedenen ρ (λ)). Es gibt aber kein Gemisch, das Ψ (1, 2) für alle denkbaren Kombinationen von Meßrichtungen ersetzen könnte (vgl. auch d'Espagnat (1971 b), S. 18).

Mendel Sachs[70] darauf hin, daß in seiner Theorie das EPR-Paradoxon nicht auftaucht. Sachs benutzt einen Formalismus (*nichtlineare* relativistisch kovariante Gleichungen für Spinor-Felder), der sich von der QM unterscheidet, bei niedrigen Energien sich jedoch der QM annähert. Der entscheidende Zug, der das EPR-Paradoxon zum Verschwinden bringt, liegt dabei darin, daß die beiden Systeme im Formalismus nicht als gänzlich getrennt erscheinen. Die damit verbundene prinzipielle Nichtseparierbarkeit kann jedoch auch in der neuen Theorie die mit ihr verbundenen begrifflichen Probleme aufwerfen. Möglicherweise haben Theorien, in denen das EPR-Paradoxon nicht explizit formulierbar ist, dann mit Nachfolgeschwierigkeiten (Nichtseparabilität, Nichtlokalität) zu kämpfen, die die Theorie ebenso belasten wie das EPR—Paradoxon selbst.

Die im vorhergehenden besprochenen Korrelationen treten übrigens nicht nur beim EPR-Paradoxon auf. Ganz allgemein wird die Wellenfunktion zweier unabhängiger Fermi-Teilchen durch Antisymmetrisierung zu einer Wellenfunktion mit Korrelationen. Darauf hat Henry Margenau schon 1944 aufmerksam gemacht[71]:

„The Exclusion Principle, by merely stipulating antisymmetry, automatically introduces correlations between the states of the two particles. Although the correlations are of non-dynamical origin, arising as they do from a formal principle of symmetry, they have the same physical effects as if they were due to forces."

In dieser Situation sind zwei Auswege denkbar. Der eine Ausweg betont die empirischen Erfolge der Vielteilchentheorie und ist deshalb bereit, holistische Effekte zu akzeptieren. Als Beispiel können die Überlegungen von Hans Primas und Werner Gans dienen[72]:

„Theorie und Experiment ergeben übereinstimmend, daß sogar bei um makroskopische Distanzen räumlich separierten Quantensystemen nichtklassische holistische Effekte existieren ... Die Idee, daß die Welt durch Kompartimentalisierung beschrieben werden kann, muß revidiert werden. Das einzige, im Sinne der Quantenmechanik absolut existierende Objekt ist das ganze Universum, eine einzige und unteilbare Einheit."

Hier wird also aus einer als richtig vorausgesetzten Theorie eine ontologische Konsequenz gezogen.

Andererseits kann man jedoch auch darauf hinweisen, daß die in der QM zur Zeit zur Verfügung stehenden Methoden zur Beschreibung von Vielteilchenproblemen zwar die Meßergebnisse korrekt wiedergeben, aber nicht verständlich machen, warum plausible Zusatzforderungen nicht erfüllt sind. Zu diesen Zusatzforderungen kann man zählen, daß einem Teilsystem ein Zustandsvektor

---

[70] Sachs (1968).
[71] Margenau (1944), S. 195.
[72] Primas / Gans (1979), S. 23.

zugeordnet werden soll, wenn es physikalisch von einem Partnersystem getrennt ist, und zwar auch dann, wenn an diesem Teilsystem keine Messung ausgeführt wird. Weiter kann man fordern, daß die Korrelationen zwischen den beiden Systemen physikalisch einsichtig gemacht werden sollten[73]. Außerdem müßte geklärt sein, ob die nichtklassischen Korrelationen mit der SR vereinbar sind. Weiter ist offen, wieso durch den Meßprozeß wieder autonome Teilsysteme herstellbar sind und warum überhaupt die QM isolierter Systeme (z.B. des Wasserstoffatoms) erfolgreich war. Angesichts dieser Schwierigkeiten spricht einiges für den zweiten Ausweg, der darin besteht, die Lösung der Probleme durch eine revidierte Vielteilchentheorie zu erwarten. Als Beispiel für diese Haltung sei abschließend C.A. Hooker zitiert[74]:

„... This is because what EPR is really driving at is that there is something fundamentally inappropriate in the quantum mechanical description of interacting systems (for example, it represents the state of once-interacting systems as a (mathematical) fusion of the two components even when physically, these components are no longer connected in any way) ... "

Hier wird aus nichtempirischen Gründen die Adäquatheit einer erfolgreichen Theorie angezweifelt. Es wird nicht die holistische Konsequenz der gegenwärtigen Vielteilchentheorie bestritten, sondern gerade diese Konsequenz wird als Belastung der Theorie angesehen.

4. Nichtlokale Effekte und Relativitätstheorie

> *The answer, being disappointing perhaps, is that quantum mechanics can say nothing about it.*
>
> *G. Ludwig*[75]

Im Schlußwort seiner berühmten Arbeit hat J.S. Bell[76] angedeutet, daß Theorien, die auf der Grundlage von verborgenen Parametern die Vorhersagen der QM wiedergeben wollen, einen Mechanismus angeben müssen, wie die Meßanordnung in S_I das Meßergebnis in S_II auch dann beeinflussen kann, wenn S_II sehr weit entfernt ist. Außerdem könnte eine solche Theorie nicht lorentzinvariant sein, da die S_I und S_II verbindenden Signale sich instantan ausbrei-

---

73   Vgl. hierzu Kap. IV,7.

74   Hooker (1971 a), S. 232. An anderer Stelle (Hooker (1972), S. 90) formuliert er: „Therefore, quantum mechanics, under any interpretation in which the formal features of the Ψ representation are intended to reflect directly the physical features of the state of the system (and not, for example, merely our knowledge of it), provides a fundamentally inaccurate description of the physical reality, since it represents systems as indivisible wholes when they are not."

75   Ludwig (1971), S. 312, zur Frage, wie die Korrelationen zustandekommen.

76   Bell (1964).

ten müßten[77]. Auch A. Shimony scheint davon auszugehen, daß nichtlokale Theorien mit verborgenen Parametern nicht mit der Gültigkeit der RT vereinbar ist[78]. H.P. Stapp sieht alle Teilcheninterpretationen der QM (für die die Wellenfunktion die Aufenthaltswahrscheinlichkeit lokalisierbarer Teilchen angibt) durch das Bellsche Theorem gezwungen, auf Verknüpfungen zwischen räumlich getrennten Systemen zurückgreifen zu müssen, die den Bereich der gewohnten kausalen dynamischen Beeinflussungen „vollständig übersteigen"[79].

So löst die EPR-Situation eine Reihe von Fragen aus, wenn man sie in Zusammenhang mit der SR betrachtet. Sind die nichtlokalen Züge der Korrelationen mit der SR vereinbar? Besteht die Unvereinbarkeit nur für deterministische Verborgene-Parameter-Theorien? Ergibt sich eine Unvereinbarkeit mit der SR für alle Interpretationen der QM, oder ist der Konflikt mit der SR interpretationsabhängig?

Zunächst wollen wir uns Untersuchungen zuwenden, die S. Schlieder über das kausale Verhalten von relativistischen quantenmechanischen Systemen angestellt hat[80]. Dabei wird vor allem auf die Frage eingegangen, ob die mit dem Meßeingriff verbundenen globalen Zustandsänderungen mit der SR vereinbar sind. Die Untersuchungen von Schlieder beziehen sich auf ein relativistisches Quantenfeld, das Träger einer Observablen-Algebra ist. Zu jedem Raumteil des 4-dimensionalen Minkowski-Raumes gehört eine Menge von Observablen, welche die in diesem Raumteil vornehmbaren Messungen repräsentieren[81]. Im Kontext von Feldtheorien wird nun die folgende „Lokalitätsforderung" aufgestellt:

(26) Für raumartig zueinanderliegende Gebiete R_1 und R_2 sollen alle Operatoren A aus der Algebra in R_1 mit allen Operatoren B aus der Algebra in R_2 vertauschen

$$[A, B] = 0 \, .$$

Der Begriff „Lokalität" hat hier also eine andere Bedeutung als in der bisherigen Diskussion.

Die Grundlage für Schlieders Argument ist ein Satz über die Erwartungswerte von vertauschbaren selbstadjungierten Operatoren. Zum Verständnis der Aussage dieses Satzes betrachte man einen Zustand ψ. Nun wird an ψ eine Messung der Observablen A durchgeführt (A soll die Eigenvektoren $| a_k >$ haben). Wenn ein Beobachter vom Meßresultat keine Kenntnis nimmt (oder äquivalent: wenn viele Messungen durchgeführt werden und nach der Messung

<hr>

[77] Bell (1964), S. 199.
[78] Shimony (1971), S. 192.
[79] Stapp (1972), S. 1103.
[80] Schlieder (1968) und (1971).
[81] Schlieder (1971), S. 145.

nicht nach einem bestimmten Ergebnis aussortiert wird), dann wird der Zustand nach der Messung durch ein Gemisch G nach Lüders beschrieben[82]:

$$\psi \to G(\psi, A) = \sum_{a_k} |a_k> <a_k| \psi> <\psi| a_k> <a_k| \, .$$

Damit läßt sich folgender Satz formulieren:

(27) Die Vertauschbarkeit zweier Operatoren A, B ist äquivalent mit den folgenden Beziehungen für die Erwartungswerte (ψ ist dabei beliebig).

$$<B>_{G(\psi, A)} = <B>_{\psi}$$

$$<A>_{G(\psi, B)} = <A>_{\psi} \, .$$

Das heißt, zwei Operatoren vertauschen genau dann, wenn die Messung ohne Kenntnisnahme der einen Observable den Erwartungswert der anderen nicht ändert.

Dieser Satz wird nun auf die EPR-Situation angewandt. Dabei sollen sich die beiden Teilchen in raumartig getrennten Gebieten aufhalten. Wenn nun am Teilchen 1 „spin-up" gemessen wird, so kann man nach Schlieder[83] sicher sein, daß Teilchen 2 im Zustand „spin-down" ist: Das Einflußgebiet der Messung am Teilchen 1 umfaßt auch den raumartig hierzu gelegenen Ort von Teilchen 2. Die Zustandsänderung an Teilchen 2 kann man auch nicht auf eine verbesserte Kenntnis dieses Systems zurückführen (Zustandsänderungen eines Systems wegen verbesserter Kenntnis aufgrund einer Messung in einem raumartig dazu gelegenen anderen System kommen schon in der klassischen statistischen Mechanik vor).

Obwohl die Messumg an System I den Zustand des Systems II an einem raumartig zu I gelegenen Ort ändert, sieht Schlieder darin keinen Konflikt mit der SR, weil diese Zustandsänderung nicht benutzt werden kann, um *Signale* von I nach II zu senden. Da die Systeme I und II raumartig liegen, vertauschen nach der Lokalitätsforderung (26) alle Observablen in I mit allen Observablen in II. Nach Satz (27) heißt das, daß der Erwartungswert einer Observablen B in II nicht von der Art der Messung in I abhängt. Für alle A und ψ gilt nämlich

$$<B>_{G(\psi, A)} = <B>_{\psi} \, .$$

„Die Änderungen, die infolge einer Messung von A in jedem Einzelfall eintreten, mitteln sich in ihrer Wirkung auf den Erwartungswert von B heraus."[84]

---

[82] Schlieder (1971), S. 149.

[83] Schlieder (1968), S. 312 f.

[84] Schlieder (1971), S. 150.

Eine Signalübertragung muß aber mit einer Änderung des Erwartungswertes verbunden sein (vorausgesetzt wird, daß der makroskopische Beobachter in II das makroskopisch vorliegende Meßergebnis von I nicht kennen kann, daß also für klassische Systeme die sogenannte Einstein-Kausalität gilt). Zu bedenken ist dabei jedoch, daß eine solche Änderung des Erwartungswertes nicht in einer einzigen Messung feststellbar ist.

Der Erwartungswert von B kann nur durch die Messung von Observablen aus dem Rückwärtskegel von II beeinflußt werden. Zusammenfassend läßt sich sagen: Die infolge eines Meßeingriffs sich ergebenden momentanen globalen Änderungen des Zustands des Systems, welche akausale Züge aufweisen, können, sofern die Lokalitätsbedingung gilt, nicht dazu benutzt werden, Signale mit Überlichtgeschwindigkeit zu übermitteln.

Nach dieser Darstellung wird deutlich, in welchem Sinn Schlieders Vereinbarkeitsbehauptung interpretationsabhängig ist. Schlieder betrachtet Ensembles und nicht Einzelfälle. Außerdem wird beim Übergang $\psi \rightarrow G\,(\psi, A)$ nicht nach bestimmten Zuständen aussortiert. Einstein, Podolsky und Rosen haben Einzelfälle betrachtet, bei denen der Erwartungswert vor und nach der Messung verschieden ausfiel. Diese Betrachtungsweise wird von Schlieder zwar auch im „verbalen" Begleittext verwendet[85], sie findet aber keinen Niederschlag im formalen Apparat. Man kann Einsteins Betrachtungsweise jedoch auch so formulieren, daß sie Auswirkungen in der Veränderung von Erwartungswerten hat. Dazu betrachte man die bedingte Wahrscheinlichkeit $P\,(u_-\,(2)\,|\,u_+\,(1))$ für das Vorliegen von $u_-\,(2)$, wenn man $u_+\,(1)$ festgestellt hat:

$$P\,(u_-\,(2)\,|\,u_+\,(1)) = \frac{P\,(u_+\,(1)\,u_-\,(2))}{P\,(u_+\,(1))}\,.$$

Da $P\,(u_+\,(1)\,u_-\,(2)) = 1/2$ und $P\,(u_+\,(1)) = 1/2$ folgt

$$P\,(u_-\,(2)\,|\,u_+\,(1)) = 1\,.$$

Wenn man jedoch $u_-\,(1)$ festgestellt hat, so folgt für die bedingte Wahrscheinlichkeit, $u_-\,(2)$ zu messen,

$$P\,(u_-\,(2)\,|\,u_-\,(1)) = 0\,.$$

Es ist nämlich $P\,(u_-\,(1)\,u_-\,(2)) = 0$, da das Übergangsmatrixelement $(\psi\,(1, 2),$ $u_-\,(1)\,u_-\,(2))$ verschwindet. Die Wahrscheinlichkeit, $u_-\,(2)$ zu messen, ist 1, wenn $u_+\,(1)$ vorliegt, und 0, wenn $u_-\,(1)$ vorliegt. Diese Information ist schon in der Wellenfunktion $\Psi\,(1, 2)$ enthalten, die dadurch angedeutete Abhängigkeit von System I und II besteht, obwohl $s_x\,(1)$ und $s_y\,(2)$ vertauschen. Diese Überlegungen legen eigentlich nahe, die Frage nach der Lorentz-Invarianz schon bei Zustandsänderungen zu stellen und nicht erst, wie Schlieder, bei

---

[85] Schlieder (1968), S. 312.

der Signalübertragung. Zwar können durch die Einschränkung der Invarianzforderung auf Signalübertragungen bestimmte Fragen umgangen werden (etwa: Ist der Übergang von $\Psi\,(1,2)$ in $u_+\,(1)\,u_-\,(2)$ lorentzinvariant beschreibbar oder nicht?), aber andererseits ist die darin zum Ausdruck kommende empiristische Haltung ein Vorverständnis, an dem man Zweifel anmelden kann. In diesem konkreten Fall kommt noch hinzu, daß es sich bei der EPR-Anordnung um einen statistischen Vorgang handelt (weder der Beobachter bei I noch der Beobachter bei II kann das Ergebnis seiner Messung beeinflussen oder vorhersagen). Die Anordnung könnte auch dann nicht zur Übertragung von Nachrichten eigener Wahl benutzt werden, wenn die Messung I durch eine normale, sich mit $v < c$ ausbreitende Wirkung die Messung II beeinflussen könnte.

Auch B. d'Espagnat merkt am Beispiel von Theorien mit verborgenen Parametern an, daß die quantenmechanische Nichtseparierbarkeit nicht in jedem Fall in Konflikt mit der SR kommen muß[86], da die Korrelation von Systemen wie etwa im EPR-Fall nicht dazu benutzt werden kann, Informationen (d'Espagnat schreibt spezieller „instructions" und „orders") zwischen beiden Systemen mit Überlichtgeschwindigkeit zu übermitteln.

Dabei betont d'Espagnat jedoch, daß dieser Versuch, Nichtseparierbarkeit und RT zu vereinbaren, an eine bestimmte Interpretation der Relativitätsforderung gebunden ist. Dieses Ergebnis nutzt d'Espagnat zu einem Argument gegen eine metatheoretische Position aus, die er „Makroobjektivismus" nennt[87]. Unter Makroobjektivismus versteht d'Espagnat eine realistische Position, nach der physikalische Objekte auch dann existieren und bestimmte Eigenschaften hätten, wenn es keine Menschen (d.h. keine Beobachter) gäbe. Für eine realistische Position reicht es für den Nachweis der Vereinbarkeit mit der SR nicht aus zu zeigen, daß durch die Korrelationen keine Informationen und Instruktionen übermittelt werden können. Das Relativitätsprinzip gilt nach realistischer Auffassung für alle Wechselwirkungen und nicht nur für epistemische Begriffe wie „Information". So kann der Makroobjektivismus nach d'Espagnat nicht die Nichtseparabilität von Quantensystemen und die RT vereinbaren, woraus dann ein Argument gegen diese metatheoretische Position abgeleitet wird. Damit wird behauptet, daß eine realistische Auffassung nicht mit der Gültigkeit von QM und SR vereinbar sei. Die folgenden Ausführungen sollen zeigen, daß dieser Schluß übereilt ist und mit Hilfe der EPR-Situation keine Argumente pro oder kontra Realismus ableitbar sind.

Bei relativistischen Überlegungen zum EPR-Paradoxon spielt die aus der Relativitätstheorie folgende obere Grenze für Signalgeschwindigkeiten eine große Rolle. Deshalb soll zunächst darauf näher eingegangen werden. Die Betonung der „Geschwindigkeitsbegrenzung" der SR gerade für *Signal*ausbreitung hängt u.a. damit zusammen, daß Phasengeschwindigkeiten monochroma-

---

[86] D'Espagnat (1976), S. 119.
[87] D'Espagnat (1976), S. 235 f.

tischer Wellenzüge durchaus größer als die Lichtgeschwindigkeit c sein können. Der scheinbare Widerspruch läßt sich auflösen, wenn man sich klar macht, daß die Phasengeschwindigkeit keinem realen Transportphänomen zugeordnet werden kann[88]. So kann man z.B. Signale nicht mit einer monochromatischen Welle, sondern nur mit sich ändernden Feldern übertragen. Änderungen in Feldern (Diskontinuitäten) breiten sich jedoch höchstens mit Lichtgeschwindigkeit aus[89], so daß sie nur den Vorwärtslichtkegel betreffen können. In der Physik versteht man unter einem Signal eine sich ausbreitende lokalisierte Störung etwa eines Feldes, die eine Kraft auf das „empfangende" System ausüben kann[90]. Hier hat der Signalbegriff keine notwendige Verknüpfung mit dem auf „Information" bezogenen Signalbegriff der Nachrichtentechnik. Ein subjektivistischer Signalbegriff kommt jedoch zuweilen ins Spiel, wenn Kausalitätsüberlegungen hinzugezogen werden. Läßt man für Signale Überlichtgeschwindigkeiten zu, so wird es möglich, Signale in die eigene Vergangenheit zurückzusenden: Ein Physiker A sendet zum Zeitpunkt t_1 ein Signal aus, ein Physiker B in einem bewegten Bezugssystem empfängt dieses Signal und antwortet, indem er seinerseits ein Signal an A sendet. Dieses Signal kann (bei Überlichtgeschwindigkeit) zu einem Zeitpunkt $t_2 < t_1$ ankommen. A kann sich nach dem Ankommen des Signals dann entscheiden, sein Signal zum Zeitpunkt t_1 gar nicht abzusenden. Dann wird B aber nicht antworten[91]. Den sich abzeichnenden Widerspruch kann man vermeiden, wenn man Überlichtgeschwindigkeit ausschließt.

Bei dieser Darstellung liegt eine subjektivistische Verführung nahe. So bemerkt R. Sexl[92]. dieses Argument gegen die Existenz von Überlichtgeschwindigkeiten sei nur unter der Voraussetzung des freien Willens schlüssig. Das gleiche Paradoxon erhält man jedoch auch, wenn man die Aktivität der Physiker durch einen Mechanismus ausführen läßt[93]. Das Signal muß dann nur noch die Eigenschaft haben, in einem Apparat eine Ja-Nein-Zustandsänderung herbeiführen zu können. Die geschilderte Situation muß nicht notwendig zu einer unauflösbaren Paradoxie führen. Dies ist nur dann der Fall, wenn man beliebige Anfangsbedingungen zuläßt (die analoge Forderung zum „freien Willen" des Physikers, d.h. zur Möglichkeit, beliebige Experimente durchzuführen). Aus diesen Überlegungen geht hervor, daß der Konflikt mit der SR für einen subjektiven und für einen objektiven Signalbegriff in den gleichen Situationen auftritt. So ist das Argument von d'Espagnat gegen den Realismus nicht überzeugend.

---

88   Vgl. Sommerfeld (1914) und Brillouin (1914).
89   Vgl. Sexl (1976), S. 21-22.
90   Vgl. Terletski (1960), S. 783, und Landau / Lifschitz (1951), S. 1-2.
91   Vgl. die ausführliche Darstellung in Anhang D.
92   Sexl (1976), S. 22.
93   Vgl. dazu Kanitscheider (1979 a), S. 106 f.

Wenn die Verknüpfung zwischen den Meßausgängen im EPR-Fall als Signalübertragung im physikalischen Sinn anzusehen ist, dann ist dadurch auch die SR verletzt. Nun gibt es eine Reihe von Hinweisen, daß im EPR-Fall nicht eine Signalübertragung im üblichen physikalischen Sinn (mit Energie- und Impulsfluß) stattfindet. Der Formalismus der QM gibt keinerlei Hinweise, daß eine physische Wechselwirkung, etwa aufgrund des Meßeingriffs an S_I den Zustand von S_{II} verursachen würde. So scheint eine Ursache-Wirkungs-Relation zumindest dann ausgeschlossen, wenn man darunter eine Beziehung auffaßt, bei der Energie und Impuls ausgetauscht wird[94]. Außerdem reicht nach dem Formalismus der QM eine Messung an S_I nicht aus, um dem System S_{II} eindeutig einen Zustand zuzuordnen.

Signale mit Überlichtgeschwindigkeit führen zur folgenden Schwierigkeit. Es sei a das Ereignis „in S_I wird u_+ (1) gemessen" und b das Ereignis „in S_{II} wird u_- (2) gemessen". Wenn in einem Bezugssystem a früher als b stattfindet, kann man sagen, daß die Messung a den Meßausgang b beeinflußt. Wenn das Signal von a nach b Überlichtgeschwindigkeit hat, gibt es aber auch andere Inertialsysteme, in denen b früher als a stattfindet. In diesen wäre also die Reihenfolge von Ursache und Wirkung vertauscht. Zur Lösung dieser Schwierigkeit hat Gunnar Sperber[95] den Vorschlag gemacht, in dem zweiten Bezugssystem (mit b früher als a) davon auszugehen, daß b den Ausgang a verursacht hat. Da, so könnte man Sperbers Argument ergänzen, eine Symmetrie zwischen den Ereignissen a und b besteht, gibt es keine Schwierigkeit damit, daß einige Beobachter „b verursacht durch a" und andere „a verursacht durch b" interpretieren.

Der Vorschlag, ein Signal zwischen zwei raumartig liegenden Gebieten a und b je nach der Zeitfolge von a und b in dem jeweiligen Bezugssystem *unterschiedlich* zu interpretieren, wurde auch in der Tachyonendiskussion vorgebracht. Ein Beobachter A emittiere ein Tachyon, das in seinem Bezugssystem zu einem späteren Zeitpunkt absorbiert wird. Es gibt nun Beobachter B, in deren Bezugssystem die Absorption *vor* der Emission liegt. G. Feinberg[96] schlägt als Lösung dieser Schwierigkeit vor, daß der Beobachter B den Emissionsprozeß von A als Absorptionsprozeß und den Absorptionsprozeß von A als Emissionsprozeß interpretiert. Im Bezugssystem B würde das Tachyon negative Energie haben, stattdessen wird B den Vorgang interpretieren als Tachyon mit positiver Energie, das in entgegengesetzter Richtung läuft. Mit dieser Interpretation ist in B auch wieder die normale Abfolge von Emission und Absorption hergestellt.

Diese Möglichkeit bezugssystemabhängiger Deutung eines Ereignisses als Absorption oder Emission wurde jedoch angegriffen. Nach R.G. Newton[97]

---

94   So bei Fair (1979).
95   Sperber (1974), S. 175.
96   Feinberg (1967).
97   Newton (1967).

ist die Situation deshalb nicht symmetrisch, weil die Häufigkeit von Absorptionen von der Tachyonendichte abhängt, die Emissionshäufigkeit aber nicht. W. Rolnick und F.A.E. Pirani haben Gedankenexperimente konstruiert, in denen auch die Uminterpretation eine kausale Anomalie nicht vermeiden kann[98].

Wie auch immer die Diskussion um die Tachyonen ausgehen mag, für den EPR-Fall ist die physikalische Natur solcher Signale mit Überlichtgeschwindigkeit offen, so daß man solchen Auswegen aus dem EPR-Paradoxon, wenn auch vielleicht nicht aus Gründen der logischen Inkonsistenz, so doch wegen fehlender Plausibilität nicht folgen sollte. Außerdem sollte man die Forderung, daß sich Wirkungen nur innerhalb des Lichtkegels ausbreiten und damit der Ursache-Wirkungs-Zusammenhang sich nicht in bestimmten Bezugssystemen umdrehen kann, nicht in einem ad-hoc Verfahren aufgeben[99]: Man müßte Gründe haben, warum gerade im EPR-Fall Signale mit Überlichtgeschwindigkeit im Spiel sind.

Diese Überlegungen legen nahe, die Korrelation der Meßausgänge nicht als das Ergebnis einer physischen Wechselwirkung aufzufassen, sondern in ihr den Ausdruck des Zusammenbruchs der Wellenfunktion zu sehen. Dieser Gedanke soll jetzt näher untersucht werden. Die Frage nach der Vereinbarkeit mit der SR verschiebt sich dabei insofern, daß nicht mehr nach der Geschwindigkeit der Signale geforscht wird, mit denen die Korrelationen hergestellt werden, sondern daß untersucht wird, ob der Zusammenbruch des Wellenpakets mit der SR vereinbar ist.

Mit dieser Frage hat sich auch Bernard d'Espagnat[100] auseinandergesetzt. Unter der Voraussetzung, daß die Reduktion der Wellenfunktion als realer physikalischer Prozeß angesehen wird, der durch die Wechselwirkung mit dem Meßgerät ausgelöst wird, sieht d'Espagnat keine Symmetrie zwischen den Ereignissen a und b. Vielmehr schlägt er vor, daß die Reduktion des Wellenpaketes im EPR-Fall durch die Messung ausgelöst wird, die in dem Bezugssystem, in dem beide Meßgeräte ruhen, *zuerst* stattfindet. Die dadurch festgelegte Aussage „Meßgerät 1 reduziert Wellenfunktion" oder „Meßgerät 2 reduziert Wellenfunktion" müßte nach d'Espagnat dann in jedem Bezugssystem gelten. Die Korrelation der Meßausgänge stellt sich jedoch instantan ein, so

---

[98] Rolnick (1969) und Pirani (1970).

[99] Die Lorentztransformationen erhalten die zeitliche Reihenfolge von zeitartig liegenden Ereignissen, so daß die Reihenfolge von Ursache und Wirkung bei allen Signalen erhalten bleibt, die sich nicht mit Überlichtgeschwindigkeit ausbreiten. In der Umkehrung konnte E.C. Zeeman (1964) zeigen, daß die Erhaltung der Reihenfolge von Ursache und Wirkung, repräsentiert durch eine Partialordnung $x < y$ im Minkowski-Raum ($x < y$, wenn $z = x - y$ zeitartig, d.h. $z_0^2 - z_1^2 - z_2^2 - z_3^2 > 0$) in natürlicher Weise zu den Lorentztransformationen führt: Die Gruppe aller Automorphismen des Minkowski-Raumes, die diese Teilordnung bewahren, wird durch die inhomogene Lorentzgruppe (und durch Streckungen) erzeugt.

[100] D'Espagnat (1976), S. 86 f.

daß die Reihenfolge von a und b nicht invariant ist. D.h. System II kann dann schon einen eigenen Zustandsvektor haben, obwohl die Ursache der Reduktion des Wellenpakets, die Messung an System I, noch gar nicht eingetreten ist. D'Espagnat zieht daraus nun Schlüsse über die Interpretation des Vorgangs der Reduktion des Wellenpakets: Die Verbindung des quantenmechanischen EPR-Problems mit relativistischen Überlegungen ergibt ein „starkes Argument"[101] gegen die „makroobjektivistische Interpretation", nach der der Übergang in den Eigenzustand durch die physikalische Wechselwirkung mit dem Meßgerät vor sich geht (im EPR-Fall würde ein solcher Übergang von einem begrenzten Raumgebiet um ein System seinen Ausgang nehmen). Wissenschaftstheoretisch ist an diesem Argument bemerkenswert, daß semantische Probleme der einen Theorie (d.h. die Interpretation der QM) mit Argumenten aus einer anderen Theorie (SR) gelöst werden sollen. D'Espagnat hebt hier einen wichtigen Punkt hervor, der nicht nur für die EPR-Situation gilt, aber hier wegen der räumlichen Trennung der Systeme besonders deutlich wird: Der Zusammenbruch des Wellenpaketes ist ein nichtlokaler Prozeß, der sich nach dem Formalismus instantan ausbreitet (zumindest bei einer bestimmten Interpretation). Somit ist die Reduktion der Wellenfunktion ein nichtkovarianter Prozeß, und zwar sowohl in der QM als auch in der RQM. Das heißt z.B., daß die Dirac-Theorie in ihrer Interpretation noch nichtrelativistische Elemente enthält. Der Formalismus der QM gibt keine näheren Auskünfte darüber, wie der Zusammenbruch der Wellenfunktion im Detail vor sich geht. Die Aussage beschränkt sich darauf, daß die Wellenfunktion

$$\Psi (1, 2) = (1/\sqrt{2}) (u_+ (1) u_- (2) - u_- (1) u_+ (2))$$

z.B. mit der Wahrscheinlichkeit 1/2 in den Zustand $u_+ (1) u_- (2)$ übergeht.

Wenn man annimmt, daß dieser Übergang instantan vor sich geht, werden die Ereignisse a (Messung von $u_+ (1)$) und b (Messung von $u_- (2)$) gleichzeitig eintreten (vgl. Abb. 13). Ein Beobachter in einem bewegten Bezugssystem

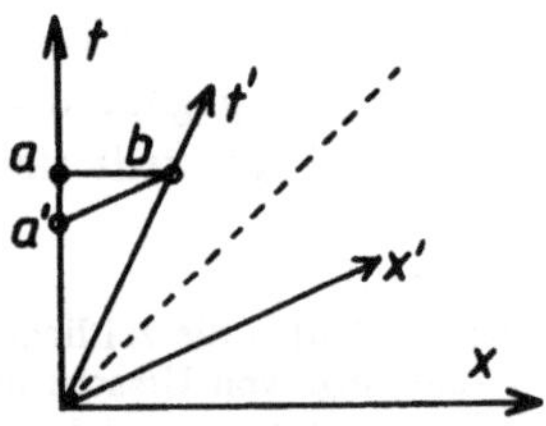

Abb. 13: Instantane Wirkungsausbreitung

würde dann S_{II} schon reduziert sehen, S_I aber noch nicht. Welche Zustandsfunktion soll dann das System haben? Die Annahme, daß auch im bewegten

---

101   D'Espagnat (1976), S. 90.

Bezugssystem der Zusammenbruch des Wellenpakets instantan vor sich geht, würde zu der Forderung führen, daß S_I schon in a' reduziert wird (damit wäre aber wieder im ersten Bezugssystem die Zustandsreduktion nicht instantan). Diese Argumentation setzt allerdings die Lokalisierbarkeit der beiden Systeme voraus, die in der QM nicht gegeben ist.

Man kann das angegebene Beispiel noch weiterführen und sich überlegen, was passiert, wenn die Meßrichtung von S_I in der Zeit zwischen a' und a gedreht wird. Zunächst ist festzuhalten, daß nur der Meß*ausgang* in einem System den Meßausgang im anderen festlegen kann. Die Wahl der Meß*richtung* in S_{II} beeinflußt die Meßwahrscheinlichkeit in S_I nicht: Korrelationen können sich dann schon ändern, wenn nur ein Partner sich ändert. So ist es auch nicht nötig, instantane Wechselwirkungen anzunehmen, die Drehungen der Meßrichtung in S_{II}, die u. U. lange nach der Trennung der Systeme stattfinden, an S_I vermitteln (eine solche Annahme ist nur für deterministische Theorien notwendig)[102]. Neuerdings sind Experimente vorgeschlagen worden, die es mit elektromagnetischen Hilfsmitteln ermöglichen, die Meßrichtung schnell zu variieren[103]. Für den Fall, daß die Richtungen des Meßgeräts festlegen, in welches Gemisch Ψ (1, 2) übergeht (womit dann die Korrelationen lokal erklärt werden), könnten dann Zustände mit u_+ (1) u_+ (2) auftreten, da nicht die Richtungswahl bei der Messung, sondern die Richtung bei Trennung der Systeme ausschlaggebend ist. Wenn die Richtungswahl der Geräte bis zur Messung keinen Einfluß auf den Systemzustand hat, ist von solchen Experimenten nichts Neues zu erwarten. Das Problem, warum (bei Messung von s_x in S_I und S_{II}) immer nur u_+ (1) u_- (2) und u_- (1) u_+ (2) auftreten, ist von der Wahl der Richtungen unabhängig. Dies ist eine Folge des Vielteilchenformalismus der QM bei der Wahl der Wellenfunktion Ψ (1, 2). Die Frage, wie voneinander getrennte Systeme sich so aufeinander „abstimmen" können, setzt eine Unabhängigkeit der Systeme voraus, die im Formalismus der QM gar nicht gegeben ist. Wenn man nicht einen verborgenen Determinismus annimmt, kann die Entscheidung, welcher Meßausgang vorliegen wird, auch nicht durch die Vergangenheit festgelegt sein.

Der Aufweis von Konflikten mit der SR erfordert Zusatzannahmen, die im Formalismus der QM nicht enthalten sind. Der Kern des Problems scheint zu sein, daß die Reduktion des Wellenpakets nicht als Vorgang im Minkowski-Raum im üblichen Sinn interpretierbar ist[104]. So werden zwar unmittelbare Widersprüche mit der SR vermieden, andererseits erhält dadurch die Reduktion des Wellenpakets eine unbefriedigende Sonderstellung: intuitiv erscheint

---

[102] Über diesen Punkt scheint u.a. bei Bohm / Aharonov (1957, S. 1071) eine Unklarheit zu bestehen.

[103] Vgl. Clauser / Shimony (1978), S. 1920.

[104] „In fact, QM is a sort of black box theory in that the stochastic reactions (induced state transitions) are not explained (i.e. reduced to other processes) but taken as irreducibel ..." (Strauss (1970), S. 265)

sie „unrelativistisch". Aufgrund dieser Überlegungen kann man zu der Auffassung kommen, die Reduktion des Wellenpakets nicht als realen Prozeß zu interpretieren (deswegen muß man nicht eine realistische Interpretation überhaupt ablehnen). Eine solche Alternative streben die statistischen Interpretationen an. Aber auch diese Möglichkeit scheint unbefriedigend (vgl. Kap. IV, 7).

5. Relativistische Fernwirkungstheorien

> *Wozu in die Ferne schweifen? Sieh, das Gute liegt so nah.*
>
> Frei nach *Goethe*

Es ist bemerkenswert, daß A. Einstein keine relativistischen Argumente heranzog, um die Möglichkeit eines Einflusses der Messung des Systems I auf das System II zu bestreiten. Einstein sieht darin vielmehr einen Verstoß gegen das „Prinzip der Nahewirkung"[105]. Danach sind räumlich getrennte Systeme I und II in dem Sinne relativ unabhängig, daß eine äußere Beeinflussung von I keinen unmittelbaren Einfluß auf II hat. Dieses Prinzip der Nahewirkung sieht Einstein nur in der Feldtheorie voll verwirklicht. „Völlige Aufhebung dieses Grundsatzes würde die Idee von der Existenz (quasi-)abgeschlossener Systeme und damit die Aufstellung empirisch prüfbarer Gesetze in dem uns geläufigen Sinne unmöglich machen."[106] Einstein will das Prinzip der Nahewirkung auch angesichts der QM nicht aufgeben: zwar mache die QM von diesem Prinzip nirgends explizit Gebrauch, aber andererseits gebe es kein physikalisches Phänomen, das gegen das angeführte Prinzip der Nahewirkung spreche.

Seit einiger Zeit hat sich aber dennoch das Interesse wieder Fernwirkungstheorien zugewandt. In einem kurzen Ausblick soll geprüft werden, ob die neuen Fernwirkungstheorien u. U. zur Lösung des EPR-Paradoxons beitragen können.

a) Fernwirkungstheorien in der relativistischen Teilchendynamik

Etwa seit 1945 werden verstärkt Versuche unternommen, in Anbetracht bestimmter Schwierigkeiten von Feldtheorien, wieder action-at-a-distance Theorien (aaad-Theorien) aufzustellen. Diese neuen Fernwirkungstheorien berücksichtigen die Forderung der SR, so daß der Haupteinwand gegen die alten Fernwirkungstheorien nicht mehr erhoben werden kann[107]. Man kann zwei ver-

---

105   Vgl. Einstein (1948).
106   Einstein (1948), S. 322.
107   Vgl. hierzu Kerner (1972). Philosophische Untersuchungen zu Fernwirkungstheorien finden sich in Hesse (1970), Kap. VII und X, sowie in Kanitscheider (1979),

schiedene Formen unterscheiden: nicht instantane aaad-Theorien und instantane aaad-Theorien. Zu den ersteren gehört z.B. die Elektrodynamik von Wheeler und Feynman, bei der Wirkungen entlang dem Vorwärts- *und* dem Rückwärtslichtkegel der Punkte der Weltlinie eines Teilchens ausgehen. Die hier angesprochenen Fernwirkungstheorien führen alle Kräfte auf die unmittelbare Wechselwirkung der n-Teilchen eines Systems zurück. Auf die vermittelnde Wirkung eines Feldes wird verzichtet, die Wechselwirkungsterme etwa in der Lagrange-Funktion sind nicht mehr lokal. Dabei beanspruchen etwa van Dam und Wigner[108], gezeigt zu haben, daß — entgegen einer weitverbreiteten Meinung — eine Wechselwirkung zwischen Teilchen nicht unbedingt durch Felder vermittelt werden muß, um lorentzinvariant zu sein. Außerdem sei die Auffassung falsch, daß die Wechselwirkung zwischen Teilchen nur über „Signale" ausgetauscht werden kann, die nicht die Lichtgeschwindigkeit überschreiten dürfen, wenn die Forderungen der RT nicht verletzt werden sollen. Die von van Dam und Wigner vorgeschlagenen Gleichungen (die die Wheeler-Feynman-Elektrodynamik als Sonderfall enthalten) implizieren eine Wechselwirkung auch mit solchen Bahnabschnitten anderer Teilchen, die raumartig liegen[109]. F. Rohrlich hat die Vorteile einer (der konventionellen Auffassung äquivalenten) nicht lokalen Formulierung der Elektrodynamik gezeigt[110]: Durch den Verzicht auf die unendlich vielen Freiheitsgrade des Feldes verschwinden die Selbstwechselwirkungen des Elektrons und andere Divergenzprobleme. So wie Einstein für die Nahewirkungstheorien führt Rohrlich für die Fernwirkungstheorien auch philosophische Gründe an: Mit der Berufung auf Occam's razor werden Bedenken gegen die theoretische Größe „Feld" geltend gemacht[111].

In diesem Zusammenhang sollte vielleicht darauf hingewiesen werden, daß es schon innerhalb der klassischen Mechanik schwierig ist, eine relativistische Mehrteilchentheorie zu konstruieren. Entsprechend haben einige instantane aaad-Theorien die Schwierigkeit, daß keine Wechselwirkung mehr möglich ist, daß die Theorie als Weltlinien nur noch gerade Linien zuläßt (Zero-Interaction-Theorem[112]).

S. 101-113. Die oft geäußerte Auffassung, daß die SR Fernwirkungen ausschließe (so etwa Clauser / Shimony (1978), S. 1920), ist demnach nicht korrekt.

[108]   Van Dam / Wigner (1965).

[109]   Van Dam / Wigner (1965), S. 37.

[110]   Rohrlich (1974).

[111]   Rohrlich (1974), S. 308; (Occams razor: Man soll nicht ohne Not die Existenz zusätzlicher Entitäten postulieren).

[112]   Eine relativistische 2-Teilchen-Hamilton-Mechanik, bei der a) die Teilchenorte kanonische Variable sind, b) die Transformationen der inhomogenen Lorentz-Gruppe kanonisch sind, c) die Invarianz der Weltlinien gefordert ist, ist nicht mit einer Wechselwirkung der Teilchen vereinbar (Currie / Jordan / Sudarshan (1963), Currie (1963)). Vgl. auch Kerner (1972). Dieses „Zero-Interaction-Theorem" konnte auf drei, später auf N-Teilchen verallgemeinert werden.

Eine weitere Komplikation entsteht dadurch, daß der Begriff der Lorentz-Invarianz einer Theorie in verschiedener Weise präzisiert werden kann. Eine Möglichkeit zeigt Leslie Foldy[113]:

Ein abstrakter Zustand ψ wird von einem Beobachter A in ‚seinem' Vektorraum mit ψ_A beschrieben, ein Beobachter in einem anderen Bezugssystem wird den gleichen Zustand in ‚seinem' Vektorraum mit ψ_B beschreiben. Dabei wird ein Isomorphismus zwischen den ‚privaten' Vektorräumen der verschiedenen Beobachter angenommen (durch den z.B. ψ_A und ψ_B einander zugeordnet werden). Dadurch soll garantiert werden, daß Übergangswahrscheinlichkeiten invariant werden:

$|(\varphi_A, \psi_A)|^2 = |(\varphi_B, \psi_B)|^2$. Es kann nun ein ‚gemeinsamer' Vektorraum V konstruiert werden, in dem die Beziehungen zwischen den ‚privaten' Unterräumen als Automorphismen des ‚gemeinsamen' Vektorraumes V auftauchen (z.B. wird in V dann ψ_A auf ψ_B abgebildet). Es wird nun gefordert, daß V ein Darstellungsraum der Lorentzgruppe ist, d.h. daß jeder Lorentz-Transformation in bestimmter Weise ein Automorphismus in V entspricht (so daß z.B. dem Übergang von Beobachter A zu Beobachter B ein Automorphismus in V zugeordnet wird, der ψ_A nach ψ_B abbildet). Hierdurch kann also die Lorentz-Invarianz definiert werden, ohne auf die formale Gestalt der Gesetze Bezug zu nehmen.

Die angedeutete Form der Lorentz-Invarianz kann durch zusätzliche Forderungen ergänzt werden, daß z.B. bestimmte Größen als Skalare, Spinoren oder Vektorfelder transformieren sollen (manifeste Kovarianz). Die Forderung nach relativistischer Invarianz kann also verschiedene Bedeutungen haben: a) Forderung nach einem Darstellungsraum der Lorentzgruppe; b) Forderung nach Transformationseigenschaften bestimmter Größen[114]. Dies macht deutlich, daß eine Vereinigung von Mechanik (bzw. QM) mit der SR auch begrifflich nicht trivial ist und von der Präzisierung des Begriffs „relativistische Invarianz einer Theorie" abhängt.

Ein weiterer Problemkreis soll hier nur angedeutet, aber nicht näher ausgeführt werden: Die Lokalisierbarkeit von relativistisch-quantenmechanischen Systemen. Bei der Konstruktion von Projektionsoperatoren, die die Eigenschaft abbilden, in einem bestimmten Raumgebiet lokalisiert zu sein, zeigen sich Zusammenhänge mit Invarianzforderungen: Ein Zustand, der in einem Bezugssystem als lokalisiert erscheint, ist in einem dazu bewegten Bezugssystem nicht mehr lokalisiert[115].

Die Möglichkeit von Fernwirkungstheorien kann man als Hinweis ansehen, daß mit den relativistischen Invarianzforderungen mehr Phänomene vereinbar

---

113 Foldy (1961).

114 Vgl. auch Currie / Jordan / Sudarshan (1963).

115 Vgl. Blokhintsev (1973), S. 89 f., und Wightman (1962).

sind, als man auf den ersten Blick annehmen könnte. Es wäre zumindest denkbar, daß beim EPR-Experiment Fernwirkungskräfte im Spiel sind. Es scheint jedoch keine durchgeführten Anwendungen von Fernwirkungstheorien auf die EPR-Situation zu geben. Wenn die betrachteten Fernwirkungstheorien auch eine Reihe interessanter methodologischer Probleme aufwerfen, so scheinen sie doch zum gegenwärtigen Zeitpunkt zur Lösung des EPR-Problems keinen Beitrag liefern zu können.

b) Nichtlokale Verborgene-Parameter-Theorien

Der Bellsche Beweis schließt aus, daß lokale Theorien mit verborgenen Parametern (VP-Theorien) die Phänomene richtig wiedergeben können (vorausgesetzt, die Vorhersagen der QM stimmen mit den Experimenten überein). Nichtlokale VP-Theorien sind jedoch Kandidaten für einen Konflikt mit der SR. Im folgenden soll an zwei Beispielen angedeutet werden, welche Probleme nichtlokale VP-Theorien unter relativistischem Aspekt aufwerfen.

Das erste Beispiel ist die Theorie von Bohm aus dem Jahre 1951[116]. Diese Theorie steht in der Tradition von Vorstellungen von de Broglie, in denen an der Bahnbewegung der Teilchen festgehalten wird und die Welleneigenschaften der Materie dadurch berücksichtigt werden, daß die Korpuskel als Singularität in einen Wellenvorgang eingebettet ist. So ergibt sich eine Art von Welle-Teilchen-*Synthese*[117]. Ein Elektron wird z.B. als Teilchen mit wohldefinierten Koordinaten $\vec{x}\,(t)$ angesehen.

Weiter ist mit dem Teilchen ein Wellenfeld $\psi\,(\vec{x},\,t)$ verbunden. Wellenfeld und Teilchen sind gleich wichtig, um z.B. die Natur des Elektrons zu verstehen. Das Wellenfeld wirkt auf das Teilchen ein. Hierzu wird $\psi\,(\vec{x},\,t)$ zerlegt (dabei sind R und S reelle Zahlen)

$$\psi\,(\vec{x},\,t) = Re^{iS/\hbar}\,.$$

Aus der Schrödinger-Gleichung für das Wellenfeld folgt dann eine Kontinuitätsgleichung (dabei ist $P = R^2 = \psi^*\psi$)

$$(28) \qquad \frac{\partial P}{\partial t} + \mathrm{div}\,(P\,\frac{\nabla S}{m}) = 0$$

und

$$(29) \qquad \frac{\partial S}{\partial t} + \frac{(\nabla S)^2}{2m} + V + Q = 0\,.$$

---

[116]   Vgl. Jammer (1974), S. 278 f., und Bohm / Hiley (1975).
[117]   Vgl. Jammer (1974), S. 49.

Dabei ist V das übliche („klassische") Potential und Q ist ein neues „Quantenpotential"

$$Q = \frac{\hbar^2}{2m} \frac{\nabla^2 R}{R} \, .$$

Mit dem Quantenpotential Q läßt sich nun z.B. erklären, warum das ψ-Feld gerade so auf das Teilchen einwirkt, daß es sich nicht in Gebieten mit $P = |\psi^2| = 0$ aufhalten kann. In Gebieten mit kleinen P und damit mit kleinen R wird Q sehr groß, so daß das Quantenpotential das Teilchen aus Gebieten mit kleinen Aufenthaltswahrscheinlichkeiten vertreibt. Im klassischen Grenzfall $\hbar \to 0$ wird Q in (29) vernachlässigbar und man erhält eine Gleichung, die der klassischen Hamilton-Jacobi-Gleichung für ein Teilchen im Potential V entspricht.

Die QM von Einteilchensystemen wird in der Bohmschen Theorie verständlich, ohne daß eine wesentliche Änderung der klassischen Vorstellungen notwendig wäre[118]. Bei quantenmechanischen Vielteilchensystemen zeigt sich jedoch ein neuer Zug, nämlich eine Ganzheitlichkeit, nach der auch weit auseinanderliegende Systeme in der Regel nicht als unabhängig voneinander angesehen werden können. Als Beispiel wollen wir die Schrödinger-Funktion $\psi(\vec{x}_1, \vec{x}_2, t)$ eines Zweiteilchensystems betrachten $(\psi(\vec{x}_1, \vec{x}_2, t) = Re^{iS/\hbar})$. Aus der Schrödinger-Gleichung folgt wieder (mit $P = \psi^*\psi$)

$$(30) \qquad \frac{\partial P}{\partial t} + \nabla_1 \, (P \frac{\nabla_1 S}{m}) + \nabla_2 \, (P \frac{\nabla_2 S}{m}) = 0$$

und

$$(31) \qquad \frac{\partial S}{\partial t} + \frac{(\nabla_1 S)^2}{2m} + \frac{(\nabla_2 S)^2}{2m} + V(\vec{x}_1, \vec{x}_2) + Q = 0$$

mit

$$(32) \qquad Q = -\frac{\hbar^2}{2m} \, (\frac{\nabla_1{}^2 R}{R} + \frac{\nabla_2{}^2 R}{R}) \, .$$

Durch dieses Quantenpotential Q erhalten Vielteilchensysteme einen besonderen Ganzheitscharakter. Q vermittelt nämlich auch für solche Teilchen eine nichtverschwindende Wechselwirkung, die beliebig weit voneinander getrennt sind. Q kann außerdem nicht als Funktion der Koordinaten allein angegeben werden, es hängt von $\psi(\vec{x}_1, \ldots \vec{x}_n, t)$, d.h. vom System als ganzem ab. Durch diesen vom Quantenpotential verursachten Ganzheitscharakter wird es in der Regel unmöglich, isolierte, voneinander unabhängig existierende Teilsysteme abzuspalten, deren Eigenschaften dann nicht mehr vom Zustand des übrigen Systems abhängen (Nichtseparierbarkeit). Die Unabhängigkeit von Teilsyste-

---

[118]   Vgl. Bohm / Hiley (1975), S. 97

men ist nur noch in Spezialfällen verwirklicht, wenn sich die Wellenfunktion als Produkt schreiben läßt.

$$(33) \qquad \psi(\vec{x}_1, \vec{x}_2, t) = \varphi_1(\vec{x}_1, t)\, \varphi_2(\vec{x}_2, t) \,.$$

Q reduziert sich dann auf eine Summe, in der jeder Term nur noch von Koordinaten der einzelnen Teilchen abhängt. Dadurch wird das Verhalten des Teilchens vom Zustand der anderen Teilchen entkoppelt

$$Q = -\frac{\hbar^2}{2m}\left(\frac{\nabla_1{}^2 R_1(\vec{x}_1)}{R_1(\vec{x}_1)} + \frac{\nabla_2{}^2 R_2(\vec{x}_2)}{R_2(\vec{x}_2)}\right).$$

Im EPR-Fall ist eine Faktorisierung wie in (33) nicht möglich. D.h. auch wenn das klassische Potential bei Trennung der Systeme verschwindet, kann Q als „Quanten-Wechselwirkung" Veränderungen von System I instantan auf System II übertragen.

Die Einführung verborgener Parameter hat in einem gewissen Sinn die Kausalität gerettet, dafür mußte aber das Ziel einer action-by-contact aufgegeben werden: Auch solche Systeme sind miteinander verknüpft, die nicht über ein klassisches Potential Kontakt haben. Die Lokalität ist nur bei besonderen Systemen verwirklicht[119].

Es soll nun untersucht werden, ob Bohms Theorie mit der SR vereinbar ist. Dabei müssen zwei Fragen unterschieden werden. Zum einen muß geklärt werden, ob die instantane Wirkungsübertragung durch das Quantenpotential mit der Relativitätstheorie vereinbar ist. Zum anderen muß untersucht werden, ob Bohms Ansatz von der Schrödinger-Gleichung auch auf die Dirac-Gleichung übertragbar ist.

D. Bohm selbst stellt fest[120], daß dann, wenn das Quantenpotential Signale tragen kann, eine Verletzung der SR vorliegen würde, da die vom Quantenpotential vermittelten Korrelationen sich mit Überlichtgeschwindigkeit einstellen. Wenn das Quantenpotential jedoch nicht die Ordnungsstruktur tragen kann, die für ein (informationsübertragendes) Signal notwendig ist, dann muß auch keine Verletzung der SR vorliegen. Die Frage, ob das Quantenpotential Signale überträgt, ist nach Bohm noch offen. Gesichert ist, daß im EPR-Fall durch die Korrelationen keine Informationen übermittelt werden können. Möglicherweise gilt dies allgemein für die Wirkungen des Quantenpotentials.

Die quantenmechanischen Korrelationen können nicht durch die Wirkung von Signalen verstanden werden. Die prinzipielle Nichtseparierbarkeit ermög-

---

[119] Hier zeigt sich eine gewisse Verwandtschaft mit holistischen Ansätzen in der Elementarteilchenphysik (etwa mit dem bootstrap-Modell). Vgl. dazu Kanitscheider (1979a), S. 357 f.

[120] Bohm / Hiley (1975), S. 107.

licht es, die SR in einem gewissen Sinn unanwendbar zu machen. „It is an inference from the quantum theory that events that are separated in space and that are without possibility of connection through the propagation of effects at speeds not greater than that of light. Thus the quantum theory is not compatible with Einstein's basic approach to relativity, in which it is essential that such correlations be explained by signals propagated at speeds not faster than that of light."[121] Bohms Argumente sind an eine subjektivistische Interpretation der SR gebunden, da das Signal als Informationsträger im epistemischen Sinn angesehen wird. Es scheint jedoch, daß auch in einer objektivistischen Interpretation ein Konflikt von EPR-Korrelationen und SR durch die Nichtseparierbarkeit vermieden werden kann. Das Ergebnis, daß die Reihenfolge der Messungen an System I und System II bezugssystemabhängig wird, ist bei einer holistischen Auffassung akzeptierbar, da man hier nicht von der Vorstellung ausgeht, daß z.B. die Messung an System I eine von System I ausgehende Veränderung bewirkt, die als Wirkung dann System II beeinflußt. Die Forderung nach der Erhaltung der Reihenfolge von Ursache und Wirkung (als deren Folge nur zeitartig liegende Ereignisse einander beeinflussen können) kann aufgegeben werden, da innerhalb des Systems nicht mehr Teile als Ursache oder Wirkung abtrennbar sind: Es reagiert immer das System als Ganzes. Dennoch ist es intuitiv nicht leicht nachvollziehbar, warum etwa im EPR-Fall zwei makroskopische Ereignisse, wie sie Messungen an weit auseinanderliegenden Systemen darstellen, nicht unter dem Ursache-Wirkungs-Aspekt betrachtet werden dürfen.

Die Frage der Vereinbarkeit der Bohmschen Theorie mit der SR stellt sich im zweiten Sinn mit der Ausweitung seines Ansatzes auf die Dirac-Gleichung[122]. Dieser Versuch führt auf eine ganze Anzahl von Schwierigkeiten, die noch nicht als gelöst betrachtet werden können. F.J. Belinfante[123] zählt die Probleme auf, zu denen etwa die Schwierigkeit gehört, den richtigen Ausdruck für die Dichte und den Strom zu finden, so daß man eine passende Kontinuitätsgleichung wie (28) gewinnt. Außerdem werfen die Zustände negativer Energie und die Teilchenerzeugung Probleme auf, so daß die Bohmsche Variante der Dirac-Gleichung nicht zufriedenstellend ausgearbeitet erscheint.

Im Vergleich zu Bohms Theorie aus dem Jahre 1951, schreibt F. J. Belinfante der Theorie von Bohm und Bub von 1966 größere Chancen zu, auf eine relativistische Theorie wie die Dirac-Theorie oder auf eine relativistische QFTh hin verallgemeinert zu werden[124]. Zwar ist in der vorliegenden Form der Mechanismus, der den Zusammenbruch des Wellenpaketes beschreibt, nicht relativistisch kovariant, aber Belinfante glaubt, daß dieser Mangel behebbar ist —

---

[121]   Bohm (1971), S. 430.
[122]   Jammer (1974), S. 288.
[123]   Belinfante (1973), S. 112-118 und S. 209-212.
[124]   Vgl. Jammer (1974), S. 312 f., und Belinfante (1973), S. 162/163.

im Gegensatz zu den Autoren selbst, die eine einfache Erweiterung auf relativistische Phänomene ausschließen[125]. In der Theorie von Bohm und Bub kann der Meßprozeß nur zur Reduktion des Gesamtsystems führen, nicht zur Reduktion der Komponenten, so daß die EPR-Situation nicht mehr formuliert werden kann[126]. Auch hierin zeigt sich, wie wenig einsichtig der behauptete Totalitätscharakter quantenmechanischer Systeme ist.

6. Exotische Lösungsversuche

Ich schließe diese etwas lange geratenen Ausführungen über die Deutung der Quantentheorie mit der Reproduktion eines kurzen Gesprächs, das ich mit einem bedeutenden theoretischen Physiker geführt habe. Er: „Ich neige dazu, an Telepathie zu glauben." Ich: „Dies hat wohl mehr mit Physik als mit Psychologie zu schaffen." Er: „Ja."

Albert Einstein [127/128]

In diesem Kapitel sollen einige Lösungsversuche des EPR-Problems vorgestellt werden, die in der Physik allgemein als akzeptiert geltende Voraussetzungen aufgeben und in diesem Sinn „exotisch" sind.

a) Lösung durch Eingriff des Bewußtseins

Es ist ungewöhnlich, wenn in der physikalischen Fachliteratur die Voraussetzungen eines Lösungsvorschlages besonders betont oder vom Autor sogar als nicht gegeben angesehen werden. P.F. Zweifel[129] betont mehrmals den hypothetischen Character seines Lösungsvorschlages zum EPR-Problem: Wenn man die Theorie des quantenmechanischen Meßprozesses von E.P. Wigner übernimmt, dann läßt sich das EPR-Paradoxon vermeiden. Wigners Meßtheorie läßt sich kurz dadurch charakterisieren, daß die Reduktion des Wellenpaketes durch die Wechselwirkung mit dem Bewußtsein des Beobachters ausgelöst wird. P.F. Zweifel will diese Wechselwirkung, die er so physikalisch auffaßt, daß man nach einem ihr zugeordneten Teilchen suchen müßte, nicht behaupten, sondern nur zeigen, daß mit ihr das EPR-Paradoxon aufzulösen ist: Wenn der gleiche Beobachter System I und System II abliest, so können die beiden Systeme miteinander wechselwirken und Korrelationen ausbilden, da beide (über das „Wigner-Potential") mit dem Bewußtsein des Beobachters wechselwirken. Dies

---

125   Bohm / Bub (1966), S. 467.
126   Vgl. Bohm / Bub (1966), S. 467.
127/128   Einstein (1955 b), S. 507.
129   Zweifel (1974).

gelte auch — so Zweifel weiter —, wenn die Messungen von verschiedenen Beobachtern durchgeführt werden. Denn dann müßten zwischen den Beobachtern Informationen ausgetauscht werden, z.B. um zu garantieren, daß zwei zusammengehörende Teilsysteme gemessen werden und nicht zufällig zwei beliebige Systeme. Der Kritiker wird bei diesem Argument natürlich anzweifeln, ob diese Information — die ja schon vor dem Versuch ausgetauscht und weitgehend durch spezielle Koinzidenzschaltungen sichergestellt werden können — tatsächlich ausreichen, um die Korrelationen zwischen den getrennten Systemen verständlich zu machen. Die in einem gewissen Sinn richtige Vorstellung, daß Bewußtseinsvorgänge nicht räumlich und zeitlich gebunden sind, wird auf materielle Vorgänge übertragen, so daß die Frage etwa nach den Transformationseigenschaften der Wechselwirkung mit dem Bewußtsein nicht mehr gestellt werden kann. Ebenso wird nicht begründet, warum das „Wigner-Potential" gerade die quantenmechanischen Korrelationen und nicht andere liefert. Durch den Hinweis auf Bewußtseinsvorgänge werden die ansonsten in der Physik üblichen Methoden außer Kraft gesetzt. So zeigt sich bei Zweifels Lösungsvorschlag doch ein großer ad-hoc-Anteil, so daß man ihn nicht nur intuitiv als unphysikalisch ablehnen, sondern diese Ablehnung auch methodologisch begründen kann[130].

b) Lösung durch Aufgabe von Räumlichkeit und Zeitlichkeit des Mikrogeschehens

In einer Untersuchung u.a. zum EPR-Problem kommt Wolfgang Büchel zu dem Ergebnis, daß man auch vom Standpunkt eines erkenntnistheoretischen Realismus zu der Auffassung kommen muß, „daß das mikrophysikalische Geschehen nicht als in Raum und Zeit in einer bestimmten Weise ablaufend gedacht werden kann"[131]. Büchel geht davon aus, daß unter den Voraussetzungen

1. der Separierbarkeit (die beiden Teilchen üben nach dem Auseinanderlaufen keinen Einfluß mehr aufeinander aus)

2. der Unabhängigkeit des Zerfallsprozesses von der Orientierung der Meßgeräte

die Korrelation der Meßergebnisse nur dann zu erklären ist, wenn der Meßausgang für jedes Teilchen unabhängig determiniert ist. Da diese Möglichkeit durch das Bellsche Theorem ausgeschlossen ist, muß eine der Voraussetzungen falsch sein. Die Aufgabe der Voraussetzung 1) würde nach Büchel eine Wechselwirkung mit unräumlichem Charakter implizieren, die Aufgabe der Voraussetzung

---

130   Zur Kritik an Wigner vgl. etwa Stapp (1979), S. 14.
131   Büchel (1969), S. 166.

2) würde das Leugnen einer zeitlichen Struktur von Ereignissen bedeuten (durch Wirkungen von der Zukunft auf die Gegenwart). Dabei wird im ersten Fall davon ausgegangen, daß Signale zwischen den beiden Systemen nicht mit beliebiger Geschwindigkeit übermittelt werden können, d.h. die Gültigkeit der SR wird vorausgesetzt. Da solche Signale die Korrelationen nicht festlegen können, müßte man auf Signale mit Überlichtgeschwindigkeit schließen. Diese haben aber damit Eigenschaften, die andere materielle Wechselwirkungen nicht zeigen und sind in diesem Sinn unräumlich. Die Möglichkeit, daß man eigentlich gar nicht von getrennten Systemen sprechen dürfte, lehnt Büchel mit dem Hinweis ab, daß eine Nichtseparierbarkeit in diesem Sinn nur in der EPR-Situation auftaucht und bei einer konsequenten Durchführung dieses Gedankens alles in der Welt mit allem anderen in einem ganzheitlichen Zusammenhang stehe und damit der Begriff der Ganzheit seines Inhalts beraubt wäre.

Als Kritik wäre hier allerdings anzumerken, daß die Wellenfunktion $\psi\,(1,2)$ tatsächlich nicht als Produktfunktion darstellbar, d.h. separierbar ist und über die bedingten Wahrscheinlichkeiten die Korrelationen schon enthält. Wenn man auf der unabhängigen Existenz der Einzelsysteme besteht, so wäre es naheliegender, die Beschreibung der Situation durch die QM als nicht adäquat abzulehnen, als auf unräumliche Wechselwirkung auszuweichen.

Büchel lehnt jedenfalls beide Möglichkeiten ab und verweist auf die Möglichkeit, Voraussetzung 2) aufzugeben, d.h. eine Determination der (u. U. in der Zukunft liegenden) Orientierung der Meßgeräte auf den Zerfallsprozeß zuzulassen. Für individuelle mikrophysikalische Vorgänge will der Autor also in der Zeit rückwärts laufende Wirkungen zulassen, da nach seiner Vermutung der gewohnte zeitliche Richtungssinn nur für makroskopische Determinationsvorgänge gilt, da er durch die Zunahme der Entropie begründet sei[132]. Damit wird dem mikrophysikalischen Geschehen ein zeitliches Nacheinander abgesprochen[133]. Ohne auf die Probleme dieser Auffassung zum Zeitpfeil einzugehen, scheint Büchels Vorschlag, die Lokalisierung der physikalischen Vorgänge in der Raumzeit aufzugeben, unnötig weitgehend: Man kann auf die Vorstellung räumlicher Trennung der Systeme verzichten, ohne gleich unräumliche Wechselwirkungen in Kauf nehmen zu müssen. Allerdings zeigt dann die Beschreibung des korrelierten Meßvorgangs einen gewissen black-box-Charakter und scheint (in Anbetracht einer Vorstellung von getrennten Teilchen) physikalisch inadäquat. Andererseits ist zu beachten, daß Büchel sich bei seinem Vorschlag auf Theorien stützt (QM, besonders aber SR), die eine Lokalisierung des physikalischen Geschehens in der Raumzeit voraussetzen, so daß mit dem Vorschlag diese Lokalisierung aufzugeben, die Gültigkeit dieser Theorien zumindest eingeschränkt wird. Ohne eine weitere Stützung scheint die Annahme

---

[132]   Büchel (1969), S. 170 f.
[133]   Büchel (1969), S. 165.

von in der Zeit zurücklaufenden Mikroprozessen ad hoc. In dieser Situation sollte doch erst nach anderen Auswegen gesucht werden [134].

c) *Lösung durch Wirkungsausbreitung in die Vergangenheit*

Eine weitere aus dem üblichen Rahmen fallende Lösung hat verschiedentlich O. Costa de Beauregard vorgeschlagen [135], sie sei am folgenden Raum-Zeit-Diagramm kurz skizziert (Abb. 14):

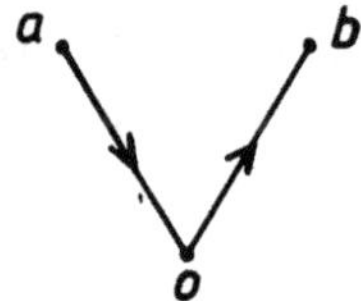

Abb. 14: Relaisstation in der Vergangenheit

0 sei das Ereignis der Trennung der Systeme, *a* die Messung am System I, *b* die Messung am System II. Nach Costa de Beauregard kann die Messung am System I nicht direkt die Messung an II beeinflussen, da A und B raumartig zueinander liegen. Da der Autor avancierte Lösungen zuläßt und sie als Wirkungsausbreitung in die Vergangenheit interpretiert, sieht er den Weg offen für eine Wirkungsausbreitung über die zeitartig zu *a* und *b* liegende Station 0. Damit haben die EPR-Korrelationen die gleiche Ursache wie parapsychologische Effekte [136]. Folgt man den Voraussetzungen von Costa de Beauregard, so erweist sich sein Lösungsvorschlag als relativistisch kovariant [137]. Kritische Anmerkungen zu dieser Position lassen sich analog zu Kap. IV,5 führen. Insgesamt machen die angeführten „Nicht-Standard"-Lösungen deutlich, wieviele Voraussetzungen methodologischer und philosophischer Art den üblicherweise zugelassenen Lösungsraum einschränken. Außerdem zeigt sich, daß das Auftreten hartnäckiger Rätsel es leichter macht, die Schwelle zum Reich der verbotenen Lösungen zu überschreiten.

---

134   In diesem Zusammenhang sei noch darauf verwiesen, daß Shimony (1978) kurz die Möglichkeit einer Abänderung der Topologie der Raumzeit zur Erklärung der EPR-Korrelationen diskutiert (S. 14).

135   Vgl. z. B. Costa de Beauregard (1976).

136   Vgl. Costa de Beauregard (1978), S. 66-67. Sicherlich drohte dieser Gedanke schon viele Forscher in verzweifelten Stunden der Beschäftigung mit dem EPR-Paradoxon zu verführen.

137   Costa de Beauregard (1976), S. 555.

7. Lösungsversuche aufgrund einer statistischen Interpretation

*One wants not a formal explanation of the situation,
but a physical account of how it comes about.*

Clifford A. Hooker [138]

Im gleichen Jahr, in dem die Arbeit von Einstein, Podolsky und Rosen erschien, kam von Henry Margenau der Vorschlag, verschiedene Probleme der QM durch die Aufgabe des sog. Projektionspostulats aus dem Weg zu räumen [139]. Nach der Aussage des Projektionspostulats geht der Zustand eines quantenmechanischen Systems bei der Messung in einen Zustand über, der eine Eigenfunktion des Operators ist, durch den die zu messende Größe repräsentiert wird. Dieser Vorgang wird oft auch als „Reduktion des Wellenpakets" oder als „Zusammenbruch der Wellenfunktion" bezeichnet. Charakteristisch für diese Zustandsänderung ist, daß sie nicht durch die Schrödinger-Gleichung beschrieben werden kann. Wenn man das Projektionspostulat aufgibt, muß man nicht mehr annehmen, daß sich der Zustand des Systems bei der Messung ändert.

Auf die Bedeutung des Projektionspostulats für das EPR-Problem hat H. Margenau schon 1935 in einem Brief an Einstein hingewiesen [140]. Durch seine Überlegungen wurde Margenau zu einer statistischen Interpretation der QM geführt, nach der der Zustandsvektor nicht einem einzelnen System zugeordnet wird, sondern ein Ensemble von identisch (oder ähnlich) präparierten Systemen beschreibt. Auch L.S. Ballentine sieht ein Argument für die Überlegenheit der statistischen Interpretation der QM darin, daß sich im EPR-Fall alle Interpretationen, die die Zustandsfunktion einem Einzelsystem zuordnen, mit nichtlokalen Effekten konfrontiert sehen [141]. Dieses Argument kann jedoch nur dann überzeugen, wenn gezeigt werden kann, daß die statistische Interpretation in der Lage ist, *bei gleicher Erklärungsleistung* die Separabilität und Lokalität zu retten.

Im folgenden soll zunächst ein Lösungsversuch des EPR-Paradoxons mit Hilfe des Formalismus der Dichtematrizen näher untersucht werden. Dazu wollen wir uns ansehen, wie die Vereinigung und Trennung von Systemen durch Dichtematrizen beschrieben werden kann. S_1 und S_2 seien zwei Systeme, die zu einem Gesamtsystem S vereinigt werden. Der Zustand von S_1 werde durch die Dichtematrix W_1, der Zustand von S_2 werde durch W_2 beschrieben. Das Gesamtsystem hat die Dichtematrix W. Für W muß gelten

---

138   Hooker (1970), S. 856.
139   Margenau (1936).
140   Vgl. Jammer (1974), S. 227.
141   Ballentine (1970), S. 378.

$$\begin{aligned} Sp\, AW &= Sp_1\, A_1\, W_1 \\ Sp\, BW &= Sp_2\, B_2\, W_2 \, . \end{aligned} \tag{34}$$

Dabei ist Sp die Spurbildung im Gesamtsystem, Sp_1 und Sp_2 ist die Spurbildung in S_1 bzw. S_2, A_1 und B_2 sind beliebige Operatoren in den Teilsystemen, A und B sind die gleichen Operatoren, jedoch als in S wirkend aufgefaßt[142]. Durch (34) wird also gefordert, daß A und A_1 sowie B und B_2 jeweils die gleichen Erwartungswerte haben.

Eine Anwendung dieses Formalismus ist der Meßprozeß. Dabei ist dann S_1 das zu beobachtende Quantensystem und S_2 das Meßgerät. Das zu messende System werde durch den Zustand $\mid \varphi >$ gekennzeichnet

$$\mid \varphi > = a_+ \mid u_+ > + a_- \mid u_- > \, .$$

Das Meßgerät sei vor der Messung in dem „neutralen" Zustand $\mid V_0 >$. Es geht in den Zustand $\mid V_+ >$ über, wenn $\mid u_+ >$ vorliegt und in den Zustand $\mid V_- >$, wenn $\mid u_- >$ vorliegt.

Vor der Messung wird das Gesamtsystem beschrieben durch den reinen Zustand

$$\mid \Psi > = \mid \varphi > \otimes \mid V_0 >$$

oder durch die Dichtematrix

$$\mid \Psi > < \Psi \mid \, .$$

Die Ankopplung des Meßgeräts an das zu messende System führt das Gesamtsystem über in den reinen Zustand

$$\mid \widetilde{\Psi} > = a_+ \mid u_+ > \otimes \mid V_+ > + a_- \mid u_- > \otimes \mid V_- > \, .$$

Die zugehörige Dichtematrix ist

$$W' = \mid \widetilde{\Psi} > < \widetilde{\Psi} \mid \, .$$

Die Messung ist erst dann abgeschlossen, wenn die beiden Systeme wieder getrennt sind. Dabei geht W' in $W = W_1 \otimes W_2$ über. W_1 und W_2 erhält man aus W' durch partielle Spurbildung[143]. W_1 und W_2 sind jetzt Gemische, d. h. erst beim Übergang von W' nach W kommen Wahrscheinlichkeiten ins Spiel.

Der gleiche Formalismus wie beim Meßprozeß wird nun auch auf die EPR-Situation angewandt. Durch die Messung etwa von s_x an System 1 geht die Dichtematrix des Gesamtsystems

$$W' = \mid \Psi(1,2) > < \Psi(1,2) \mid \text{ mit } \Psi(1,2) = (1/\sqrt{2})\,[u_+(1)\,u_-(2) - u_-(1)\,u_+(2)]$$

---

[142]   Vgl. Jauch (1968), S. 179 f. und Anhang F.
[143]   Vgl. Jauch (1968), S. 179 f. und Anhang F.

über in die Dichtematrix

$$W = W_1 \otimes W_2 \quad \text{wobei} \quad W_1 = (1/2)\,|\,u_+(1)><u_+(1)\,|$$
$$+ (1/2)\,|\,u_-(1)><u_-(1)\,|$$
$$\text{und} \quad W_2 = (1/2)\,|\,u_+(2)><u_+(2)\,|$$
$$+ (1/2)\,|\,u_-(2)><u_-(2)\,|\,.$$

Nun haben W' und W die *gleichen* Reduktionen W_1 und W_2 in den Systemen S_1 und S_2. D.h. durch Messungen an S_1 oder S_2 allein kann man W' nicht von W unterscheiden. So verstanden kann man sagen, daß sich der Zustand von S_1 und der Zustand von S_2 durch die Messung nicht ändert. Allerdings wird durch die Messung am System 1 die Dichtematrix des Gesamtsystems geändert. „We see now quite clearly that the attempt at restricting the observation to 1 is illusory."[144] Das EPR-Argument verliert dadurch seinen paradoxen Charakter, wenn man diesen in einer formalen Inkonsistenz der QM sieht[145]. Formale Konsistenz und Übereinstimmung mit den Experimenten sind jedoch nicht die einzigen Kriterien zur Beurteilung einer Theorie. So kann z.B. das (von Einstein selbstverständlich als geltend vorausgesetzte) Nahewirkungsprinzip hinzukommen. Aufgrund solcher zusätzlicher Kriterien hat C. A. Hooker den oben angedeuteten Lösungsvorschlag kritisiert: „The heart of EPR, however, is surely not formal but physical: EPR makes an appeal to what we think is physically plausible. ... What it is asking for is a physically plausible understanding of the quantummechanical treatment of correlated state situations."[146] Im Hinblick auf solche „physikalischen" Kriterien soll nun ein Lösungsvorschlag untersucht werden, den Peter Mittelstaedt vorgelegt hat[147]. Er versucht zu zeigen, daß die EPR-Situation mit der gewöhnlichen QM und innerhalb der orthodoxen Interpretation zu verstehen ist. Außerdem wird weder Bohrs Lösungsvorschlag aufgegriffen, noch werden den quantenmechanischen Systemen ungewöhnliche Eigenschaften (wie etwa die Unteilbarkeit auch bei beliebig großer räumlicher Separation der Teilsysteme) zugesprochen. Damit sind von vornherein mögliche Konfliktpunkte mit der SR ausgeräumt.

Mittelstaedt geht bei seinen Überlegungen ebenfalls davon aus, daß ein quantenmechanisches System im allgemeinen Fall durch einen statistischen Operator W beschrieben wird. An einem System, das durch den statistischen Operator W charakterisiert ist, werde die Observable $A = \sum_{a_i} |\,a_i > a_i < a_i\,|$

---

[144]   Jauch (1968), S. 189.

[145]   „Thus the ‚paradox' of Einstein, Podolsky, and Rosen does not reveal any contradiction of quantum mechanics" (Jauch (1968), S. 190).

[146]   Hooker (1970), S. 854.

[147]   Mittelstaedt (1974).

gemessen. Das System wird dabei in folgendes Gemisch übergeführt (Lüders-Gemisch)

$$W \to \widetilde{W} \, (WA) = \sum_{a_i} \mid a_i > \; < a_i \mid W \mid a_i > \; < a_i \mid \, .$$

Der Übergang von W nach $\widetilde{W} \, (W, A)$ kann durch die Wechselwirkung von System und Meßgerät und die anschließende Reduktion des neuen Zustands auf das System durch partielle Spurbildung[148] verstanden werden. Die Reduktion macht es möglich, aus dem Zustand unmittelbar nach der Messung, der nur die Kombination von System und Meßgerät beschreibt, wieder eine Zustandsbeschreibung für das System alleine zu erhalten.

Die EPR-Situation wird wieder durch die Wellenfunktion

$$\Psi \, (1, 2) = (1/\sqrt{2}) \, (u_+ \, (1) \, u_- \, (2) - u_- \, (1) \, u_+ \, (2))$$

beschrieben. Die Messung etwa von $s_x \, (1)$ führt $\Psi \, (1, 2)$ nach Mittelstaedt in ein Gemisch über, das durch $W \, (\Psi \, (1, 2), s_x)$ gekennzeichnet ist:

$$W \, (\Psi \, (1, 2), s_x) = \mid u_+ \, (1) \, u_- \, (2) > \frac{1}{2} < u_+ \, (1) \, u_- \, (2)) \mid$$

$$+ \mid u_- \, (1) \, u_+ \, (2) > \frac{1}{2} < u_- \, (1) \, u_+ \, (2)) \mid \, .$$

Der Meßvorgang ändert jedoch nichts an den statistischen Operatoren der Teilsysteme W_1 und W_2. Die Operation der partiellen Spurbildung führt bei $\mid \Psi \, (1, 2) > < \Psi \, (1, 2) \mid$ und bei $W \, (\Psi \, (1, 2), s_x)$ zum gleichen Ergebnis. Auch eine Messung von $s_y \, (1)$ hätte zu den gleichen statistischen Operatoren für die Teilsysteme geführt. Hier sieht Mittelstaedt eine Besonderheit der EPR-Situation, die sich aus den mathematischen Eigenschaften der Spinoperatoren und der Zustandsfunktion $\Psi \, (1, 2)$ ergibt. Es sei ein beliebiges System durch den statistischen Operator W gekennzeichnet und A und B seien zwei am System meßbare Observable mit $[A, B] \neq 0$. Dann ist i.A. der Erwartungswert von A in W und in dem aus W durch B-Messung entstandenen Gemisch $\widetilde{W} \, (W, B)$ verschieden (B ist in W nicht „objektivierbar"). Unter bestimmten Bedingungen, die im EPR-Fall gegeben sind, verschwinden jedoch die Interferenzterme, die den Unterschied von $<A>_W$ und $<A>_{\widetilde{W}}$ ausmachen, d. h. auch wenn $[A, B] \neq 0$ ändert sich $<A>$ nicht nach einer B-Messung (in diesem Sinne sind also zuweilen auch nichtvertauschbare Observable „objektivierbar"). Da sich im EPR-Fall etwa das Teilsystem 2 im Zustand W_2 befindet, der sowohl in

$$\mid u_+ \, (2) > \frac{1}{2} < u_+ \, (2) \mid + \mid u_- \, (2) > \frac{1}{2} < u_- \, (2) \mid$$

---

[148]   Vgl. Anhang F.

als auch in

$$\mid \nu_+ (2) > \frac{1}{2} < \nu_+ (2) \mid + \mid \nu_- (2) > \frac{1}{2} < \nu_- (2) \mid$$

aufgelöst werden kann, ändert der mit der Messung von s_x (1) oder s_y (1) verbundene Übergang von $W = \mid \Psi (1, 2) > < \Psi (1, 2) \mid$ nach $\widetilde{W} (W, s_x$ (1)) bzw. $\widetilde{W} (W, s_y$ (1)) nichts am Zustand des Teilsystems 2. Deshalb ist, so das Argument von Mittelstaedt, auch keine Meßwechselwirkung vom Meßgerät bei dem System 1 auf das System 2 notwendig. Danach ist ein Meßeingriff mit materieller Wechselwirkung im EPR-Fall nicht erforderlich, weil er nur das bewirken könnte, was schon vorhanden ist. Wegen des großen räumlichen Abstandes ist eine Wechselwirkung hier auch nicht möglich. Aber nur weil sie für den Meßvorgang nicht nötig ist, kann man — so Mittelstaedt weiter — unter den extremen Bedingungen des EPR-Experimentes eine Messung der Größe s_x (2) durch eine Beobachtung an S_1 durchführen. Da keine reale Wechselwirkung zwischen den Systemen stattfindet, gibt es keine Konflikte mit der SR. Da sich nach Mittelstaedt das EPR-Experiment ohne Schwierigkeit durch die Quantentheorie und die angegebene Meßtheorie verstehen läßt, entfalle auch die Motivation zur Suche nach verborgenen Parametern (jedenfalls soweit man dabei vom EPR-Experiment ausgegangen ist).

Immerhin wäre es erstaunlich, wenn sich die Probleme um das EPR-Experiment sozusagen bei genauerem Hinschauen und sorgfältiger formaler Behandlung einfach auflösen ließen. Deshalb soll im folgenden die dargestellte Sachlage auf Voraussetzungen überprüft werden. Dabei sind vor allem zwei Punkte wichtig. Erstens wird durchgehend mit statistischen Operatoren und nicht mit Zustandsfunktionen argumentiert. Durch die Messung einer Observablen A geht ein System nicht in einen Eigenzustand von A über, sondern in ein Gemisch von Eigenzuständen. Die Messung ergibt jedoch *ein* bestimmtes Ergebnis. Das Vorliegen dieses Ergebnisses wird im Formalismus nicht abgebildet. Zweitens wird mit den reduzierten Zuständen W_1 und W_2 argumentiert. Dabei bleibt unklar, ob der partiellen Spurbildung ein realer Vorgang entspricht. Diese Frage ist auch deshalb wichtig, weil dadurch ein reiner Zustand in ein Produkt von Gemischzuständen übergeht. Man kann aber zeigen, daß sich ein reiner Zustand nicht in ein Gemisch entwickeln kann, wenn die zeitliche Entwicklung des Systems durch die Schrödingergleichung bestimmt wird[149]. Weiter wird das Separabilitätsproblem gewaltsam gelöst: Wird der Zustand des Gesamtsystems durch Ψ (1, 2) beschrieben, so ist es nicht möglich, etwa dem Teilsystem S_1 einen Spinzustand (im Raum der Zustände, der von u_+ (1) und u_- (1) aufgespannt wird) zuzuordnen. Durch partielle Spurbildung, die zu W_1 und W_2 führt, ist dies dann doch insoweit möglich, daß die Aussage sinnvoll wird, der Zustand W_2 sei durch die Messung am System 1 nicht geändert

---

[149]   Gottfried (1966), S. 177.

worden. Der Meßprozeß führt in dieser Darstellung nicht nur ein unvermeidliches probabilistisches Element ein, er erzwingt auch die Separabilität gekoppelter Systeme. Hat die dadurch gegebene Möglichkeit, etwa das System S_2 abzugrenzen, ein reales Gegenstück? Kann man diese Frage im Sinne der orthodoxen Interpretation der QM zurückweisen, oder ist die Separabilität von Systemen nicht ein ontisches Problem, das man nicht durch den Hinweis auf den Einfluß der Messung wegdiskutieren kann? Durch das Zusammenwirken von der Betrachtung der reduzierten statistischen Operatoren und dem Verzicht, über eine Gemischdarstellung des Meßergebnisses hinauszugehen, verschwindet gerade das Ausgangsproblem: die Korrelation von *einzelnen Meßergebnissen*. Es ist nicht leicht einzusehen, inwieweit ein Meßvorgang am 1. System zwar nicht die Teilsysteme, aber wohl die Korrelationen zwischen den Systemen verändern kann. Die Wellenfunktion Ψ (1,2) ergibt, daß dem Ergebnis u_+ (1) bei 1 das Ergebnis u_- (2) bei 2 entspricht. Diese Systemeigenschaft hat offensichtlich Einfluß auf den Meßausgang bei System 2, obwohl zwischen den Systemen keine Wechselwirkung ausgetauscht wird und obwohl der Zustand von 2 (also W_2) sich nicht ändert. Es bleibt offen, was die Information, die W über W_1 und W_2 hinaus trägt, eigentlich abbildet[150].

Ein weiteres Problem entsteht durch die Verwendung von Gemischen anstelle von reinen Zuständen: Die Zerlegung von Gemischen in reine Zustände ist nicht eindeutig. Die semantische Interpretation des Gemischzustandes W_2 muß bei einer Messung von s_x an S_1 lauten:

> „Mit der Wahrscheinlichkeit 1/2 liegt $| u_- (1) >$ vor und
> mit der Wahrscheinlichkeit 1/2 liegt $| u_+ (1) >$ vor.“

Wird jedoch am System 1 s_y gemessen, so ist das gleiche W_2 wie folgt zu interpretieren:

> „Mit der Wahrscheinlichkeit 1/2 liegt $| v_- (2) >$ vor und
> mit der Wahrscheinlichkeit 1/2 liegt $| v_+ (2) >$ vor.“

Somit ist man zu der bemerkenswerten Folgerung gezwungen, daß eine Messung am System S_1 zwar nicht den Zustand von W_2 des anderen Systems ändert, aber wohl eine andere Zerlegungsvorschrift, d.h. eine andere semantische Interpretation erfordert. Im konkreten Fall läßt sich allerdings diese Schwierigkeit umgehen, wenn man die Zerlegung von W_2 durch die Richtung des Meßapparates in S_2 bestimmen läßt. Dann läßt sich jedoch die Frage stellen, wie W_2 zerlegt wird, wenn in S_2 *nicht* gemessen wird (es sei denn, diese Frage wird in operationalistischer Tradition zurückgewiesen).

---

150 Auch Hooker (1970, S. 856) kritisiert, daß der physikalische Charakter der Korrelationen offen bleibt. Vgl. auch Hooker (1971 b, S. 419): „The combined state representation contains physical information not contained in the component state representation or in any combination of them. But if our physical understanding of the physical situations of the paradoxes is to be advanced then it is absolutely crucial that we be told what the physical counterpart of this additional richness is.“

Die genannten Schwierigkeiten kann man auch umgehen durch eine neue Interpretation des formalen Ausdrucks G für Gemische:

$$(35) \qquad\qquad G = \sum_r | \psi_r > p_r < \psi_r | \,.$$

1. Üblicherweise wird (35) so interpretiert, daß das System in einem der Zustände ψ_r ist, und zwar mit der Wahrscheinlichkeit p_r.

2. Davon abweichend kann man Gemische G als Zustände neuer Art auffassen. Die Aussage, daß das System im Zustand G ist, würde dann bedeuten, daß das System in keinem der reinen Zustände ψ_r ist[151]. Damit entfällt auch die Schwierigkeit, daß die Zerlegung eines Gemisches in reine Zustände nicht immer eindeutig möglich ist.

James Park[152] sieht darin einen wesentlichen Vorzug der Beschreibung durch Dichtematrizen im Sinne von 2. Da die Zuordnung von Zustandsvektoren zu (durch Dichtematrizen beschriebenen) Einzelsystemen mehrdeutig ist, sei eine Zuordnung von reinen Zuständen zu Einzelsystemen überhaupt sinnlos. „Is the reduction of a mixed ensemble to a set of pure subensembles *unique*? If so, any ensemble may be consistently interpreted as a collection of systems *individually* described by definite states; if not, the proposed assignment of states to single systems is ambiguous and therefore physically meaningless."[153]

Dieser Schluß ist jedoch nicht unbedingt überzeugend. Gerade weil man dem gleichen Gemisch verschiedene Zerlegungen in reine Zustände zuordnen kann, ist die Beschreibung durch reine Zustände genauer. Man muß jetzt abwägen, ob man die Schwierigkeit mit der Mehrdeutigkeit der Zerlegung hinnehmen will oder die Interpretationsschwierigkeiten der Auffassung 2, nach der nicht mehr allen Zuständen ein Hilbertraumvektor zugeordnet werden kann und das Vorliegen eines Meßergebnisses, bzw. der Meßvorgang in der Theorie nicht mehr abgebildet werden kann.

Insgesamt scheint auch der Ausweg von P. Mittelstaedt nicht endgültig befriedigend. Zwar wird der Konflikt mit der SR vermieden, dabei wird aber die Semantik der Theorie „aufgeweicht", d.h. sie wird in einer Richtung verändert, die von einem realistischen Standpunkt aus unbefriedigend ist. Damit zeigt sich, daß die Entscheidung, ob im EPR-Experiment eine Schwierigkeit der QM vorliegt, auch von der Semantik der Theorie abhängt.

Eine weitere Arbeit, die das EPR-Paradoxon mit Hilfe von Dichtematrizen auflösen will, ist von C.D. Cantrell und E. Scully 1978 vorgelegt worden[154]

---

151 Vgl. Fraassen (1972), S. 328 f. Dagegen verteidigt Grossmann (1974) die Position 1.

152 Park (1968).

153 Park (1968), S. 215.

154 Cantrell / Scully (1978).

(von den Verfassern wird die Anzahl der Arbeiten in der EPR-Nachfolge übrigens auf $\geq 10^6$ geschätzt). Im Anhang nennen die Autoren zwei Fälle, in denen die Zustandsbeschreibung durch eine Wellenfunktion, d.h. durch einen reinen Zustand, versagt. 1. Der Zustand ist nicht ausreichend bekannt, 2. die Messung wird an einem Teilsystem wie im EPR-Fall vorgenommen. Im ersten Fall ist der Übergang zur Gemischbildung aus der Erfahrung mit der klassischen statistischen Mechanik verständlich. Im zweiten Fall fehlt eine ausreichende Motivation für den Übergang zu einer Dichtematrix (leider gehen die Autoren auf diesen Punkt überhaupt nicht ein). So werden auch hier mögliche methodologische Einwände gegen den Lösungsvorschlag deutlich.

Zur Verdeutlichung soll dennoch kurz die didaktisch gute Darstellung von Cantrell und Scully referiert werden. Vor der Messung ist das System im Zustand

$$\Psi (1, 2) = (1/\sqrt{2}) (u_+ (1) u_- (2) - u_- (1) u_+ (2)) .$$

Bei der Messung von s_x an System 1 ergibt sich (wenn man nicht abliest) W_2 durch Spurbildung.

$$W_2 = < u_+ (1) | \Psi (1, 2) > < \Psi (1, 2) | u_+ (1) > +$$

$$+ < u_- (1) | \Psi (1, 2) > < \Psi (1, 2) | u_- (1) > =$$

$$= (1/2) (| u_+ 2) > < u_+(2) | + | u_- (2) > < u_- (2) |) =$$

$$= \frac{1}{2} \begin{pmatrix} 1 & 0 \\ 0 & 1 \end{pmatrix}$$

Wird nun an 1 s_y gemessen, so erhält man [155] für W_2

$$W_2 = < v_+ (1) | \Psi (1, 2) > < \Psi (1, 2) | v_+ (1) > +$$

$$< v_- (1) | \Psi (1, 2) > < \Psi (1, 2) | v_- (1) > =$$

$$= (1/2) (| v_+ (2) > < v_+ (2) | + | v_- (2) > < v_- (2) |) =$$

$$= (1/2) (| u_+ (2) > < u_+ (2) | + | u_- (2) > < u_- (2) |) =$$

$$= \frac{1}{2} \begin{pmatrix} 1 & 0 \\ 0 & 1 \end{pmatrix}$$

Cantrell und Scully glauben innerhalb ihres Formalismus zeigen zu können, warum die ursprüngliche Formulierung der EPR-Situation zu paradoxen Ergebnissen zu führen schien. Wenn z.B. bei einer Messung von s_x am System 1 der Zustand $u_- (1)$ gefunden wird, so wird von Einstein und seinen Mitarbeitern

---

[155]   Vgl. die Definition von v_+ und v_- in Kap. IV, 1.

dem System 2 der Zustand $|u_+(2)>$ zugeordnet, d.h. in die Formulierung mit Dichtematrizen übersetzt:

$$W_2 = \begin{pmatrix} 1 & 0 \\ 0 & 1 \end{pmatrix} .$$

Wenn nun andererseits am System 1 eine Messung von s_y durchgeführt wird und der Zustand $v_-(1)$ gefunden wird, so liegt am System 2 der Zustand $v_+(2)$ vor. Es sei nun

$$v_\pm(1) = (1/\sqrt{2})(u_+(1) \pm u_-(1))$$

$$v_\pm(2) = (1/\sqrt{2})(u_+(2) \pm u_-(2)) .$$

Damit wird das System 2 (in der gleichen Basis wie oben) durch folgende Dichtematrix gekennzeichnet:

$$W_2 = \frac{1}{2} \begin{pmatrix} 1 & 1 \\ 1 & 1 \end{pmatrix} .$$

Es ist, wie wir gesehen haben, ein wesentlicher Punkt des ursprünglichen EPR-Argumentes, daß im System 2 gleichzeitig zwei verschiedene Zustände (etwa $u_-(2)$ und $v_-(2)$ zugeordnet werden können (unabhängig von der Messung in System 1). In die Sprache der Dichtematrizen übersetzt, bedeutet dies, daß einmal

$$W_2 = \begin{pmatrix} 1 & 0 \\ 0 & 0 \end{pmatrix}$$

und im zweiten Fall

$$W_2 = \frac{1}{2} \begin{pmatrix} 1 & 1 \\ 1 & 1 \end{pmatrix}$$

gilt. Cantrell und Scully verwenden jedoch sowohl bei der s_x-Messung als auch bei der s_y-Messung die gleiche Matrix für das System 2, so daß den weiteren Schritten des ursprünglichen EPR-Argumentes der Boden entzogen ist.

Nun werden aber bei Cantrell und Scully und im ursprünglichen EPR-Argument verschiedene Fälle betrachtet. Einstein und seine Mitarbeiter unterscheiden bei der s_x-Messung für das System 2 die Fälle $u_+(2)$ und $u_-(2)$, d.h.

$$W_2^{E_1^x} = \begin{pmatrix} 1 & 0 \\ 0 & 0 \end{pmatrix} \quad \text{und} \quad W_2^{E_2^x} = \begin{pmatrix} 0 & 0 \\ 0 & 1 \end{pmatrix} .$$

Cantrell und Scully fassen diese beiden Fälle in einem Gemisch zusammen

$$W_2^{CS} = (1/2)\, W_2^{E_1^x} + (1/2)\, W_2^{E_2^x} = \frac{1}{2} \begin{pmatrix} 1 & 0 \\ 0 & 1 \end{pmatrix} .$$

Das gleiche gilt für die s_y-Messung. Einstein unterscheidet zwischen v_+ (2) und v_- (2), d.h. zwischen

$$W_2^{E_1^y} = \frac{1}{2} \begin{pmatrix} 1 & 1 \\ 1 & 1 \end{pmatrix} \quad \text{und} \quad W_2^{E_2^y} = \frac{1}{2} \begin{pmatrix} 1 & -1 \\ -1 & 1 \end{pmatrix}.$$

Cantrell und Scully betrachten auch hier nur das Gemisch aus beiden Fällen

$$W_2^{CS} = (1/2)\, W_2^{E_1^y} + (1/2)\, W_2^{E_2^y} = \frac{1}{2} \begin{pmatrix} 1 & 0 \\ 0 & 1 \end{pmatrix}.$$

Der Verzicht auf die Beschreibung des Einzelfalles macht es unmöglich, die Korrelation im Einzelfall bei Messungen an 1 und 2 zu formulieren. Damit ist das EPR-Paradoxon nicht gelöst, nur seine Formulierung ist nicht mehr möglich. Aus methodologischen Gründen wird man dieses Verfahren ablehnen, da es ad hoc ist (die Unanwendbarkeit von reinen Zuständen wird nur dadurch begründet, daß bei einem Verzicht auf die Beschreibung mit Wellenfunktionen das EPR-Paradoxon nicht mehr formulierbar ist). Außerdem kann bei dieser Verwendung von Dichtematrizen W_1 und W_2 die zumindest im Prinzip empirisch beobachtbare Korrelation zwischen 1 und 2 bei einer einzelnen Messung nicht erfaßt werden, so daß die Aussagekraft des Ansatzes von Cantrell und Scully geringer ist als bei Einstein, Podolsky und Rosen. Aber ähnlich wie die Unterschiede von Alkoholikern und Antialkoholikern nicht durch die Angabe des durchschnittlichen Alkoholkonsums eines Landes beseitigt werden können, ist auch mit Hilfe der Dichtematrizen keine Lösung des EPR-Problems möglich.

Der Verzicht auf das Projektionspostulat löst viele Probleme, die mit dem Zusammenbruch des Wellenpakets verbunden sind (etwa kausale Anomalien). Gerade die EPR-Situation zeigt jedoch makroskopische Konsequenzen der Reduktion der Wellenfunktion, die nicht durch die statistische Interpretation wegdiskutiert werden können. Hierzu gehört, daß sich am System S_2 u_- (2) einstellt, wenn an S_1 u_+ (1) gemessen wird[156]. Weiter bleiben alle Fragen offen, die sich im Umkreis der Separabilität von Systemen ergeben haben.

Die statistische Interpretation scheint demnach auch keine befriedigende Lösung des EPR-Problems anbieten zu können. Daraus folgt natürlich kein Argument gegen die statistische Interpretation. Allerdings ist sie in der EPR-Frage ihren Konkurrentinnen auch nicht überlegen, so daß man die entsprechenden Argumente, wie sie von Ballentine vorgebracht und am Anfang dieses Abschnittes referiert wurden, bei näherer Untersuchung zurückweisen muß.

---

156   „Conditional certainties", vgl. Fraassen (1974), S. 298 f.

8. Zusammenfassung und abschließende Bemerkungen

> *Es mag so scheinen, als ob alle derartige Überlegungen überflüssige gelehrte Haarspaltereien seien, die mit eigentlicher Physik nichts zu schaffen haben. Von solchen Betrachtungen hängt es aber ab, in welche Richtung man die zukünftige begriffliche Basis der Physik suchen zu müssen glaubt.*
>
> *Albert Einstein* [157]

Alle Aussagen, die aufgrund des EPR-Paradoxons oder des Bellschen Theorems über die QM (insbesondere über Separabilität und Vereinbarkeit mit der SR) gemacht werden, haben folgende Voraussetzungen:

a) Der gegenwärtige Formalismus der QM zur Behandlung von Vielteilchenproblemen wird als korrekt vorausgesetzt. In diesem Formalismus erscheinen unter bestimmten Bedingungen Systeme auch dann nicht unabhängig voneinander, wenn sie weit voneinander getrennt sind. Der Zusammenbruch der Wellenfunktion *eines* Systems betrifft über den Produktraum *alle* Systeme. Bei diesem Vorgang wird auch eine semantische Unvollständigkeit deutlich: Auch wenn S_1 reduziert ist, wird S_2 nicht eindeutig ein Zustand zugeordnet, solange nicht die Wahl der Basisvektoren durch die Festlegung der Meßgröße in S_2 bestimmt ist.

Möglicherweise ist die QM nur für das Modell „Teilchen im Potential" korrekt und gilt für Vielteilchensysteme nur näherungsweise und unter bestimmten Bedingungen, wobei der Meßprozeß hier besondere Schwierigkeiten macht. Als Indiz dafür könnte man ansehen, daß die drei Paradoxa der QM, die J.M. Jauch [158] aufzählt, nämlich Schrödingers Katze, das EPR-Paradoxon und Wigners Freund, alle mit gekoppelten Systemen zu tun haben. Andererseits gibt es zur Zeit keine Alternative zu den gegenwärtigen Vielteilchenmethoden. Möglicherweise gibt es auch Schwierigkeiten mit der Übertragung des Hamilton-Formalismus auf den relativistischen Bereich bei Vielteilchenproblemen [159].

b) Die Vorhersagen „der QM" sind nicht allein eine Folge des Formalismus, sondern auch durch die Wahl der Wellenfunktion bestimmt.

$$\Psi(1,2) = (1/\sqrt{2})\,(u_+(1)\,u_-(2) - u_-(1)\,u_+(2))\,.$$

Für die Wahl dieser Wellenfunktion kann man jedoch Argumente anführen [160]. Außerdem ist keine einfache Alternative in Sicht, die die gleichen Korrelationen wie $\Psi(1,2)$ voraussagen würde. Bemerkenswerterweise ist $\Psi(1,2)$ rota-

---

[157] Einstein (1955 b, S. 507) zu Fragen der Interpretation der QM, insbesondere der Vollständigkeit.

[158] Jauch (1968), S. 185.

[159] Hier gibt es ja schon im klassischen Bereich Probleme (Zero-Interaction-Theoreme). Vgl. Kap. IV, 5 a.

[160] Vgl. Yang (1950).

tionssymmetrisch zur Verbindungsachse der beiden Systeme, eine Symmetrie, die weder das klassische System noch der Zustand nach der Messung haben[161]. Dies legt eigentlich den Gedanken nahe, daß Ψ (1, 2) ein Ensemble verschiedener Zustände beschreibt, so daß die Rotationssymmetrie durch eine Mittelung entsteht. Andererseits kann Ψ (1, 2) nicht durch ein Gemisch so ersetzt werden, daß die Vorhersagen für alle denkbaren Experimente übereinstimmen.

c) Es wird weiter vorausgesetzt, daß sich die Vorhersagen der QM für gekoppelte Systeme im Experiment bewähren. Diese Annahme wird durch die Erfahrung bestätigt (vgl. Tabelle)[162].

Experimente zum EPR-Paradoxon

Experiment	Methode	Überein-stimmung mit QM
Freedman / Clauser (1972)	Polarisation von Photonen aus Übergängen in Ca-Atomen	+
Holt / Pipkin (1973)	Polarisation von Photonen aus Übergängen in Hg-Atomen	–
Clauser (1976)	dto	+
Fry / Thompson (1976)	dto	+
Aspect (1982)	Polarisation von Photonen aus Übergängen in Ca-Atomen	+
Kasday / Ullmann / Wu (1970/75)	Polarisation von Photonen aus Positronium-Annihilation	+
Faraci et al. (1974)	dto	–
Wilson (1976)	dto	+
Bruno (1977)	dto	+
Lamehi-Rachti / Mittig (1976)	Proton-Proton-Streuung	+

Die beiden Experimente, die abweichende Ergebnisse geliefert haben, sind kritisiert worden[163]. In der Tat erscheint das dabei u.a. verwendete Argument

---

[161]   Auf die Möglichkeit, daß durch Quantisierung Symmetrien entstehen, hat Dirac am Beispiel des Wasserstoffatoms aufmerksam gemacht: Der Grundzustand ist bei der quantenmechanischen Rechnung kugelsymmetrisch. „We thus see that the passage from the classical theory to the quantum theory makes drastic alterations in our ideas of symmetry. A thing which cannot be symmetrical in the classical model may very well be symmetrical after quantization." (Dirac (1951), S. 906).

Daß bei der Trennung der Systeme, genauer bei der Zuordnung von Zustandsvektoren zu den Einzelsystemen die Rotationssymmetrie nicht aufrechterhalten werden kann, betonen Nagasaka (1971), S. 443, und Schlegel (1971).

[162]   Vgl. Paty (1977) und Clauser / Shimony (1978), hier finden sich auch die Zitate zu der Zusammenstellung der Experimente in der Tabelle. Siehe zusätzlich Aspect (1982).

[163]   Vgl. Clauser / Shimony (1978), S. 1909.

plausibel, daß Fehler im Experiment eher zu einer Zerstörung der Korrelation (d.h. zu einer scheinbaren Verletzung der QM) führen, als daß durch Experimentierfehler gerade die auch quantitativ angebbaren Korrelationen der QM entstehen. Auch für größere Entfernungen der Systeme wurden diese Korrelationen beobachtet[164]. Außerdem ergaben Wiederholungen der abweichenden Experimente in ähnlicher Form eine Bestätigung der QM. Allerdings könnte noch grundsätzlich angezweifelt werden, ob alle bei der Interpretation der Experimente gemachten Voraussetzungen korrekt sind[165].

Die quantenmechanische Behandlung der EPR-Situation führt zu einer Kopplung der beiden Systeme, die es schon unmöglich macht, den Teilsystemen einen Zustand zuzuordnen (Nichtseparabilität). Dies ist erst nach dem Meßprozeß wieder möglich. Die mit dem Zusammenbruch des Wellenpakets verbundenen Schwierigkeiten werden im Fall räumlich getrennter Systeme besonders deutlich. Sie sind allerdings dann zu umgehen, wenn man der Auffassung ist, daß die QM nur Meßausgänge beschreibt. Dies kann man einerseits als Hinweis nehmen, daß eine weitergehende Interpretation der QM nicht möglich ist, andererseits kann man jedoch auch aus methodologischen Gründen am Realismus (im semantischen Sinn) festhalten und im EPR-Paradoxon eine Situation sehen, die durch die QM nicht mehr zufriedenstellend beschrieben werden kann, da der Formalismus und die Semantik hier zu Eigenschaften gekoppelter Systeme führen, die nicht intuitiv nachvollziehbar sind[166]. Es ist denkbar, daß für solche Situationen die QM weiterentwickelt oder verbessert werden muß.

Die EPR-Situation führt allerdings dann auf Schwierigkeiten, wenn man die intuitive Vorstellung getrennter Teilchen dadurch im Formalismus repräsentiert sehen will, daß jedem Teilchen ein Zustand zugeordnet wird (ohne auf eine statistische Interpretation überzugehen). Diese *Abänderung* der QM, die jedem Teilsystem einen eindeutigen Zustandsvektor zuordnen will, unabhängig von einer Messung, scheint nicht durchführbar zu sein, ohne daß man Abweichungen von den experimentell bestätigten Voraussagen der QM erhält. Dies ist auch gemeint, wenn Clauser und Shimony[167] davon sprechen, daß der Realismus aufgegeben werden müsse: Man kann nicht jedem Teilsystem („lo-

---

[164] Wilson / Lowe / Butt (1976).

[165] Für einen konkreten Vorschlag in dieser Richtung vgl. Fine (1982 a) und Fine (1982 b).

[166] Insofern haben Einstein, Podolsky und Rosen zumindest einen Teilerfolg errungen: „I conclude, therefore, that, rightly understood, the SC and EPR-Paradoxes still fulfill their roles successfully, namely, to point up our inability to provide a satisfactory *physical* interpretation of the elementary quantum mechanical formalism which either (i) regards that formalism as a complete representation of physical reality, or (ii) allows each element of the quantum formalism to directly represent a corresponding element of physical reality." (Hooker (1971 b), S. 427; SC: Das Paradoxon der Schrödingerschen Katze).

[167] Clauser / Shimony (1978).

cal") immer einen Zustandsvektor zuordnen („realistic"). Deshalb gibt es keine „lokal-realistischen" Theorien. Auch damit erhält man kein Argument gegen den Realismus im erkenntnistheoretischen Sinn. So gewinnen Interpretationsfragen einen Einfluß darauf, ob das EPR-Paradoxon als Anomalie angesehen werden muß.

Das EPR-Paradoxon wurde hier besonders unter relativistischen Gesichtspunkten analysiert. Dies führte uns tief in die Schwierigkeiten dieses alten Gedankenexperiments, eine einfache Antwort auf die Frage nach dem Verhältnis zur SR ließ sich jedoch nicht formulieren.

Der Konflikt mit der SR entzündet sich weniger an der relativistischen Dynamik (solche Argumente spielen überhaupt keine Rolle), als vielmehr am Zusammenbruch der Wellenfunktion. Durch den „unräumlichen" Charakter dieses Vorgangs können explizite Widersprüche der QM mit der SR vermieden werden, aber andererseits lassen seine speziellen Eigenschaften Zweifel aufkommen, ob ein solcher Vorgang relativistisch verstehbar ist. Über die QM hinausgehende Vorstellungen, etwa über einen Mechanismus, durch welchen S_1 und S_2 bei Messungen koordiniert in einen Basis-Produktzustand übergehen, führen zu unplausiblen Ergebnissen und zu Inkonsistenzen. Die Verborgenen-Parameter-Theorien nach dem Muster von Bell und Clauser / Horne sind zu wenig weit entwickelt, um ein Urteil über ihre Verträglichkeit mit der SR abzugeben.

So sind es gerade die vom EPR-Paradoxon aufgezeigten Grundlagenschwierigkeiten der QM, die eine abschließende Würdigung aus relativistischer Sicht unmöglich machen. In Anbetracht der zahllosen Aufsätze, die in den letzten zwanzig Jahren zum EPR-Paradoxon erschienen sind (mit einem gewissen Häufungspunkt in der unmittelbaren Gegenwart), kann man das folgende Urteil von Hilary Putnam nur als prophetisch bezeichnen[168]:

„To conclude, there is major ‚unfinished business' in the very foundations of quantum mechanics, and in particular in the elaboration of a consistent and physically acceptable theory of measurement. Only when such a theory has been elaborated will a final resolution of the Einstein-Podolsky-Rosen Paradox be possible."

---

[168]　Putnam (1961), S. 237.

V. Relativistische Quantenmechanik und die Einheit der Physik

Simplex sigillum veri.

Hermannus Boerhaave[1]

Die ganze Philosophie ist nichts Anderes als das Studium der Bestimmungen der Einheit.

G. W. F. Hegel[2]

Our object is to get a single comprehensive theory that will describe the whole of physics.

P. A. M. Dirac[3]

Die Aufgabenstellung dieser Arbeit, die philosophische Probleme der RQM zum Gegenstand hatte, ist nicht von der Art, daß am Ende die Ergebnisse in wenigen Sätzen zusammengefaßt werden könnten. Deshalb soll zum Abschluß nur noch einmal ein Gesichtspunkt hervorgehoben werden, der uns in den verschiedenen Einzeluntersuchungen immer wieder beschäftigt hat, nämlich die Vereinigung von SR und QM als Teil eines Einheitsprogrammes in der Physik.

Der Begriff der Einheit der Physik kann — ähnlich wie der weitere Begriff der Einheit der Wissenschaft — vielerlei bedeuten[4]. Unter Einheit der Physik soll im folgenden die Vereinheitlichung der grundlegenden physikalischen Theorien verstanden werden, die im Idealfall dazu führt, daß nur noch *eine* universale Theorie besteht. Selbstverständlich ist diese Vereinheitlichung nicht als mosaikartiges Zusammentragen von Theoriebruchstücken zu verstehen, die dann unverbunden nebeneinander stehenbleiben. Angestrebt ist eine nomologische Einheit, eine Vereinigung von der Art, wie in der Maxwellschen Theorie Elektrizitätslehre und Magnetismus verbunden sind[5]. Im Blickpunkt soll dabei weniger die Vereinheitlichung durch Reduktion stehen, durch die etwa die Optik zu einem Teilgebiet des Elektromagnetismus geworden ist, sondern die

---

[1] „Das Einfache ist Siegel der Wahrheit". Nach Lipperheide (1907, S. 143) Wahlspruch des niederländischen Arztes H. Boerhaave (1668-1738).

[2] Hegel (1928), S. 113.

[3] Dirac (1966), S. 1.

[4] Vgl. Kanitscheider (1979 d), S. 157 f.

[5] Vgl. Kanitscheider (1979 d), S. 176 f.

Vereinigung zweier „gleichberechtigter" Theorien. Wir wollen also — um eine Metapher von Lawrence Sklar[6] zu benutzen — nicht den Fall eines Theorienimperialismus, sondern den friedlichen Vorgang eines Theorienförderalismus betrachten.

Schon die Untersuchung der ersten, noch provisorischen Versuche zur Vereinigung von QM und SR bei Sommerfeld und de Broglie hat die große heuristische Fruchtbarkeit dieser Bemühungen gezeigt. Andererseits haben wir gesehen, daß Schrödinger die angestrebte Berücksichtigung der RT aufgab, da er damit keine Übereinstimmung mit dem Experiment erreichen konnte. Aber auch Schrödinger setzte an einer Theorie an, die aus einem Streben nach Vereinheitlichung entstanden war, an Hamiltons Analogie zwischen Mechanik und Optik. Die Frühphase der RQM ist gekennzeichnet durch das Bemühen, die Anwendungsbereiche von QM und RT möglichst auszudehnen und zur Überschneidung zu bringen. Diese Bemühungen um Verallgemeinerung kann als Teil der Strategie zur Reduktion von Kontingenz aufgefaßt werden.

Nach diesen frühen Versuchen einer Kombination von QM und SR wurde im II. Kapitel die erste große Theorie einer RQM untersucht, die Dirac-Gleichung. Diracs Losung „Physics must be unified" führt zu einer Betonung der formalen, mathematischen Seite der Theoriebildung, hinter der die Orientierung an anschaulichen, vertrauten Modellvorstellungen zurücktritt. Das Studium der intertheoretischen Beziehungen der Dirac-Gleichung hat dann gezeigt, daß entgegen einer weitverbreiteten Strömung der gegenwärtigen Wissenschaftstheorie durchaus kumulative Elemente vorhanden sind. Dabei wurde auch deutlich, in welchem Sinn Diracs Theorie eine Vereinigung von QM und SR darstellt.

Die Vereinigung von QM und SR hat in den Lösungen mit negativer Energie ernste Probleme mit sich gebracht. Die Analysen des III. Kapitels haben gezeigt, daß eine Theorienvereinheitlichung kein triviales Problem ist, sondern u. U. schwierige theoretische Detailarbeit erfordert. Zwei Gesichtspunkte sollen hier besonders hervorgehoben werden. Der erste ist die große Bedeutung, die nichtempirische Kriterien wie Einfachheit oder ontologische Sparsamkeit bei der Interpretation der negativen Lösungen gehabt haben. Der zweite erwähnenswerte Punkt ist der Erfolg, den Diracs Denkweise am Ende auch in der Empirie hatte (durch die Entdeckung des Positrons), obwohl sie als fast entgegengesetzt der damals herrschenden empiristischen Wissenschaftsauffassung gekennzeichnet werden muß. Da auch das Programm einer Einheit der Physik zunächst nichtempirische Wurzeln hat, muß man zu seiner Würdigung die Rolle nichtempirischer Elemente in der Theoriebildung richtig einschätzen können.

Während in den ersten drei Kapiteln vor allem Erfolge der Vereinigungsbestrebungen geschildert wurden, zeigen die Detailuntersuchungen des IV. Ka-

---

[6] Sklar (1974), S. 538.

pitels, in welchem Sinn die bisher dargestellte Vereinigung von QM und SR als noch unvollkommen angesehen werden muß. Bemerkenswerterweise erweist sich diese Frage, die zunächst rein innerphysikalisch entscheidbar scheint, als abhängig von semantischen und methodologischen Einstellungen. So betreffen philosophische Überlegungen zur RQM nicht nur prinzipielle Fragen der Vereinheitlichung von Theorien, sondern sie werden auch für die Entscheidung wichtig, ob ein Vereinigungsversuch von QM und SR als geglückt angesehen werden kann, oder ob das EPR-Paradoxon ein unlösbares Problem für die RQM darstellt.

Im Rahmen dieser Arbeit wurden diejenigen Programme einer RQM ausgelassen, die sich um eine Vereinigung von QM und AR bemühten. Eine Vorstufe zu dieser Fusion kann man in den Vereinheitlichungsversuchen von Gravitation und Elektromagnetismus im Anschluß an die AR sehen. Keines der vorgeschlagenen Konzepte („Provisorische Theorie", Versuche mit Finsler-Geometrie, Erweiterung auf fünf Dimensionen, Theorien von Weyl und Eddington, Versuche von Einstein und Schrödinger mit asymmetrischen Feldern, Geometrodynamik[7]) hatte letztlich den erwarteten Erfolg, dennoch wurde das Ziel der Vereinigung von Elektromagnetismus und Gravitation immer wieder mit neuen Ideen angegangen. Die Versuche zur Entwicklung einer einheitlichen Feldtheorie stellen daher weitere Beispiele für das Programm der Einheit der Physik dar.

Die Rolle von Theorienvereinigungen ist von den Theorien der Wissenschaftsgeschichte bisher wenig erforscht worden. Noretta Koertge hat in einer Auseinandersetzung mit Imre Lakatos die „monotheoretische" Sichtweise kritisiert und auf das revolutionäre Potential der Theorienvereinigungen hingewiesen[8]. Sie denkt dabei an den Fall zweier Theorien, die zunächst aus unterschiedlichen Anwendungsgebieten hervorgegangen sind, bei denen aber auch ein gemeinsamer Überlagerungsbereich gefunden wurde. Wenn nun die Grundstrukturen beider Theorien nicht miteinander vereinbar sind, so entsteht eine revolutionäre Situation besonderer Art: Keine der Einzeltheorien befindet sich in einer Krise (es gibt z.B. keine unerklärbaren Experimente, die Theorie macht fruchtbare Vorhersagen). Dennoch wird durch die partielle Unvereinbarkeit der Theorien die Suche nach einer einheitlichen übergeordneten Theorie ausgelöst. Diese Situation kann nicht durch das Aussterben einer der Theorien bereinigt werden, da jede Einzeltheorie in ihrem Bereich fruchtbar ist und hierin nicht durch die andere Theorie ersetzt werden kann. Da die Unvereinbarkeit der Theorien in ihrer mathematischen Grundstruktur liegt, ist diese Schwierigkeit nicht so einfach durch Zusatzhypothesen zu lösen. N. Koertge weist darauf hin, daß in diesem Fall der Konflikt zuweilen auf der methodologischen Ebene entschärft wird, indem man die Theorien rein instrumentali-

---

[7] Zur näheren Charakterisierung dieser Theorien vgl. Mercier / Schaer (1964), S. 73 f., und Kanitscheider (1971), S. 268 f.

[8] Koertge (1971).

stisch interpretiert. Die Suche nach einer einheitlichen übergeordneten Theorie erscheint dann nicht mehr dringend, solange die Einzeltheorien in ihrem Bereich erfolgreich sind.

Die Geschichte der RQM scheint nun darauf hinzuweisen, daß die Vorgänge bei einer Theorienvereinigung ein lohnendes wissenschaftsgeschichtliches Untersuchungsobjekt sind. Diese Vermutung wird insbesondere durch eine vor kurzem vorgelegte Fallstudie bestätigt, in der J. Audretsch[9] am Beispiel der Vereinigungsversuche von QM und Gravitationstheorie überzeugend nachgewiesen hat, wie wichtig das Vereinigungsstreben als Innovationsfaktor der Wissenschaftsentwicklung ist.

Wenn man nach einer philosophischen Reflexion der geschilderten Tendenzen sucht, so wird man feststellen, daß die Einheit der Physik eher ein Thema der metatheoretischen Überlegungen von Physikern als Gegenstand wissenschaftstheoretischer Untersuchungen war. Immer wieder wurde das Streben nach Vereinheitlichung der Physik konstatiert.

So betonte Max Planck in einem Vortrag mit dem Titel „Die Einheit des physikalischen Weltbildes"[10]: „Von jeher, solange es eine Naturbetrachtung gibt, hat ihr als letztes, höchstes Ziel die Zusammenfassung der bunten Mannigfaltigkeit der physikalischen Erscheinungen in ein einheitliches System, womöglich in eine einzige Formel vorgeschwebt." Louis de Broglie formuliert als Forderung, die allen wissenschaftlichen Forschungen zugrunde liegt, als Glaubenssatz, von dem sich alle Gelehrten leiten ließen, die folgende Leitidee: „Es muß möglich sein, zu einer synthetischen Ansicht zu gelangen, die alle Theorien vereinigt, welche durch die verschiedenen Erscheinungsgruppen veranlaßt sind, und die sie alle, trotz ihres scheinbaren Gegensatzes, in sich enthält."[11] Obwohl einheitliche Theorien durch das Auftreten neuer Phänomene immer wieder aufgebrochen wurden, hielt man dennoch an der Zielvorstellung einer einheitlichen Theorie fest: „Obgleich die Erscheinungen unaufhörlich komplexer werden, haben die Theoretiker der Physik dennoch nie die Hoffnung verloren, daß es möglich sein müsse, synthetische Lehren aufzustellen, die alle vorhergehenden enthalten und ergänzen."[12]

Bei der Darstellung von Diracs philosphischen Einstellungen haben wir gesehen, daß auch bei ihm die Leitvorstellung der Einheit der Physik vorhanden ist[13]. P.A.M. Dirac gibt keine Gründe zur Rechtfertigung dieses Einheitsstrebens an. Er verweist nur auf den Erfolg, den die daraus entstandenen physikalischen Theorien gezeigt haben. Eine philosophische Fragestellung wird jedoch darüber hinaus versuchen, diesen Erfolg zu erklären und Gründe für

---

[9]   Audretsch (1981).

[10]   Planck (1944), S. 1 (der Vortrag stammt aus dem Jahre 1908).

[11]   De Broglie (1943), S. 140 (aus: Ein Beispiel für die unaufhörliche Synthese in der Physik: Der Wechsel der Lichttheorien, S. 139-158 in de Broglie (1943)).

[12]   De Broglie (1943), S. 158.

[13]   Vgl. Kap. II,3.

das Einheitsstreben zu finden, die über die nachträgliche Feststellung der Bewährung als heuristische Maxime hinausgehen.

Solche Erklärungsansätze sind, obwohl philosophischer Natur, wiederum eher bei Physikern als bei Wissenschaftstheoretikern der damaligen Zeit zu finden. So sieht Max Planck in der Suche nach Ordnung ein grundsätzliches Ziel des Unternehmens Wissenschaft, das damit das Streben des Alltagsverstandes nach Orientierung in der Welt fortsetzt:

„Welches ist nun der Sinn dieser wissenschaftlichen Arbeit? Er liegt kurz gesagt in der Aufgabe, in die bunte Fülle der uns durch die verschiedenen Gebiete der Sinnenwelt übermittelten Erlebnisse Ordnung und Gesetzlichkeit hineinzubringen — eine Aufgabe, die sich bei näherer Betrachtung als völlig übereinstimmend erweist mit derjenigen Aufgabe, die wir in unserem Leben von frühester Jugend auf gewohnheitsmäßig tagtäglich üben, um uns in unserer Umgebung zurechtzufinden, und an der die Menschen von jeher gearbeitet haben, seitdem sie überhaupt zu denken anfingen, schon um sich im Kampf ums Dasein zu behaupten.“[14]

Die einheitliche physikalische Theorie kann man als nicht mehr überbietbaren Endpunkt des Strebens nach Ordnung und Gesetzlichkeit ansehen. Danach hat das Programm der Einheit der Physik die gleichen Gründe wie andere Versuche der Verallgemeinerung innerhalb und außerhalb der Wissenschaft wie etwa Begriffsbildung, Klassifizierung oder Formulierung von Gesetzen. Man sucht nach Gemeinsamkeiten verschiedener Phänomene und nach Vereinheitlichung in der theoretischen Beschreibung (Reduktion von Kontingenz). Diese Tendenz bleibt auch bei hochrangigen Gesetzen erhalten. Dabei kommt es nicht nur darauf an, eine einzige übergreifende Gesetzesformel zu finden, durch die Vereinheitlichung soll auch die Zahl der nicht weiter erklärbaren und als gegeben hinzunehmenden Theorieelemente (z.B. Parameter wie Massen und Kopplungskonstanten) möglichst gering gehalten werden[15]. Da der Verallgemeinerungsanspruch über alle Eingrenzungen des Gültigkeitsbereiches hinausstrebt, wird man auf das Ziel der Einheit der Physik geführt[16]. Das Streben nach Einheit in der Physik wird von den Forschern auch als Fortsetzung einer philosophischen Tradition gesehen, so etwa von Werner Heisenberg[17]: „Am Anfang der griechischen Naturphilosophie steht die Frage nach dem Grundprinzip, von dem aus die bunte Vielfalt der Erscheinungen verständlich gemacht werden kann.“ Tatsächlich lassen sich viele Gemeinsamkeiten finden zwischen den metaphysischen Systemen etwa von Platon, Leibniz oder

---

[14] Planck (1975), S. 366 (in seinem Vortrag „Sinn und Grenzen der exakten Wissenschaft“ aus dem Jahre 1941).

[15] Vgl. Hawking (1980), S. 4-6.

[16] Vgl. hierzu Mercier / Schaer (1964), S. 9 und S. 104 f. Das Einheitsstreben wird als Versuch zur Reduktion von Kontingenz dargestellt: „Es gibt keinen Grund, hier stehen zu bleiben, also versuche ich zu verallgemeinern.“

[17] Heisenberg (1979 b), S. 93.

Hegel und dem Versuch, das gesamte physikalische Wissen aus einer einheitlichen Theorie herzuleiten.

Werner Heisenberg macht noch auf einen weiteren, erkenntnistheoretischen Sinn der Vereinheitlichung aufmerksam: Hinter dem Einheitsstreben stehe unausgesprochen die Erkenntnis, „daß Verstehen immer nur heißen kann: Zusammenhänge, d.h. einheitliche Züge, Merkmale der Verwandtschaft, in der Vielfalt zu erkennen"[18]. Verstehen heißt demnach nicht nur physikalische Effekte etwa mit Näherungsformeln quantitativ zu beschreiben oder die Theorie als Vorhersageinstrument zu benutzen, zum Verstehen gehört auch, daß man in der Mannigfaltigkeit der Erscheinungen ein einheitliches Formprinzip erkennt. W. Heisenberg sieht hier eine platonische Tradition[19], von der aus auch das Streben nach Einfachheit und Schönheit der mathematischen Beschreibung verständlich wird. Durch diese Tradition wird auch ein Teil der im Kap. III untersuchten nichtempirischen Bewertungskriterien von Referenzhypothesen nahegelegt. Wenn man das Verstehen der Phänomene auffaßt als Auffinden der dahinterliegenden Einheitsprinzipien, so wird z.B. auch klar, in welchem Sinn der Elektronenspin erst durch die Dirac-Gleichung verstanden wird.

In der Selbstreflexion der Physiker wird deutlich, daß eine Vereinheitlichung der Theorien der Physik auch Folgen für andere Eigenschaften dieser Theorien hat. So scheint eine Vereinheitlichung nur bei gleichzeitiger Entfernung vom Alltagsverständnis möglich. Auf diese Tendenz hat z.B. Albert Einstein hingewiesen:

„Die Entwicklung vollzieht sich in der Richtung wachsender Einfachheit des logischen Fundaments. Um diesem Ziel näher zu kommen, müssen wir uns damit abfinden, daß die logische Grundlage immer erlebnisferner und der gedankliche Weg von den Grundlagen bis zu jenen Folgesätzen, welche ihr Korrelat in Sinneserlebnissen finden, immer beschwerlicher und länger wird."[20]

Auch Max Planck zeigte, wie der Gewinn an Einheit mit einem „Verlust an Farbigkeit" einhergeht[21]. Die Vereinheitlichung ist nur auf einer Ebene möglich, in der die Theorie sich von anthropomorphen Elementen weitgehend emanzipiert hat. Der Verlust an Farbigkeit kann allerdings nicht bedeuten, daß etwa die Welt der elektrischen und magnetischen Phänomene nach der Erklärung durch die einheitliche Theorie der Maxwell-Gleichungen eintöniger geworden wäre. Das Problem besteht vielmehr in der Schwierigkeit, mit den Maxwell-Gleichungen die gleiche erlebnisnahe Anschaulichkeit zu verbinden wie mit einer Kompaßnadel bei einer Wanderung, also mit einem alltäglichen Phänomen, das durch die Maxwell-Gleichungen beschrieben wird. Damit hängt

---

[18]   Heisenberg (1979 b), S. 94.
[19]   Heisenberg (1979 b), S. 98, vgl. auch S. 96 und S. 102.
[20]   Einstein (1936), S. 346.
[21]   Planck (1944), S. 18 f.

zusammen, daß die Einheit der Physik nicht mit Theorien zu erreichen ist, die nur Begriffe der Beobachtungssprache benutzen.

Die Durchführung des Einheitsprogrammes ist demnach nur möglich, wenn man die Beobachtungssprache verläßt und theoretische Begriffe einführt und wenn man sich von den physikalischen Alltagserfahrungen entfernt. So ist zu erwarten, daß philosophische Positionen, die solchen methodologischen Verfahren kritisch gegenüberstehen, auch Vorbehalte gegenüber der Einheit der Physik haben. Entsprechend distanziert fällt z.B. die konstruktivistische Einschätzung aus:

„Diese im Begrifflichen sich vollziehende und auf überkommene Erkenntnisideale abgestellte Zusammenfassung allen Wissens ... wird häufig in naturalistischem Sinne damit begründet, daß es nur eine einzige Natur gebe, so daß alle Naturgesetze in ein einheitliches Theoriengebäude subsumierbar sein müßten."[22]

Dem werde im Rahmen einer Naturalismuskritik entgegengehalten, daß 1. die Gegenstände physikalisch-empirischer Forschung eine begriffliche und technische Konstitution voraussetzen, daß 2. die Terminologie physikalischer Theorien eine Kulturleistung ist und daß 3. erst technische Zielsetzungen die Geltung singulärer Erfahrungssätze ermöglichen. „Die Metapher von der Einheit der Natur kann als Ausdruck einer historisch durchgehaltenen Zielsetzung angesehen werden, alle Technik zu einer einheitlichen Theorie zu führen."[23]

Hier wird deutlich, daß das Programm der Einheit der Physik in einer solchen Auffassung nicht so recht verständlich wird.

„Metaphorisch gesprochen, geht es in der Physik nicht darum, einen göttlichen Konstruktionsplan der Weltmaschine nachzuzeichnen, sondern lediglich darum, unsere eigenen Maschinen zur Erleichterung unseres Lebens funktionsfähig zu machen — in der Regel mühsam und gegen die Widerborstigkeit der Natur."[24]

Diese Auffassung widerspricht zunächst — wie wir gesehen haben — dem Selbstverständnis der Naturwissenschaftler. Werner Heisenberg hat darüber hinaus eine Begründung für seine Haltung angegeben. Wenn man die Physik rein pragmatisch betreiben wollte, so brauchte man nur die Erscheinungen der jeweils experimentell zugänglichen Teilbereiche durch Näherungsformeln zusammenzufassen und bei Bedarf die Beschreibung durch Zufügen von Korrekturtermen zu verbessern.

Es bestünde dann kein Grund mehr, nach Zusammenhängen im Großen zu fragen, und man hätte kaum Aussicht, bis zu den ganz einfachen Zusammenhängen vorzustoßen, die z.B. die Newtonsche Mechanik vor der Astronomie

---

22 Artikel „Einheit der Natur" in Mittelstraß (1980).
23 Artikel „Einheit der Natur" in Mittelstraß (1980).
24 Janich (1973), S. 25.

des Ptolemäus auszeichnen[25]. Nach Heisenberg ginge damit das wichtigste Wahrheitskriterium der Physik, die Einfachheit tiefliegender Naturgesetze, verloren. Diese letzte Überlegung von Heisenberg braucht man vielleicht gar nicht mitzuvollziehen und kann dennoch der Auffassung zustimmen, daß sich das Einheitsprogramm der Physik als heuristische Maxime bewährt hat. Es hat nicht nur zu pragmatischen Vorteilen bei der ökonomischen Handhabung der Theorien geführt, sondern auch erklärungsstärkere Theorien geliefert, die über die Zusammenfassung bekannter Erfahrung hinaus neue Phänomene erschließen konnten[26] (man denke etwa an die Vorhersage von Antiteilchen). Dieser Sachverhalt fügt sich in eine realistische Position, die in der einheitlichen Theorie die Wiedergabe einer einheitlichen Struktur der Natur sieht. Der Erfolg der Vereinheitlichung wird andererseits zum Problem für die instrumentalistische Auffassung, für die er ein rätselhaftes Faktum bleiben muß.

Neben den methodologischen Aspekten sind mit der Frage nach der Einheit der Wissenschaft auch metaphysische Fragen betroffen. Das ist wohl der Grund, warum sich die Wissenschaftstheorie lange Zeit wenig um die Einheit der Physik im Sinne einer Vereinheitlichung von Theorien gekümmert hat. Ihrer empiristischen Einstellung waren die angedeuteten Diskussionspunkte nicht zugänglich. Gegenwärtig stehen jedoch viele Wissenschaftstheoretiker einer rationalen Behandlung metaphysischer Fragen wieder offen gegenüber. Von hier aus eröffnen sich auch für unser Thema neue Aspekte, wie das folgende Zitat von Lawrence Sklar zeigt:

„After several decades of retreat to meta-language, linguistic mode, talk about theory rather than talk about the world, etc., the question of the unity of science (among other questions) has now dragged us, willy-nilly, back to the foggy realms of metaphysics. If the unity of science is to be found in the unity of theory, apparently the unity of theory must be discerned as a linguistic reflection of unity in the world."[27]

Wenn wir jetzt im Rückblick noch einmal die These von Imre Lakatos betrachten, daß die meisten Wissenschaftler die metatheoretischen Aspekte der Wissenschaft kaum besser verstehen als Fische die Hydrodynamik, so muß man dagegen auf die Tatsache hinweisen, daß die Fische sich auch ohne Kenntnisse der Strömungsmechanik im Wasser bewegen können und schon vor Archimedes schwimmen konnten. Einige der in dieser Arbeit untersuchten Beispiele legen der Wissenschaftstheorie nahe, nur sehr vorsichtig auf die Fachwissenschaft normativ Einfluß zu nehmen.

Der methodologische Aspekt der Einheit der Physik ist kaum umstritten. Bei der Frage der „Einheit der Natur" dürfte eine Übereinstimmung viel schwieriger zu erreichen sein. Die Welt ist so einfach oder so kompliziert wie sie ist. Wir

---

[25]   Heisenberg (1969), S. 138.
[26]   Kanitscheider (1979 d), S. 182.
[27]   Sklar (1974), S. 541/42.

können ihren Komplexitätsgrad jedoch nur feststellen, indem wir nach einfachen und einheitlichen Strukturen suchen[28]. Das andauernde Scheitern von Vereinheitlichungsversuchen würden den Komplexitätsgrad der Natur dann schon deutlich machen. So ist auf alle Fälle der Versuch zur Vereinheitlichung eine vernünftige Strategie.

Die physikalische Forschung der unmittelbaren Gegenwart ist in besonderer Weise von der Idee einer einheitlichen Theorie geprägt, da in dieser Richtung vielversprechende Ergebnisse gefunden wurden[29]. Vor etwa zehn Jahren gelang Glashow, Weinberg und Salam die Vereinigung der schwachen und elektromagnetischen Wechselwirkung in einer Eichtheorie ($SU(2) \times U(1)$-Modell).

Die „Große Vereinigung" (grand unification) zeigt verheißungsvolle Ansätze, auch die starke Wechselwirkung in dieses Konzept hineinzunehmen[30]. An diesem Beispiel hat Howard Georgi in einem Überblicksartikel mit dem einschlägigen Titel „Why unify"[31] Hinweise dafür gegeben, daß die Vereinheitlichung nicht in allen möglichen Welten durchführbar ist, sondern Voraussetzungen in der Struktur der Realität hat. Würde die starke Wechselwirkung in unserer Welt nicht durch die Gruppe $SU(3)$, sondern z. B. durch $SU(2)$ oder $SU(4)$ beschrieben, so wäre eine Vereinheitlichung der drei angesprochenen Wechselwirkungen in der Gruppe $SU(5)$ nicht in gleicher Weise möglich. In der sogenannten Supergravity[32] liegt sogar ein Ansatz vor, der die Vereinheitlichung aller vier fundamentalen Wechselwirkungen anstrebt. Sollte sich dieser Ansatz bewähren, so wäre — zumindest für den gegenwärtigen Stand des Wissens — die Einheit der Physik erreicht. Stephen Hawking diskutiert in einem gut lesbaren Vortrag[33], wie groß die Aussichten sind, einen solchen Zustand in absehbarer Zeit zu erreichen. Aufschlußreich sind dabei auch seine Überlegungen zu der Frage, ob dies das Ende der theoretischen Physik bedeuten würde.

Die kurzen Bemerkungen zu den gegenwärtigen Bemühungen um eine einheitliche Feldtheorie haben den weiteren Weg der RQM skizziert, deren Anfänge und erste Höhepunkte in dieser Arbeit untersucht wurden. Die wissenschaftstheoretische Untersuchung der gegenwärtigen Forschung würde vermutlich zeigen, daß viele der damaligen Probleme heute noch aktuell sind.

---

[28] Burian (1975), S. 18. Burian diskutiert auch kurz die Folgen von Einheitsprogrammen für die Theoriendynamik (S. 19/20).

[29] Vgl. Iliopoulos (1979) und Zumino (1979), bei dem sich viele Literaturhinweise finden.

[30] Vgl. Georgi (1981) und Stech (1981).

[31] Georgi (1980).

[32] Zumino (1979).

[33] Hawking (1980).

ANHANG

Anhang A

Da Peters' Hinweis auf die Herleitung der Formel $h/\lambda'' = (h/\lambda)(1 - u/v_0)$ nicht mit einem Blick zu übersehen ist, soll in diesem Anhang die Transformation der de Broglie-Wellenlängen beim Wechsel gegeneinander langsam bewegter Bezugssysteme berechnet werden. Dazu werden drei Bezugssysteme eingeführt:

K':   Bezugssystem, in dem das Teilchen ruht. In diesem Bezugssystem wird die Schwingung der Oszillatoren beschrieben durch

(i) $\Psi'(x', t') = a e^{2\pi i v' t'}$ (vgl. (9))

K: Bezugssystem, in dem das Teilchen die Geschwindigkeit v_0 hat. Die „Wellenfunktion" lautet hier:

(ii) $\Psi(x, t) = a e^{2\pi i v(t - x/V)} = a e^{2\pi i (v'/\sqrt{1 - v_0^2/c^2})\, \tilde{t}}$

      $\tilde{t} = (t - v_0 x/c^2)$ (vgl. (10) und (11)

Für die Wellenlänge gilt $\lambda = V/v$ (vgl. (14))

Für $1/\lambda$ ergibt sich daraus $1/\lambda = (v'/\sqrt{1 - v_0^2/c^2})(v_0/c^2) = v\,(v_0/c^2)$

K'':   Bezugssystem, das sich relativ zu K mit der Geschwindigkeit u (in Richtung von v_0) bewegt.
      Gesucht ist also die Wellenlänge λ'' in K''.

Zur Berechnung der „Wellenfunktion" in K'' benötigt man die inverse Lorentz-Transformation

$$x = (x'' + ut'')/\sqrt{1 - u^2/c^2} \qquad t = (t'' + ux''/c^2)/\sqrt{1 - u^2/c^2}$$

Hiermit erhält man aus (ii) die Wellenfunktion in K''

$$\Psi(x'', t'') = a e^{2\pi i (v/\sqrt{1 - u^2/c^2})(t'' + ux''/c^2 - v_0 x''/c^2 - v_0 u t''/c^2)} =$$

$$= a e^{2\pi i (v(1 - v_0 u/c^2)/\sqrt{1 - u^2/c^2})(t'' - x''(v_0 - u)/(c^2 - v_0 u))} =$$

$$= a e^{2\pi i v''(t'' - x''/V'')}$$

(Zum gleichen Ergebnis kommt man natürlich auch, wenn man von K' auf K'' umrechnet)

Für die inverse Wellenlänge ergibt sich

$$1/\lambda'' = v''/V'' = (v/\sqrt{1 - u^2/c^2}\,)\,(v_0 - u)/c^2$$

Setzt man näherungsweise $\sqrt{1 - u^2/c^2} \approx 1$, so erhält man die von Peters angegebene Formel

$$1/\lambda'' = v\mathrm{v}_0/c^2 - (v\mathrm{v}_0/c^2)\,(u/\mathrm{v}_0) = (1/\lambda)\,(1 - u/\mathrm{v}_0)$$

Anhang B

Unklar bleibt vor allem, warum MacKinnon de Broglies „rechentechnische" Bevorzugung der Frequenz überbewertet (alle folgenden Zitate aus MacKinnon (1976)).

„The original treatment de Broglie gave emphasized ‚the frequency associated with an electron' rather than the wavelength. Also, it was essentially relativistic rather than nonrelativistic." (S. 1049)

„If, however, the nonrelativistic formulation is valid, then this wavelength, λ, can no longer be related to a relativistic phase wave of frequency $v = m_0 c^2/(h\sqrt{1 - \beta^2}\,)$ and a velocity of $V = c/\beta$ through the formula $V = v\lambda$. Some other interpretation of this wavelength must be found." (S. 1053, im Zitat wurde ein Druckfehler berichtigt (V statt v)).

Über de Broglies Betrachtungen zum statistischen Gleichgewicht von Gasen, wo explizit die Formel $\lambda = V/v = (c/\beta)/(m_0 c^2/h) = h/(m_0 \mathrm{v})$ auftaucht, äußert sich MacKinnon: „This is the *only* time the de Broglie formula relating frequency to wavelength occurs in his thesis. When it does occur, it is presented as an approximate expression for the length of the stationary phase waves characterizing a gas in equilibrium. If de Broglie's idea of relativistic phase waves is correct, then this is the only significance Eq. (34) [gemeint ist $\lambda = h/(m_0 \mathrm{v}_0)$] can have. If, however, the nonrelativistic formulation is really the basic one, then Eq. (34) should be considered both general and exact rather than an approximation valid only when $\sqrt{1 - \beta^2}$ is a negligible correction term." (S. 1053)

Tatsächlich findet sich de Broglies Formel $\lambda = h/(m_0 \mathrm{v}_0)$ explizit nur in diesem Zusammenhang. Aber nichts weist darauf hin, daß sie nur in diesem

Spezialfall eines Gases sinnvoll wäre. Vielmehr wird hier in einem Spezialfall angewandt, was de Broglie schon in seiner Dissertation (de Broglie (1927), S. 12) der Sache nach eingeführt hat: Wenn ν und V einer Welle bestimmt ist, liegt auch die Wellenlänge $\lambda = V/\nu$ fest. Vgl. auch de Broglie (1927), S. 37: „Die Resonanzbedingung ist $l = n\lambda$, wenn die Wellenlänge konstant ist, und $\oint (\nu/V)\,d\,l = n$ (ganzzahlig) im allgemeinen Fall." Wenn man sich auf die von de Broglie tatsächlich benutzten formalen Beziehungen beschränkt und annimmt, daß das „periodische Phänomen" nicht lokalisiert ist, sondern den ganzen Raum erfüllt, kann man die Schwingung im Ruhesystem des Teilchens durch

$$\Psi'(x', t') = e^{2\pi i \nu' t'}$$

beschreiben ($h\nu' = m_0 c^2$).

In einem mit v_0 gegenüber dem Ruhesystem bewegten Bezugssystem erhält man

$$\Psi(x, t) = e^{2\pi i (\nu t - x(\nu/V))} \qquad \text{(vgl. (10))}$$

Mit $\qquad k = p/h = m_0 v_0/(h\sqrt{1 - \beta^2}) = 1/\lambda = \nu/V \qquad \text{(vgl. (14))}$

ergibt sich daraus genau die ebene Welle $e^{2\pi i (\nu t - kx)}$, die üblicherweise in der QM zur Beschreibung eines Teilchenstromes mit dem Impuls p verwendet wird.

Anhang C

In (30) $u = E/\sqrt{2m(E - V)}$ kann man E ersetzen durch $E = h\nu$. Mit $u = h\nu/\sqrt{2m(h\nu - V)}$ erhält man $\nu/u = \sqrt{2m(h\nu - V)}/h$. Für die Gruppengeschwindigkeit U ergibt sich:

$$\frac{1}{U} = \frac{d(\nu/u)}{d\nu} = \frac{m}{\sqrt{2m(E - V)}} = \frac{1}{v_0}$$

Die Übereinstimmung von Teilchengeschwindigkeit v_0 und Gruppengeschwindigkeit läßt sich schon mit Hilfe der Hamiltonschen Bewegungsgleichungen klarmachen (was de Broglie in seiner Dissertation (1927, S. 34/35) andeutet). Wie etwa MacKinnon (1976, S. 1051-1052) ausgeführt hat, ist die natürliche Definition für die Gruppengeschwindigkeit U eines Wellenpaketes von der

Form

$$\Psi\,(x,\,t) = \int_{\Delta p} \exp\left[(i/h)\,(px - Et)\right]\,dp$$

gegeben durch $U = \dfrac{dE}{dp}$.

Wenn nun die Hamilton-Funktion H die Gesamtenergie repräsentiert, erhält man aus

$$\dot{q} = \frac{\partial H}{\partial p}\ \text{mit}\ v_0 = \dot{q}\ \text{und}\ U = dE/dp$$

das gewünschte Ergebnis (das relativistisch und nichtrelativistisch gilt).

Anhang D

Läßt man Teilchen mit Überlichtgeschwindigkeit zu, so kann man auf folgende Weise ein kausales Paradoxon konstruieren:

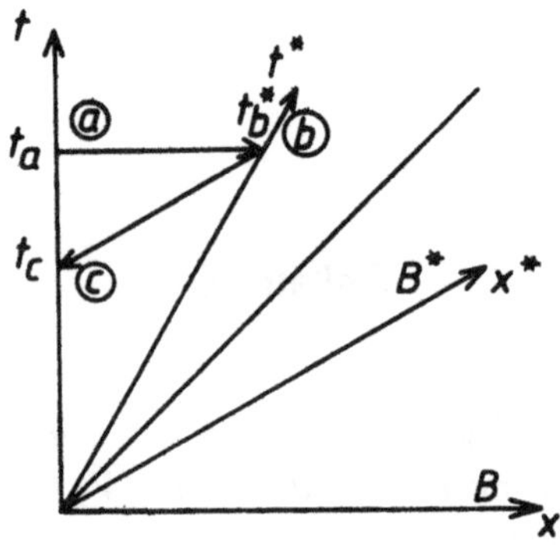

Abb. 15: Signalausbreitung mit Überlichtgeschwindigkeit
($B^*\,(x^*,\,t^*)$ bewegt sich mit $v_B^* < c$ gegenüber $B\,(x,\,t)$)

Ein im Bezugssystem $B\,(x,\,t)$ ruhender Beobachter B sendet zum Zeitpunkt t_a ein Signal aus, das sich mit großer Geschwindigkeit $v \approx \infty$ bewegt (Ereignis ⓐ). Ein zweiter Beobachter B^*, der im Bezugssystem $B^*\,(x^*,\,t^*)$ ruht, fängt das Signal zum Zeitpunkt t_b^* auf und sendet sofort mit $v \approx \infty$ ein Signal zum 1. Beobachter zurück (Ereignis ⓑ). Bei B kommt dieses Signal zum Zeitpunkt t_c an (Ereignis ©), der *vor* der Aussendung zum Zeitpunkt t_a liegt.

Man kann nun eine Versuchsanordnung gerade so konstruieren, daß B^* nur dann sendet, wenn ein Signal von B ankommt, B aber nur dann sendet, wenn vorher von B^* *kein* Signal eingetroffen ist. Als paradoxe Folge ergibt sich, daß B gerade dann sendet, wenn er nicht sendet. Diese Folgerung läßt sich vermeiden, wenn man für sich schneidende Kausalketten eine Konsistenzforderung aufstellt (vgl. Kanitscheider (1979), S. 186). Es müssen jedoch physikalische Gründe denkbar sein, die verhindern, daß die oben geschilderte Versuchsanordnung aufgebaut werden kann. Ansonsten läßt sich (wenn ein Physiker entschlossen ist, die Anordnung zu bauen) die Konsistenzforderung nur im trivialen Fall erfüllen, wenn keine Tachyonen existieren. Zu den verschiedenen Versuchen, dieses Paradoxon zu vermeiden, vgl. Maund (1979).

Anhang E

„Diese Beschreibung der ‚avancierten Lösung' der Maxwellschen Gleichungen als einlaufende Kugelwelle und unser Umgang mit der Erfahrung legen es nahe, zu vermuten, daß es eine Gesetzmäßigkeit in der Natur gibt, die die ‚physikalische Möglichkeit' ... der avancierten Lösungen verhindert." (Ludwig (1974), S. 179). Deswegen führt G. Ludwig ein zusätzliches Axiom ein: „Nur retardierte Lösungen der Maxwellschen Gleichungen dürfen in der Theorie benutzt werden." (Ludwig (1974), S. 179). Allerdings kann die Sprechweise von einer entsprechenden *Gesetzmäßigkeit* irreführend sein: Die Begründung, warum ein Teil der formal zugelassenen Lösungsklasse nicht interpretiert wird, muß ja nicht in der Struktur der Natur liegen, sondern kann auch darin liegen, daß ein zu reichhaltiger und deshalb nicht adäquater Formalismus benutzt wurde. Deswegen sollte man zunächst zwischen semantischen Hypothesen und Hypothesen der Art der Maxwell-Gleichungen unterscheiden. Diese Unterscheidung wird in der Regel auch durch die sprachliche Form der Hypothese nahegelegt. Auf der anderen Seite ist denkbar, daß etwa eine kosmologische Theorie deduktiv-nomologisch erklären kann, warum die avancierten Lösungen keinen Referenten haben.

So kann nach J.E. Hogarth (1962) erklärt werden, warum in der makroskopischen Elektrodynamik nur retardierte Potentiale beobachtet werden. Hogarth geht dabei von einer Absorbertheorie aus, bei der sowohl retardierte als auch avancierte Felder existieren. Der Zeitpfeil der Elektrodynamik, die Erfahrung, daß nur retardierte Potentiale beobachtet werden, ergibt sich dann als Konsequenz bestimmter kosmologischer Modelle.

Nach F. Rohrlich (1974) wird die Kausalität durch avancierte Potentiale nicht verletzt, wenn man diese entsprechend interpretiert. Danach beschreiben die avancierten Lösungen, wie das Feld an einem Punkt x sein muß, damit es später an der Stelle, wo die Kinematik der Punktladung gegeben ist, voll absorbiert werden kann. So habe es auch Einstein (1909, S. 185) verstanden. Avancierte Lösungen sind nur dann realisiert, wenn die zur Absorption passenden Randbedingungen der avancierten Lösung verwirklicht sind.

Anhang F

In diesem Anhang sind einige Aussagen über die Darstellung gekoppelter Systeme und über Dichtematrizen zusammengestellt. Ausführliche Darstellungen finden sich bei Jauch (1968), S. 175 f., d'Espagnat (1976), S. 39 f. und Neumann (1932), S. 225 f. Siehe auch Fano (1957) und Ter Haar (1961), wo sich auch historische Hinweise finden.

a) Produktraum

Zur Klärung des Zusammenhangs von Mehrteilchenzuständen und konstituierenden Einteilchenzuständen wird ein Produktraum (direktes Produkt, Tensorprodukt) eingeführt (vgl. Großmann (1970), S. 68):

Es seien H_1 und H_2 zwei Hilberträume, dabei werde H_1 von dem vollständigen Orthonormalsystem (VONS) $\{\varphi_i\}$ und H_2 von dem VONS $\{\chi_j\}$ aufgespannt. Wenn die Vektoren $f_1 \in H_1$ und $f_2 \in H_2$ die Zustände des Teilchens 1 bzw. 2 kennzeichnen, dann wird man versuchen, dem gemeinsamen Vorliegen beider Teile das Produkt $f_1 f_2$ zuzuordnen. Dazu bildet man die formalen Paare (φ_i, χ_j) $\forall i, j$, d.h. alle $\psi_k = (\varphi_i, \chi_j)$. Durch Bildung der linearen Hülle der ψ_k, d.h. der Vektoren $\Psi = \sum_k a_k \psi_k$ erhält man einen linearen Raum, in dem durch

$$< \Psi, \Phi > = \sum_k a_k^* b_k \qquad \text{(dabei sei } \Phi = \sum_k b_k \psi_k)$$

ein inneres Produkt definiert werden kann. Nach Vervollständigung nennt man diesen Raum den Produkt-Hilbertraum H. Die $\{\psi_k\}$ bilden in ihm ein vollständiges Orthonormalsystem

$$H = H_1 \otimes H_2 = \{\Psi \mid \Psi = \sum_{i,j} a_{ij} (\varphi_i, \chi_j), \ \Sigma \mid a_{ij} \mid^2 < \infty \}.$$

Dazu äquivalent ist folgende Definition des Produktraumes (des direkten Produkts, des Tensorprodukts), die sich z.B. bei Jauch (1968), S. 175, findet.

Es seien H_1 und H_2 zwei Hilberträume. Das Tensorprodukt $H = H_1 \otimes H_2$ ist dann ein Hilbertraum H zusammen mit einer bilinearen Abbildung φ vom topologischen Produktraum $H_1 \times H_2$ (d.h. der Menge der formal geordneten Paare $(f_1, f_2), f_1 \in H_1, f_2 \in H_2$) nach H mit den Eigenschaften

i)   Die Menge aller Vektoren $\varphi(f_1, f_2)$ spannt H auf.

ii) $<\varphi(f_1, f_2), \varphi(g_1, g_2)> \; = \; <f_1, g_1> <f_2, g_2>$ $\forall f_1, g_1 \in H_1$
     $\forall f_2, g_2 \in H_2$

Eine explizite Konstruktionsvorschrift erhält man, wenn man von Abbildungen $T: H_2 \to H_1$ ausgeht, die folgenden Bedingungen genügen:

i) $$T(f_2 + g_2) = Tf_2 + Tg_2$$

ii) $$T(af_2) = a^* Tf_2 \; .$$

Die Menge aller T bildet einen Hilbertraum H, in dem φ so definiert werden kann:

$$\varphi: (f_1, f_2) \to \widetilde{T} \in H \qquad \text{wobei} \quad \widetilde{T}: H_2 \to H_1 \; .$$

Die Abbildung $\widetilde{T}$, die (f_1, f_2) zugeordnet ist, wird definiert durch

$$Tg_2 = f_1 <g_2, f_2> \qquad \forall g_2 \in H_2 \; .$$

Für $\widetilde{T}$ schreibt man $f_1 \otimes f_2$.

D.h. φ ordnet den Paaren (f_1, f_2) gerade die Vektoren $f_1 \otimes f_2 = \widetilde{T}$ zu. Oft schreibt man für $f_1 \otimes f_2$ einfach $f_1 f_2$ oder $|f_1> | f_2>$. Das innere Produkt zweier Vektoren $\Psi = f_1 \otimes f_2$ und $\Phi = g_1 \otimes g_2$ ist also

$$< \Psi, \Phi > \; = \; <f_1, g_1> <f_2, g_2> \; .$$

Im Produktraum können nicht alle Vektoren in der Form $f_1 \otimes f_2$ geschrieben werden, d.h. nicht allen Vektoren $\Psi \in H$ entspricht ein Paar $(f_1, f_2) \in H_1 \times H_2$. Daraus entsteht bei Systemen, die durch solche Ψ beschrieben werden, die nicht im Bild von $\varphi(f_1, f_2)$ liegen, eine physikalische Schwierigkeit: Den Einzelsystemen kann nicht mehr ein Zustandsvektor $f_1 \in H_1$ oder $f_2 \in H_2$ zugeordnet werden.

Auf dem Tensorprodukt können Operatoren wie folgt definiert werden. A sei ein Operator auf H_1, B sei ein Operator auf H_2, dann ist durch

$$(A \otimes B)(\varphi_i \otimes \chi_j) = (A\varphi_i \otimes B\chi_j)$$

ein Operator auf H definiert. Soll ein Operator A nur auf ein Teilsystem wirken, so läßt sich A mit Hilfe des Identitätsoperators I der Operator mit $(A \otimes I)(\varphi_i \otimes \chi_j) = (A\,\varphi_i \otimes \chi_j)$ auf H zuordnen.

b) Der statistische Operator

Es seien l Systeme gegeben, so daß sich jedes System in einem reinen Zustand $|\varphi_k>$ befindet ($k = 1, \ldots, l$). Die Zustände $|\varphi_k>$ müssen nicht notwendigerweise orthogonal zueinander stehen. Faßt man diese Systeme zu einem Ensemble zusammen, so kann man folgenden Operator bilden.

$$W = \sum_k |\varphi_k> n_k <\varphi_k|$$

(dabei ist n_k die Anzahl der Systeme im Zustand $|\varphi_k>$ dividiert durch die Gesamtzahl der Systeme, n_k entspricht also der Wahrscheinlichkeit von φ_k im Ensemble).

W heißt der „statistische Operator des Ensembles" oder die „Dichtematrix" (nach Einführung eines VONS $|a_k>$ kann W durch eine Matrix gekennzeichnet werden $w_{kl} = <a_k|W|a_l>$).

Einige mathematische Eigenschaften (vgl. d'Espagnat (1976), S. 40):

i) $\qquad\qquad <\psi|W|\psi> \geqq 0 \qquad \forall \psi$

ii) $\qquad\qquad Sp(W) = 1$

iii) $\qquad\qquad$ Für die Eigenwerte p_n gilt:

$$0 \leqq p_n \leqq 1 \quad \text{und} \quad \sum_n p_n = 1$$

iv) $\qquad\qquad Sp(W^2) \leqq 1$

$\qquad\qquad Sp(W^2) = 1$ nur wenn W ein Projektionsoperator ist.

Reine Zustände: Alle Systeme sind im gleichen Zustand. Das Ensemble wird durch eine Dichtematrix beschrieben, die einen Projektionsoperator darstellt ($|\varphi>$ sei der Zustand der Systeme):

$$W = |\varphi> <\varphi|.$$

Bei reinen Fällen gibt es eine Messung, deren Ausgang mit Sicherheit vorhersagbar ist. Für den Erwartungswert eines beliebigen Operators A gilt

$$<A> = <\varphi|A|\varphi> = Sp(AW).$$

Gemische: Nicht alle Systeme sind im gleichen Zustand („Gemenge").
                   Der statistische Operator wird durch die Summe

$$W = \sum_k |\,\varphi_k > n_k < \varphi_k\,|$$

dargestellt.
Für den Erwartungswert eines beliebigen Operators gilt wieder $< A > = Sp\,(AW)$.
Für Gemische ist $W \neq W^2$

Die Zerlegung von Gemischen in reine Zustände („inkohärente Superposition") ist i.A. nicht eindeutig. Z.B. kann unpolarisiertes Licht als Überlagerung von 2 linear polarisierten oder von 2 zirkular polarisierten Strahlen angesehen werden. Ein unpolarisierter Strahl von Spin 1/2-Teilchen werde durch $W = \frac{1}{2}\begin{pmatrix} 1 & 0 \\ 0 & 1 \end{pmatrix}$ beschrieben. W kann nun aufgelöst werden entweder als

$$W = (1/2)\,(|\,u_+ > < u_+\,| + |\,u_- > < u_-\,|) \quad \text{oder als}$$

$$W = (1/2)\,(|\,v_+ > < v_+\,| + |\,v_- > < v_-\,|) \quad \text{oder als}$$

$$W = (1/2)\,(|\,w_+ > < w_+\,| + |\,w_- > < w_-\,|)$$

$$\text{wobei} \quad v_{\pm} = (1/\sqrt{2})\,(|\,u_+ > \pm\,|\,u_- >)$$

$$w_{\pm} = (1/\sqrt{2})\,(|\,u_+ > \pm\,i\,|\,u_- >)$$

Wenn man weiß, daß in einem Gemisch jedes Einzelsystem einen Zustandsvektor hat, spricht man von einem echten Gemenge. Bei unechten Gemengen kann man den Einzelsystemen keine Zustandsvektoren zuordnen. Sie entstehen z.B. bei der Zustandsbeschreibung von Einzelsystemen, die Teil eines gekoppelten Systems sind.

c) Die Dichtematrix von gekoppelten Systemen

Das gekoppelte System $1 + 2$ werde durch die Dichtematrix W beschrieben, W operiert auf $H = H_1 \otimes H_2$. Zur Beantwortung der Frage, welche Zustände den Teilsystemen 1 und 2 zugeschrieben werden können, stellt man folgende Bedingung an die statistischen Operatoren U und V der Teilsysteme 1 und 2: Die Messung eines Operators A in einem Teilsystem soll das gleiche Ergebnis haben wie die Messung des Operators am Gesamtsystem.

$$Sp\,((A \otimes 1)\,W) = Sp\,(AU) \qquad \forall A \in H_1$$

(*)

$$Sp\,((1 \otimes B)\,W) = Sp\,(BV) \qquad \forall B \in H_2\,.$$

Es sei das Gesamtsystem im Zustand

$$\Phi = \sum_{i,\,j} a_{ij} \Phi_i \otimes \Psi_j \, .$$

Das System 1 wird dann (relativ zur Basis $\{\Phi_i\}$) durch die Dichtematrix $u_{ik} = \,\,< \Phi_i \mid U \mid \Phi_k >$ mit

$$u_{ik} = \sum_l a_{il}^* \, a_{kl}$$

beschrieben. Man erhält die Dichtematrizen der Teilsysteme durch „partielle Spurbildung" aus der Dichtematrix $w_{mn,\,m'n'}$ des Gesamtsystems

$$u_{m,\,m'} = \sum_n w_{mn,\,m'n}$$

$$v_{n,\,n'} = \sum_m w_{mn,\,mn'}$$

(die Matrix U beschreibt das Teilsystem 1 und die Matrix V beschreibt das Teilsystem 2).

Umgekehrt ist durch U und V die Dichtematrix des Gesamtsystems noch nicht festgelegt. Zwar ist $w_{mn,\,m'n'} = u_{m,\,m'} v_{n,\,n'}$ immer Lösung von (*), sie ist jedoch nur eindeutig genau dann, wenn U oder V einen reinen Fall beschreiben. Ansonsten gibt es noch weitere Lösungen von (*), d.h. das Gesamtsystem ist nicht allein durch U und V bestimmt. Die zusätzlichen Lösungen unterscheiden sich durch die Korrelationen zwischen System 1 und 2 (für $W = U \otimes V$ gibt es keine Korrelationen).

Anhang G

Es gilt (4) $P(\vec{a}, \vec{b}) = \int \rho(\lambda) A(\vec{a}, \lambda) B(\vec{b}, \lambda) \, d\lambda$.

Im folgenden wird vollkommene Korrelation vorausgesetzt, wenn der Spin in System I und in System II entlang der gleichen Richtung gemessen wird:

$$A(\vec{a}, \lambda) = - B(\vec{a}, \lambda)$$

damit wird (4) zu

$$P(\vec{a}, \vec{b}) = - \int d\lambda \, \rho(\lambda) A(\vec{a}, \lambda) A(\vec{b}, \lambda) \, .$$

Es sei nun $\vec{c}$ ein weiterer Richtungsvektor $(|\vec{c}| = 1)$.

Dann gilt

$$P(\vec{a}, \vec{b}) - P(\vec{a}, \vec{c}) = -\int d\lambda \rho(\lambda) [A(\vec{a}, \lambda) A(\vec{b}, \lambda) - A(\vec{a}, \lambda) A(\vec{c}, \lambda)]$$

$$= \int d\lambda \rho(\lambda) A(\vec{a}, \lambda) A(\vec{b}, \lambda) [A(\vec{b}, \lambda) A(\vec{c}, \lambda) - 1].$$

Mit $|A(\vec{a}, \lambda)| = |A(\vec{b}, \lambda)| = 1$ gilt für die Beträge

$$|P(\vec{a}, \vec{b}) - P(\vec{a}, \vec{c})| \leq \int d\lambda \rho(\lambda) [1 - A(\vec{b}, \lambda) A(\vec{c}, \lambda)].$$

Die rechte Seite ist gerade $1 + P(\vec{b}, \vec{c})$, so daß man damit die gesuchte Beziehung erhält

$$|P(\vec{a}, \vec{b}) - P(\vec{a}, \vec{c})| \leq 1 + P(\vec{a}, \vec{c}).$$

Anhang H

Das Prinzip der Lokalität impliziert im einzelnen, daß

$$n_{1j}(\vec{a}, \vec{b}) = n_{1j}(\vec{a}, \vec{b}') = n'_{1j}$$

$$n_{1j}(\vec{a}', \vec{b}) = n_{1j}(\vec{a}', \vec{b}'') = n''_{1j}$$

$$n_{2j}(\vec{a}, \vec{b}) = n_{2j}(\vec{a}', \vec{b}) = n'_{2j}$$

$$n_{2j}(\vec{a}, \vec{b}') = n_{2j}(\vec{a}', \vec{b}') = n''_{2j}$$

(10)

d.h. der Meßausgang soll nicht von der Richtung abhängen, entlang der im anderen System gemessen wird.

Im Anschluß an Stapp wählt Nordin nun die Richtungen, so daß

$$\cos(\vec{a}, \vec{b}) = 1$$

$$\cos(\vec{a}, \vec{b}') = 0$$

$$\cos(\vec{a}', \vec{b}) = -1/\sqrt{2}$$

$$\cos(\vec{a}', \vec{b}') = +1/\sqrt{2}$$

(11)

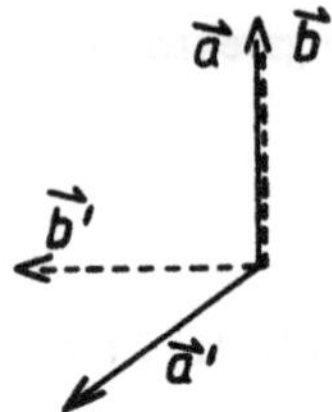

Abb. 16: Zur Wahl der Winkel

Aus (11) folgt mit (8) bis (10)·

$$(12) \qquad (1/N) \cdot \sum_j n'_{1j} \cdot n'_{2j} = -1$$

$$(13) \qquad (1/N) \cdot \sum_j n'_{1j} \cdot n''_{2j} = 0$$

$$(14) \qquad (1/N) \cdot \sum_j n''_{1j} \cdot n'_{2j} = +1/\sqrt{2}$$

$$(15) \qquad (1/N) \cdot \sum_j n''_{1j} \cdot n''_{2j} = -1/\sqrt{2}$$

Nordin führt seine Argumentation wie folgt weiter:

Aus (12) folgt

$$(16) \qquad n'_{1j} = -n'_{2j} \; .$$

In (13) eingesetzt ergibt dies

$$(17) \qquad (1/N) \sum_j n'_{2j} n''_{2j} = 0 \; .$$

Nun wird (15) von (14) subtrahiert

$$(18) \qquad \sqrt{2} \; = (1/N) \cdot \sum_j n''_{1j} (n'_{2j} - n''_{2j}) =$$

$$= (1/N) \cdot \sum_j n''_{1j} n'_{2j} (n''_{2j} n'_{2j} - 1) \leqq$$

$$\leqq (1/N) \cdot \sum_j | \, n''_{2j} n'_{2j} - 1 \, | \leqq$$

$$\leqq (1/N) \cdot \sum_j (1 - n''_{2j} n'_{2j}) \leqq 1 - (1/N) \cdot \sum_j n''_{2j} n'_{2j} \; .$$

Aus (18) folgt aber mit (17) der Widerspruch

$$\sqrt{2} \leqq 1 \,.$$

Nordin schließt nun weiter, daß für mindestens ein j eine der folgenden Beziehungen gelten müsse

(19)
$$n_{1j}\,(\vec{a},\vec{b}\,) \neq n_{1j}\,(\vec{a},\vec{b}\,')$$
$$n_{1j}\,(\vec{a},\vec{b}\,) \neq n_{1j}\,(\vec{a}',\vec{b}\,')$$
$$n_{2j}\,(\vec{a},\vec{b}\,) \neq n_{2j}\,(\vec{a}',\vec{b}\,)$$
$$n_{2j}\,(\vec{a},\vec{b}\,') \neq n_{2j}\,(\vec{a}',\vec{b}\,')$$

Daraus folgt, daß die Messungen an System I von der Art der Messung an System II abhängen. Nordin expliziert dies mit folgendem Beispiel:

An System II werden in $\vec{b}$-Richtung Messungen ausgeführt. Bei der ersten Meßreihe wird System I in $\vec{a}$-Richtung gemessen, man erhält folgende Meßreihe für System II:

$$\text{MR2}\,(\vec{a}\,)\colon\; n_{21}\,(\vec{a},\vec{b}\,),\, n_{22}\,(\vec{a},\vec{b}\,),\, n_{23}\,(\vec{a},\vec{b}\,),\, \ldots$$

Bei der zweiten Meßreihe wird System I in $\vec{a}'$-Richtung gemessen, man erhält für System II folgende Meßreihe:

$$\text{MR2}\,(\vec{a}'\,)\colon\; n_{21}\,(\vec{a}',\vec{b}\,),\, n_{22}\,(\vec{a}',\vec{b}\,),\, n_{23}\,(\vec{a}',\vec{b}\,),\, \ldots$$

Die Messung an System II hängt nun nach (19) so von System I ab, daß MR2 $(\vec{a}\,)$ verschieden ist von MR2 $(\vec{a}'\,)$. Nordin weist darauf hin, daß diese Abhängigkeit zwischen makroskopischen Ereignissen besteht und keine Voraussetzungen etwa über die objektive Existenz von Quantensystemen macht. Außerdem ist Nordin der Auffassung, daß diese Abhängigkeit keinen vollständigen Determinismus impliziert, da man nicht davon ausgeht, daß der Ausgang jedes Einzelexperimentes vorhersagbar ist. Man hat nun das Ergebnis, daß mindestens eine Messung am System II das Ergebnis n_{2j} gibt, wenn das Meßgerät am System I in $\vec{a}$-Richtung zeigt, aber $-n_{2j}$, wenn das Meßgerät am System I in $\vec{a}'$-Richtung zeigt. Dadurch ist aber eine Verletzung des Lokalitätsprinzips im Sinne von (10) gegeben, die aus der Annahme der quantenmechanischen Korrelationen (8) folgt.

Anhang I

Zum Beweis von H. P. Stapp

Stapp (1977) benutzt für seine Überlegungen eine besondere Diagramm-technik, so daß er weitgehend ohne Formeln auskommt. Modelle des Meßprozesses sind dabei zwei Stern-Gerlach-Experimente, in denen Teilchen I und Teilchen II jeweils nach oben oder nach unten abgelenkt werden können. Die vier möglichen Fälle werden in ein Schema eingetragen:

1) Teilchen I wird nach oben abgelenkt, Teilchen II auch nach oben ↑↑

2) Teilchen I wird nach oben abgelenkt, Teilchen II aber nach unten ↑↓

3) Teilchen I wird nach unten abgelenkt, Teilchen II aber nach oben ↓↑

4) Teilchen I wird nach unten abgelenkt, Teilchen II auch nach unten ↓↓

1) ↑↑	2) ↑↓
3) ↓↑	4) ↓↓

Jeder mögliche Meßausgang kann nun in eines der 4 Kästchen eingetragen werden. Die QM ordnet den verschiedenen Fällen folgende Wahrscheinlichkeiten zu (ϑ ist der Winkel zwischen den ausgezeichneten Achsen des Stern-Gerlach-Apparates):

$\dfrac{1}{4} - \dfrac{\cos\vartheta}{4}$	$\dfrac{1}{4} + \dfrac{\cos\vartheta}{4}$
$\dfrac{1}{4} + \dfrac{\cos\vartheta}{4}$	$\dfrac{1}{4} - \dfrac{\cos\vartheta}{4}$

Stapp betrachtet nun eine Reihe von Experimenten, bei denen sowohl Apparat I zwei Stellungen $\vec{a}$ und $\vec{a}'$ seiner Achse einnehmen kann, als auch Apparat II in $\vec{b}$ und $\vec{b}'$-Richtung messen kann.

Fall α: $\vec{a}, \vec{b}$; $\vartheta = \ \ \ 0°$ ↑↑
Fall β : $\vec{a}, \vec{b}'$; $\vartheta = 270°$ ↑←
Fall γ: $\vec{a}', \vec{b}$; $\vartheta = 135°$ ↙↑
Fall δ : $\vec{a}', \vec{b}'$; $\vartheta = \ \ 45°$ ↙←

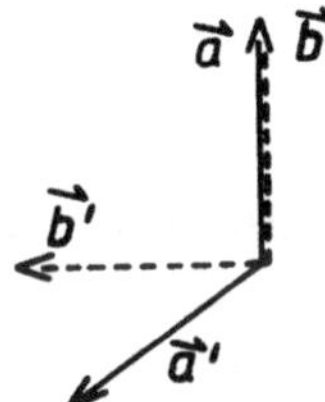

Abb. 17: Zur Wahl der Winkel

In jeder der vier Achsenstellungen macht man nun eine Meßreihe, bei der N Teilchenpaare untersucht werden (N sei eine große Zahl), die Meßergebnisse werden in das Schema eingetragen.

$\dfrac{n_1}{N}$	$\dfrac{n_2}{N}$
$\dfrac{n_3}{N}$	$\dfrac{n_4}{N}$

Es gibt also

n_1 Meßausgänge zu 1)

n_2 Meßausgänge zu 2)

n_3 Meßausgänge zu 3)

n_4 Meßausgänge zu 4)

Außerdem ist $n_1 + n_2 + n_3 + n_4 = N$

Für große N wird sich das Ergebnis immer mehr den Vorhersagen der Quantenmechanik annähern. Diese lauten

0	$\dfrac{1}{2}$ (a)
$\dfrac{1}{2}$	0

$\dfrac{1}{4}$	$\dfrac{1}{4}$
(b)	
$\dfrac{1}{4}$	$\dfrac{1}{4}$

Fall α ↑↑

Fall β ↑←

$$\begin{array}{|c|c|}
\hline
\dfrac{1}{4}+\dfrac{\sqrt{2}}{8} & \dfrac{1}{4}-\dfrac{\sqrt{2}}{8} \\
\hline
\dfrac{1}{4}-\dfrac{\sqrt{2}}{8} & \dfrac{1}{4}+\dfrac{\sqrt{2}}{8} \\
 & \text{(c)} \\
\hline
\end{array}
\qquad\qquad
\begin{array}{|c|c|}
\hline
\dfrac{1}{4}-\dfrac{\sqrt{2}}{8} & \dfrac{1}{4}+\dfrac{\sqrt{2}}{8} \\
\hline
\dfrac{1}{4}+\dfrac{\sqrt{2}}{8} & \dfrac{1}{4}-\dfrac{\sqrt{2}}{8} \\
\text{(d)} & \\
\hline
\end{array}$$

Fall γ ↙↑ $\qquad\qquad\qquad\qquad\qquad$ Fall δ ↙←

Die Lokalitätsforderung impliziert nun nach Stapp, daß beim Übergang α nach β (oder von γ nach δ), wenn sich nur die Einstellung der Achse II ändert, die Summe der Fälle in den Kästchen 1) und 2) sowie die Summe der Fälle in den Kästchen 3) und 4) jeweils unverändert bleibt. D.h. bei diesen „horizontalen Übergängen" wegen neuer Achsenwahl an II soll die Anzahl der am Apparat I nach oben und die der nach unten abgelenkten Teilchen gleich bleiben. Das Analoge gilt bei „vertikalen Übergängen" von α nach γ oder von β nach δ (wenn nur die Richtung des Meßgeräts I geändert wird): Hier bleibt die Summe der Fälle in den Kästchen 1) und 3), sowie die Summe der Fälle in den Kästchen 2) und 4) konstant (vgl. die vier Diagramme oben). Obwohl diese Forderung durch die Voraussagen der QM offensichtlich erfüllt ist, versucht Stapp zu zeigen, daß die Lokalitätsforderung mit den Voraussagen der QM nicht vereinbar ist.

Um dies nachzuweisen, fragt Stapp nach dem Anteil f einer Anzahl von N Versuchen, die im Fall α im Kästchen (a) und im Fall δ im Kästchen (d) liegen würden. Stapp bestimmt nun den Anteil f auf zwei verschiedene Weisen. Die Behauptung ist, daß Experimente aus den N Versuchen nur dann sowohl in (a) als auch in (d) einzuordnen wären, wenn sie auch im Fall β in (b) einzuordnen wären. Das Argument kann wohl wie folgt rekonstruiert werden: Alle Experimente, die im Diagramm β in die rechte Spalte einzuordnen sind, können im Fall δ nicht in (d) liegen. Alle Experimente, die im Diagramm β in die untere Reihe einzuordnen sind, können im Fall α nicht nach (a) eingeordnet werden, d.h. aber, daß (b) alle Experimente enthält, die sowohl nach (a) als auch nach (b) einzuordnen sind.

$$\text{Daraus folgt (20)} \quad f \leq \frac{1}{4} \qquad (\tfrac{1}{4} \text{ ist Anteil in (b))}.$$

Andererseits kann man auch so argumentieren:

Alle Experimente, die im Fall γ in (c) liegen, würden im Fall α in (a) liegen. Im Fall δ müssen alle Experimente aus (c) in der unteren Reihe von δ aufzufinden sein. Da im 4. Quadranten von δ höchstens ein Anteil von (1/4 –

$\sqrt{2}/8$) der Experimente zu finden ist, müssen mindestens

$$(\frac{1}{4} + \frac{\sqrt{2}}{8}) - (\frac{1}{4} - \frac{\sqrt{2}}{8}) = \frac{\sqrt{2}}{4}$$

Fälle sowohl in (c) (und damit in (a)) als auch in (d) liegen. Damit erhält man

$$f \geqq \frac{\sqrt{2}}{4} \, .$$

Das ist jedoch ein Widerspruch zu (20), so daß die Lokalitätsforderung und die Vorhersagen der QM, die sich in den Besetzungszahlen der Kästchen niederschlagen, nicht gleichzeitig erfüllt sind.

Stapp bezeichnet seinen Beweis als bloße Variation des Bellschen Beweises. Dennoch zieht er daraus weitergehende Folgerungen, nämlich, daß die Lokalitätsforderung und die Vorhersagen der QM unvereinbar wären (Bell hatte dies nur für Verborgene-Parameter-Theorien behauptet). Wie bei Nordin ist jedoch auch bei Stapp eine stillschweigende Determinismusannahme versteckt. Die Behauptung, daß alle Experimente, die im Fall α in (a) stehen, auch im Fall β in die erste Zeile gehören, läuft darauf hinaus, daß für jedes Experiment aus der Anzahl der N Experimente im voraus der Ausgang festliegt und z.B. auch bei der Wiederholung der Experimente des Falles α alle wieder zum gleichen Ergebnis führen. In einem gewissen Sinn kann man auch sagen, daß es überhaupt keinen Zustand gibt, der sowohl nach (a) als auch nach (d) gehört, denn die entsprechenden Zustände, sowohl für das System I ($\uparrow$ und $\nearrow$) als auch für das System II ($\downarrow$ und $\rightarrow$) können nicht gleichzeitig vorliegen (vgl. auch Jones (1977)). Die Formulierung der Lokalitätsforderung, daß das Ergebnis von System I nicht vom Ergebnis am System II abhängt, darf nur so verstanden werden, daß die *Wahrscheinlichkeiten* für Ergebnisse an I nicht von der Art und dem Ausgang der Messung bei II abhängt. Aus der Lokalitätsforderung kann man nicht folgern, daß ein nicht durchgeführtes Experiment im *Einzelfall* das gleiche Ergebnis wie das durchgeführte hätte haben müssen.

Clauser / Shimony (1978, S. 1899) verweisen auf ein prepint, in dem H. P. Stapp auf die Kritik reagiere, seine Argumentation sei nur innerhalb einer deterministischen lokalen Verborgenen-Parameter-Theorie verständlich. Die gedruckte Fassung (Stapp 1979) enthält jedoch keine diesbezüglichen Bemerkungen. Die Schlußfolgerungen von Stapp, daß keine deterministische oder probabilistische Verborgenen-Parameter-Theorie die Vorhersagen der QM wiedergeben kann, ist mit der Behauptung des Beweises von Clauser / Shimony (1974) identisch, die im Abschnitt IV, 2c behandelt wird.

Für den Autor bleibt nach einigen Überlegungen keine andere Alternative als die Annahme einer Verbindung zwischen raumartig zueinander liegenden Gebieten. H.P. Stapp will hier auch die Übertragung von Signalen mit Überlichtgeschwindigkeit zulassen: „Quantum phaenomena provide prima facie evidence that information gets around in ways that do not conform to classical ideas. Thus the idea that information is transferred superluminally is, a priori, not unreasonable." (Stapp (1977), S. 202)

Von philosophischen Bedenken abgesehen, müßte hier wohl doch der Konflikt mit der SR bedacht werden. Die anschließende Bemerkung macht die Intuition des Autors deutlicher (wenn auch vielleicht nicht überzeugender): Unser Wissen über die Natur sei vereinbar mit der Vorstellung, daß der fundamentale Prozeß der Natur außerhalb von Raum und Zeit liegt, dabei jedoch Ereignisse hervorbringt, die in der Raumzeit lokalisiert sind. So kann er sein Ergebnis formulieren, daß Informationsübertragungen mit Überlichtgeschwindigkeit notwendig sind.

Zum philosophischen Hintergrund von H.P. Stapp, der die Bedeutung der Philosophie von A.N. Whitehead für den begrifflichen Rahmen der QM betont, vgl. Stapp (1979). Zu diesem Thema vgl. auch Shimony (1965).

Literatur

Ein Zitat ist besser als ein Argument. Man kann damit in einem Streit die Oberhand gewinnen, ohne den Gegner überzeugt zu haben.

Gabriel Laub

Abkürzungen

AJP	=	American Journal of Physics
Ann Phys	=	Annalen der Physik
Comptes Rendus	=	Comptes Rendus hebdomadaires des séances de l'Académie des sciences (Paris)
Phil Sci	=	Philosophy of Science
Phys Rev	=	Physical Review
Proc Roy Soc	=	Proceedings of the Royal Society (London)
Rev Mod Phys	=	Reviews of Modern Physics

Achinstein (1971): Peter Achinstein, Concepts of Science, A Philosophical Analysis, Baltimore/London 1971

Aichelburg / Sexl (1979): Peter C. Aichelburg und Roman U. Sexl (Hrsg.), Albert Einstein — Sein Einfluß auf Physik, Philosophie und Politik, Braunschweig/Wiesbaden 1979

Anderson (1932): Carl D. Anderson, The Apparent Existence of Easily Deflectable Positives, Science 76 (1932) 238-239

Anderson (1933 a): Carl D. Anderson, The Positive Electron, Phys Rev 43 (1933) 491-494

Anderson (1933 b): Carl D. Anderson and Seth H. Neddermeyer, Positrons from Gamma-Rays, Phys Rev 43 (1933 b) 1034

Aspect (1982): Alain Aspect, Philippe Grangier, and Gérard Roger, Experimental Realization of Einstein-Podolsky-Rosen-Bohm Gedankenexperiment: A New Violation of Bell's Inequalities, Physical Review Letters 49 (1982) 91-94

Audretsch (1981): Jürgen Audretsch, Quantum Gravity and the Structure of Scientific Revolution, Zeitschrift für allgemeine Wissenschaftstheorie 12 (1981) 322-339

Ballentine (1970): L. E. Ballentine, The Statistical Interpretation of Quantum Mechanics, Rev Mod Phys 42 (1970) 358-381

Belinfante (1973): Frederic J. Belinfante, A Survey of Hidden-Variables Theories, Oxford 1973

Bell (1964): John Stewart Bell, On the Einstein-Podolsky-Rosen Paradoxon, Physics 1 (1964) 195-200

Bell (1971): John Stewart Bell, Introduction to the Hidden-Variable Question, in d'Espagnat (1971 a) S. 171-181

Benz (1975): Ulrich Benz, „Arnold Sommerfeld", Stuttgart 1975

Bilaniuk / Sudarshan (1969): Olexa-Myron Bilaniuk and E. C. G. Sudarshan, Particles beyond the Light Barrier, Physics Today, May 1969, S. 43-51

Bjorken / Drell (1966): James D. Bjorken und Sidney D. Drell, Relativistische Quantenmechanik, Mannheim 1966

Bjorken / Drell (1967): James D. Bjorken und Sidney D. Drell, Relativistische Quantenfeldtheorie, Mannheim 1967

Blackett / Occhialini (1933): P. M. S. Blackett and G. P. S. Occhialini, Photographs of Tracks of Penetrating Radiation, Proc Roy Soc A 139 (1933), 699-726

Bleuler / Ter Haar (1948): E. Bleuler and D. Ter Haar, Angular Correlation of Scattered Annihilation Radiation, Science 108 (1948) 10-11

Blokhintsev (1973): Dimitrii I. Blokhintsev, Space and Time in the Microworld, Dordrecht 1973

Bohm (1951): David Bohm, Quantum Theory, Englewood Cliffs (N. J.) 1951

Bohm / Aharonov (1957): David Bohm and Y. Aharonov, Discussion of Experimental Proof for the Paradox of Einstein, Rosen, and Podolsky, Phys Rev 108 (1957) 1070-1076

Bohm / Bub (1966): David Bohm and Jeffrey Bub, A Proposed Solution of the Measurement Problem in Quantum Mechanics by a Hidden Variable Theory, Rev Mod Phys 38 (1966) 453-469

Bohm (1971): David Bohm, Quantum Theory as an Indication of a New Order in Physics, in d'Espagnat (1971 a), S. 412-469

Bohm / Hiley (1975): David Bohm and Basil James Hiley, On the Intuitive Understanding of Nonlocality as Implied by Quantum Theory, Foundations of Physics 5 (1975) S. 93-109 (auch abgedruckt auf S. 207-225 in Lopes / Paty (1977))

Bohr (1915): Niels Bohr, On the Series Spectrum of Hydrogen and the Structure of the Atom, Philosophical Magazine 29 (1915) 332-335

Bohr (1935): Niels Bohr, Can Quantum Mechanical Description of Physical Reality Be Considered Complete? Phys Rev 48 (1935) 696-702

Bohr (1949): Niels Bohr, Discussion with Einstein on Epistemological Problems in Atomic Physics, in Schilpp (1949) 199-241

Bongaarts / Ruijsenaars (1976): P. J. M. Bongaarts and S. N. M. Ruijsenaars, The Klein Paradox as a Many Particle Problem, Annals of Physics 101 (1976) 289-318

Born / Heisenberg / Jordan (1926): Max Born, W. Heisenberg und P. Jordan, Zur Quantenmechanik II, Zeitschrift für Physik 35 (1926) 557-615

Born (1966): Max Born, Physik im Wandel meiner Zeit, Braunschweig [4] 1966

Born / Biem (1968): Max Born und Walter Biem, Dualismus in der Quantentheorie, Philosophia Naturalis 10 (1968) 411-417

Brillouin (1914): Léon Brillouin, Über die Fortpflanzung des Lichtes in dispergierenden Medien II, Ann Phys 44 (1914) 203-240

Brillouin (1949): Léon Brillouin, Les Tenseurs en Mécanique et en Élasticité, Paris [2] 1949

Buck / Cohen (1971): Roger C. Buck and Robert S. Cohen (eds.), PSA 1970, Boston Studies in the Philosophy of Science VIII, Dordrecht 1971

Büchel (1969): Wolfgang Büchel, Messung, Näherung und Zeitrichtung, Philosophia Naturalis 11 (1969) 162-188

Bunge (1967 a): Mario Bunge, Foundations of Physics, New York 1967

Bunge (1967 b): Scientific Research II, Berlin/Heidelberg/New York 1967

Bunge (1970 a): Mario Bunge, Problems Concerning Intertheory Relations, in Weingartner / Zecha (1970) S. 285-315

Bunge (1970 b): Mario Bunge, Physik und Wirklichkeit, in Krüger (1970) 435-457

Bunge (1973 a): Mario Bunge, Method, Model and Matter, Dordrecht 1973

Bunge (1973 b): Mario Bunge, Philosophy of Physics, Dordrecht 1973

Bunge (1974 a): Mario Bunge, Treatise on Basic Philosophy 1, Semantics I, Dordrecht 1974

Bunge (1974 b): Mario Bunge, Treatise on Basic Philosophy 2, Semantics II, Dordrecht 1974

Burian (1975): Richard M. Burian, Conceptual Change, Cross-Theoretical Explanation, and the Unity of Science, Synthese 32 (1975) 1-28

Cantrell / Scully (1978): C. D. Cantrell and Marlan O. Scully, The EPR-Paradox Revisited, Physics Reports 43 (1978) 499-508

Chamberlain (1955): Owen Chamberlain, Emilio Segrè, Clyde Wiegand, Thomas Ypsilantis, Observation of Antiprotons, Phys Rev 100 (1955) 947-950

Clauser / Horne (1974): John F. Clauser and Michael A. Horne, Experimental consequences of objective local theories, Phys Rev D 10 (1974) 526-535

Clauser / Shimony (1978): John F. Clauser and Abner Shimony, Bell's Theorem: Experimental Tests and Implications, Reports on Progress in Physics 41 (1978) 1881-1927

Cohen / Wartofsky (1965): Robert S. Cohen and Marx W. Wartofsky (eds.), Boston Studies in the Philosophy of Science II, New York 1965

Colodny (1972): Robert G. Colodny (ed.), Paradigms and Paradoxes, Pittsburgh 1972

Costa de Beauregard (1944): Olivier Costa de Beauregard, La Relativité restreinte et la première Mécanique Broglienne, Paris 1944

Costa de Beauregard (1976): Olivier Costa de Beauregard, Time Symmetry and Interpretation of Quantum Mechanics, Foundations of Physics 6 (1976) 539-559

Costa de Beauregard (1978): Olivier Costa de Beauregard, The Third Storm of the Twentieth Century: The Einstein Paradox, in Fraser (1978) 53-70

Currie (1963): Douglas G. Currie, Interaction contra Classical Relativistic Hamiltonian Particle Mechanics, Journal of Mathematical Physics 4 (1963) 1470-1488

Currie / Jordan / Sudarshan (1963): Douglas G. Currie, T. F. Jordan, E. C. G. Sudarshan, Relativistic Invariance and Hamiltonian Theories of Interacting Particles, Rev Mod Phys 35 (1963) 350-375 (wiederabgedruckt in Kerner (1972))

Darrigol (1982): Olivier Darrigol, Les debuts de la théorie quantique des champs (1925-1948), Dissertation Paris 1982 (Université de Paris I)

Darwin (1928): C. G. Darwin, The Wave Equation of the Electron, Proc Roy Soc A 118 (1928) 654-680

Davisson / Kunsman (1923): Clinton J. Davisson and C. H. Kunsman, The Scattering of Low Speed Electrons by Platinum and Magnesium, Phys Rev 22 (1923) 242-258

Davisson / Germer (1927): Clinton J. Davisson and L. H. Germer, Diffraction of Electrons by a Crystal of Nickel, Phys Rev 30 (1927) 705-740

Day (1961): T. B. Day, Demonstration of Quantum Mechanics in the Large, Phys Rev 121 (1961) 1204-1206

De Broglie (1923 a): Louis de Broglie, Ondes et quanta, Comptes Rendus 177 (1923) 507-510

De Broglie (1923 b): Louis de Broglie, Quanta de lumière, diffraction et interférence, Comptes Rendus 177 (1928) 548-550

De Broglie (1924): Louis de Broglie, A Tentative Theory of Light Quanta, Philosophical Magazine 47 (1924) 446-458

De Broglie (1925): Louis de Broglie, Recherches sur la théorie des quanta, Annales de Physique, 10e série, tome III, 1925, 22-128

De Broglie (1927): Louis de Broglie, Untersuchungen zur Quantentheorie, Leipzig 1927 (Übersetzung der Dissertation de Broglie (1925))

De Broglie (1943 a): Louis de Broglie, Licht und Materie, Hamburg 1943

De Broglie (1943 b): Louis de Broglie, Die Wellennatur des Elektrons, in de Broglie (1943 a) 305-320

De Broglie (1953): Louis de Broglie, Wird die Quantenphysik indeterministisch bleiben? Physikalische Blätter 9 (1953), 488-497 und 541-548

De Broglie (1960): Louis de Broglie, Non-Linear Wave Mechanics, Amsterdam/ London/New York/Princeton 1960

De Broglie (1966 a): Louis de Broglie, Physics and Microphysics, New York 1966

De Broglie (1966 b): Louis de Broglie, Rôle de la curiosité, de l'imagination, de l'intuition dans la recherche scientifique, in Tonnelat (1966) 134-140

De Broglie (1973): Louis de Broglie, The Beginnings of Wave Mechanics, in Price (1973) 12-18

Debye (1909): Peter Debye, Das Verhalten von Lichtwellen in der Nähe eines Brennpunktes oder einer Brennlinie, Ann Phys 30 (1909) 755-776

Debye (1910): Peter Debye, Der Wahrscheinlichkeitsbegriff in der Theorie der Strahlung, Ann Phys 33 (1910) 1427-1434

Dehnen (1980): Heinz Dehnen, Die Relativitätstheorie auf dem Prüfstand, Umschau in Wissenschaft und Technik 80 (1980) 162-164

Demianski (1979): M. Demianski (ed.), Physics in the Expanding Universe (Lecture Notes in Physics 109), Berlin/Heidelberg/New York 1979

Descartes (1637): René Descartes, Von der Methode (hrsg. von Lüder Gäbe), Hamburg 1960

D'Espagnat (1971 a): Bernard d'Espagnat (ed.), Foundations of Quantum Mechanics (Proceedings of the International School of Physics „Enrico Fermi", Course IL), New York 1971

D'Espagnat (1971 b): Bernard d'Espagnat, Grundprobleme der gegenwärtigen Physik, Braunschweig 1971

D'Espagnat (1976): Bernard d'Espagnat, Conceptual Foundations of Quantum Mechanics, Reading (Mass.) [2] 1976

D'Espagnat (1979): Bernard d'Espagnat, The Quantum Theory and Reality, Scientific American 241,5 (Nov. 1979) 128-141

Diederich (1972): Mary E. Diederich, The Context of Inquiry in Physics, AJP 40 (1972) 449-457

Diederich (1974): Werner Diederich (Hrsg.), Theorien der Wissenschaftsgeschichte, Frankfurt/M. 1974

Dirac (1927): Paul Maurice Adrien Dirac, The Quantum Theory of the Emission and Absorption of Radiation, Proc Roy Soc A 114 (1927) 243-265

Dirac (1928 a): P. A. M. Dirac, The Quantum Theory of the Electron I, Proc Roy Soc A 117 (1928) 610-624

Dirac (1928 b): P. A. M. Dirac, The Quantum Theory of the Electron II, Proc Roy Soc A 118 (1928) 351-361

Dirac (1928 c): P. A. M. Dirac, Über die Quantentheorie des Elektrons, Physikalische Zeitschrift 29 (1928) 561-563

Dirac (1930 a): P. A. M. Dirac, A Theory of Electrons and Protons, Proc Roy Soc A 126 (1930) 360-365

Dirac (1930 b): P. A. M. Dirac, On the Annihilation of Electrons and Protons, Proceedings of the Cambridge Philosophical Society 26 (1930) 361-375

Dirac (1930 c): P. A. M. Dirac, The Proton, Nature 126 (1930) 605-606

Dirac (1931): P. A. M. Dirac, Quantised Singularities in the Electromagnetic Field, Proc Roy Soc 133 (1931) 60-71

Dirac (1932): P. A. M. Dirac, Relativistic Quantum Mechanics, Proc Roy Soc 136 (1932) 453-464

Dirac (1933): P. A. M. Dirac, Theory of Electrons and Positrons, Nobel Lecture 1933, in: Nobel Lectures Physics 1922-1941, Amsterdam/London/New York 1965

Dirac (1934): P. A. M. Dirac, Discussion of the Infinite Distribution of Electrons in the Theory of the Positron, Proceedings of the Cambridge Philosophical Society 30 (1934) 150-163

Dirac (1939): P. A. M. Dirac, The Relation between Mathematics and Physics, Proceedings of the Royal Society (Edinburgh) 59 (1939) 122-129

Dirac (1942): P. A. M. Dirac, The Physical Interpretation of Quantum Mechanics, Proc Roy Soc 180 (1942) 1-39

Dirac (1951): P. A. M. Dirac, Is there an Aether?, Nature 168 (1951) 906-907

Dirac (1958): P. A. M. Dirac, The Principles of Quantum Mechanics, Oxford [4] 1958

Dirac (1963): P. A; M. Dirac, The Evolution of the Physicist's Picture of Nature, Scientific American 208,5 (May 1963) 45-53

Dirac (1966): P. A. M. Dirac, Lectures on Quantum Field Theory, New York 1966

Dirac (1973): P. A. M. Dirac, Development of the Physicist's Conception of Nature, in Mehra (1973) 1-14

Dirac (1977): P. A. M. Dirac, Recollections of an Exciting Era, in Weiner (1977) 109-146

Dirac (1978): P. A. M. Dirac, The Mathematical Foundations of Quantum Theory, in Marlow (1978), 1-8

Ditchburn (1948): R. W. Ditchburn, Phase-Velocity and Group-Velocity in Relativistic Optics, Revue optique 27 (1948) 4-14

Drell (1978): Sidney D. Drell, When is a Particle, Physics Today 31 (June 1978) 23-32

Dürr (1971): Hans Peter Dürr, Quanten und Felder, Braunschweig 1971

Du T. van der Merwe (1979): P. du T. van der Merwe, Solitonen und ihre Stabilität, Physikalische Blätter 35 (1979) 441-447

Eddington (1920): Arthur S. Eddington, Space, Time and Gravitation, Cambridge 1920

Eddington (1925): Arthur S. Eddington, Relativitätstheorie in mathematischer Behandlung, Berlin 1925

Ehrenfest (1906): Paul Ehrenfest, Zur Planckschen Strahlungstheorie, Physikalische Zeitschrift 7 (1906) 528-532

Einstein (1905): Albert Einstein, Über einen die Erzeugung und Verwandlung des Lichtes betreffenden heuristischen Gesichtspunkt, Ann Phys 17 (1905) 132-148

Einstein (1909): Albert Einstein, Zum gegenwärtigen Stande des Strahlungsproblems, Physikalische Zeitschrift (1909) 185-193

Einstein (1925): Albert Einstein, Quantentheorie des einatomigen idealen Gases, 2. Abhandlung, Sitzungsberichte der Preussischen Akademie der Wissenschaften, Math.-Phys. Klasse, Berlin 1925, 3-14

Einstein / Podolsky / Rosen (1935): Albert Einstein, B. Podolsky and N. Rosen, Can Quantum-Mechanical Description of Physical Reality Be Considered Complete?, Phys Rev 47 (1935) 777-780

Einstein (1936): Albert Einstein, Physik und Realität, Journal of the Franklin Institute 221 (1936) 313-347

Einstein (1948): Albert Einstein, Quantenmechanik und Wirklichkeit, Dialectica 2 (1948), 320-324

Einstein (1949): Albert Einstein, Autobiographical Notes, in Schilpp (1949) 1-94

Einstein (1955 a): Albert Einstein, Autobiographisches, in Schilpp (1955) 1-35

Einstein (1955 b): Albert Einstein, Bemerkungen zu den in diesem Band vereinigten Arbeiten, in Schilpp (1955) 493-511

Einstein / Born (1969): Albert Einstein, Hedwig und Max Born, Briefwechsel 1916-1955, München 1969

Einstein (1977): Albert Einstein, Mein Weltbild, Frankfurt/Berlin/Wien 1977

Elsasser (1925): Walter Elsasser, Bemerkungen zur Quantenmechanik freier Elektronen, Naturwissenschaften 13 (1925) 711

Enz / Mehra (1974): Charles P. Enz and Jagdish Mehra (eds.), Physical Reality and Mathematical Description, Dordrecht 1974

Fair (1979): David Fair, Causation and the Flow of Energy, Erkenntnis 14 (1979) 219-250

Fano (1957): U. Fano, Description of States in Quantum Mechanics by Density Matrix and Operator Techniques, Rev Mod Phys 29 (1957) 74-93

Feinberg (1967): G. Feinberg, Possibility of Faster-Than-Light Particles, Phys Rev 159 (1967) 1089-1105

Feshbach / Villars (1958): Herman Feshbach and Felix Villars, Elementary Relativistic Wave Mechanics of Spin 0 and Spin 1/2 Particles, Rev Mod Phys 30 (1958) 24-45

Fierz / Weisskopf (1960): M. Fierz and V. F. Weisskopf (eds.), Theoretical Physics in the Twentieth Century (A Memorial Volume to Wolfgang Pauli), New York 1960

Fine (1982 a): Arthur Fine, Some Local Models for Correlation Experiments, Synthese 50 (1982) 279-294

Fine (1982 b): Arthur Fine, Hidden Variables, Joint Probability, and the Bell Inequalities, Physical Review Letters 48 (1982) 291-295

Fine (1982 c): Arthur Fine, Antinomies of Entanglement: The Puzzling Case of the Tangled Statistics, Journal of Philosophy 79 (1982) 733-747

Finkelnburg (1967): Wolfgang Finkelnburg, Einführung in die Atomphysik, Berlin/Heidelberg/New York 1967

Fitzgerald (1971): Paul Fitzgerald, Tachyons, Backwards Causation and Freedom, in Buck / Cohen (1971), S. 415-436

Flores (1981): J. Flores, E. Henestroza, P. A. Mello, and M. Moshinsky, Decay of a Compound Particle and the Einstein-Podolsky-Rosen Argument, AJP 49 (1981) 59-63

Fock / Podolsky (1932): Vladimir A. Fock and P. Podolsky, On the Quantization of Electro-magnetic Waves and the Interaction of Charges on Dirac's Theory, Physikalische Zeitschrift der Sowjetunion (Charkov) 1 (1932) 801-817

Fock (1933): Vladimir A. Fock, Zur Theorie der Positronen, Comptes Rendus (Doklady) d'l'académie des science de l'URSS, Nouvelle Serie 1 (1933) 267-271

Foldy (1961): Leslie Foldy, Relativistic Particle Systems with Interactions, Phys Rev 122 (1961) 275-288 (wiederabgedruckt in Kerner 1972)

Fraassen (1972): Bas C. van Fraassen, A Formal Approach to the Philosophy of Science, in Colodny (1972) 303-366

Fraassen (1974): Bas C. van Fraassen, The Einstein-Podolsky-Rosen Paradox, Synthese 29 (1974) 291-309

Fraser (1978): J. T. Fraser, N. Lawrence, D. Park (eds.), The Study of Time III, New York/Heidelberg/Berlin 1978

Furry (1936 a): Wendell Hinkle Furry, Note on the Quantum-Mechanical Theory of Measurement, Phys Rev 49 (1936) 393-399

Furry (1936 b): Wendell Hinkle Furry, Remarks on Measurements in Quantum Theory, Phys Rev 49 (1936) 476

Gamov (1980): George Gamov, Mr. Tompkin's seltsame Reisen durch Kosmos und Mikrokosmos, Braunschweig/Wiesbaden 1980

Georgi (1980): Howard Georgi, Why unify?, Nature 288 (1980) 649-651

Georgi (1981): Howard Georgi, A Unified Theory of Elementary Particles and Forces, Scientific American 244, 4 (April 1981) 40-55

Gerber (1968/69): Johannes Gerber, Geschichte der Wellenmechanik, Archive for History of Exact Sciences 5 (1968/69) 349-416

Gerthsen (1969): Christian Gerthsen, Hans O. Kneser, Physik, Berlin/Heidelberg/New York 1969

Glashow (1975): Sheldon Lee Glashow, Quarks with Color and Flavor, Scientific American (Oct. 1975) 38-50

Goldstein (1963): Herbert Goldstein, Klassische Mechanik, Frankfurt/M. 1963

Gordon (1928): W. Gordon, Die Energieniveaus des Wasserstoffatoms nach der Diracschen Quantentheorie des Elektrons, Zeitschrift für Physik 48 (1928) 11-14

Gottfried (1966): Kurt Gottfried, Quantum Mechanics I, New York 1966

Grassl (1979): Wolfgang Grassl, Einfachheit als Kriterium der Theorienwahl, Graz 1979

Grossmann (1974): Neal Grossmann, The Ignorance Interpretation Defended, Phil Sci 41 (1974) 333-344

Großmann (1970): Siegfried Großmann, Funktionalanalysis, Frankfurt 1970

Haller / Grassl (1980): Rudolf Haller und Wolfgang Grassl (Hrsg.), Sprache, Logik und Philosophie, Akten des 4. Internationalen Wittgenstein Symposions, Wien 1980

Hamilton (1931 und 1940): William Rowan Hamilton, The Mathematical Papers of Sir William Rowan Hamilton; Vol. I (Geometrical Optics) ed. by A. W. Conway and J. L. Synge, Cambridge 1931; Vol. II (Dynamics) ed. by A. W. Conway and A. J. McConnell, Cambridge 1940

Hamilton (1959): J. Hamilton, The Theory of Elementary Particles, Oxford 1959

Hanle (1977): Paul A. Hanle, Erwin Schrödinger's Reaction to Louis de Broglie's Thesis on the Quantum Theory, Isis 68 (1977) 606-609

Hanle (1979): Paul A. Hanle, The Schrödinger-Einstein Correspondence and the Sources of Wave Mechanics, AJP 47 (1979) 644-648

Hanson (1963): Norwood Russell Hanson, The Concept of the Positron, A philosophical Analysis, Cambridge 1963

Harrison (1982): David Harrison, Bell's Inequality and Quantum Correlations, AJP 50 (1982) 811-816

Hawking (1980): Stephen Hawking, Is the End in Sight for Theoretical Physics?, Cambridge 1980

Hegel (1928): Georg Wilhelm Friedrich Hegel, Vorlesungen über die Philosophie der Religion, Sämtliche Werke XV, Stuttgart 1928

Heilbron (1977): J. L. Heilbron, Lectures on the History of Atomic Physics 1900-1922, in Weiner (1977) 40-108

Heisenberg / Pauli (1929): Werner Heisenberg und Wolfgang Pauli, Zur Quantendynamik der Wellenfelder, Zeitschrift für Physik 56 (1929) 1-61

Heisenberg / Pauli (1930): Werner Heisenberg und Wolfgang Pauli, Zur Quantentheorie der Wellenfelder II, Zeitschrift für Physik 59 (1930) 168-190

Heisenberg (1934): Werner Heisenberg, Bemerkungen zur Diracschen Theorie des Positrons, Zeitschrift für Physik 90 (1934) 209-231

Heisenberg (1969): Werner Heisenberg, Der Teil und das Ganze, München 1969

Heisenberg (1979 a): Werner Heisenberg, Quantentheorie und Philosophie, Stuttgart 1979

Heisenberg (1979 b): Werner Heisenberg, Die Bedeutung des Schönen in der exakten Naturwissenschaft, in Heisenberg (1979 a), 91-114

Heller (1979): M. Heller, Questions to Infallible Oracle, in Demianski (1979) 199-210

Hesse (1970): Mary B. Hesse, Forces and Fields, Westport 1970

Hesse (1974): Mary B. Hesse, The Structure of Scientific Inference, London 1974

Hittmair (1972): Otto Hittmair, Lehrbuch der Quantentheorie, München 1972

Hogarth (1962): J. E. Hogarth, Cosmological Considerations of the Absorber Theory of Radiation, Proc Roy Soc 267 A (1962) 365-383

Hooker (1970): Clifford A. Hooker, Concerning Einstein's, Podolsky's and Rosen's Objection to Quantum-Theory, AJP 38 (1970) 851-857

Hooker (1971 a): Clifford A. Hooker, Sharp and the Refutation of the Einstein, Podolsky, Rosen Paradox, Phil Sci 38 (1971) 224-233

Hooker (1971 b): Clifford A. Hooker, Against Krip's Resolution of two Paradoxes in Quantum Mechanics, Phil Sci 38 (1971) 418-428

Hooker (1972): Clifford A. Hooker, The Nature of Quantum Mechanical Reality: Einstein Versus Bohr, in Colodny (1972) 67-302

Hund (1975): Friedrich Hund, Geschichte der Quantentheorie, Mannheim ^{2}1975

Iliopoulos (1979): John Iliopoulos, Towards a Unified Theory of Elementary Particle Interactions, in Nelkowski (1979) 89-113

Jackson (1962): John David Jackson, Classical Electrodynamics, New York 1962

Jammer (1966): Max Jammer, The Conceptual Development of Quantum Mechanics, New York 1966

Jammer (1974): Max Jammer, The Philosophy of Quantum Mechanics, New York 1974

Janich (1973): Peter Janich, Zweck und Methode der Physik aus philosophischer Sicht, Konstanz 1973

Jánossy / Nagy (1956): L. Jánossy und K. Nagy, Über eine Form des Einsteinschen Paradoxes der Quantentheorie, Annalen der Physik 17 (1956) 115-121

Jauch / Rohrlich (1976): Josef Maria Jauch und F. Rohrlich, The Theory of Photons and Electrons, Berlin/Heidelberg/New York 1976

Jauch (1968): Josef Maria Jauch, Foundations of Quantum Mechanics, Reading (Mass.) 1968

Jauch (1971): Josef Maria Jauch, Foundations of Quantum Mechanics, in d'Espagnat (1971 a)

Jones (1977): William B. Jones, Bell's Theorem, H. P. Stapp, and Process Theism, Process Studies 7 (Winter 1977) 250-261

Jørgensen (1980): C. K. Jørgensen, Could Quarks and Leptons Have Simple Constituents, Naturwissenschaften 67 (1980) 35-36

Jordan (1927 a): Pascual Jordan, Zur Quantenmechanik der Gasentartung, Zeitschrift für Physik 44 (1927) 473-480

Jordan / Klein (1927 b): Pascual Jordan und O. Klein, Zum Mehrkörperproblem der Quantentheorie, Zeitschrift für Physik 45 (1927 b) 751-765

Jordan (1927 c): Pascual Jordan, Über Wellen und Korpuskeln in der Quantenmechanik, Zeitschrift für Physik 45 (1927 c) 766-775

Jordan / Wigner (1928 a): Pascual Jordan und E. Wigner, Über das Paulische Äquivalenzverbot, Zeitschrift für Physik 47 (1928) 631-651

Jordan / Pauli (1928 b): Pascual Jordan und W. Pauli, Zur Quantenelektrodynamik ladungsfreier Felder, Zeitschrift für Physik 47 (1928) 151-173

Jost (1972): Res Jost, Foundations of Quantum Field Theory, in Salam / Wigner (1972) 61-72

Kaeser (1977): E. Kaeser, Physical Laws, Physical Entities and Ontology, Dialectica 31 (1977) 273-299

Kamlah (1978): Andreas Kamlah, Metagesetze und theorieunabhängige Bedeutung physikalischer Begriffe, Zeitschrift für allgemeine Wissenschaftstheorie 9 (1978) 41-62

Kanitscheider (1971): Bernulf Kanitscheider, Geometrie und Wirklichkeit, Berlin 1971

Kanitscheider (1979 a): Bernulf Kanitscheider, Philosophie und moderne Physik, Darmstadt 1979

Kanitscheider (1979 b): Bernulf Kanitscheider, Einsteins Behandlung theoretischer Größen, in Aichelburg / Sexl (1979) 141-164

Kanitscheider (1979 c): Bernulf Kanitscheider (Hrsg.), Materie — Leben — Geist, Zum Problem der Reduktion der Wissenschaften, Berlin 1979

Kanitscheider (1979 d): Bernulf Kanitscheider, Begriffliche und materiale Einheit der Wissenschaft, in Kanitscheider (1979 c) 149-183

Kerner (1972): Edward H. Kerner (ed.), The Theorie of Action-at-a-Distance in Relativistic Particle Dynamics (A Reprint Collection), New York/London/Paris 1972

Klein (1929): O. Klein, Die Reflexion von Elektronen an einem Potentialsprung nach der relativistischen Dynamik von Dirac, Zeitschrift für Physik 53 (1929) 157-165

Klein (1964): Martin J. Klein, Einstein and the Wave-Particle Duality, The Natural Philosopher 3 (1964) 1-49

Koertge (1971): Noretta Koertge, Inter-Theoretic Criticism and the Growth of Science, in Buck / Cohen (1971) 160-170

Kordig (1971): Carl R. Kordig, The Justification of Scientific Change, Dordrecht 1971

Kragh (1979 a): Helge Kragh, On the History of Early Wave Mechanics (with Special Emphasis on the Role of Relativity), Roskilde 1979 (Roskilde Universitetscenter Tekst Nr. 23)

Kragh (1979 b): Helge Kragh, Methodology and Philosophy of Science in Paul Dirac's Physics, Roskilde 1979 (Roskilde Universitetscenter Tekst Nr. 27)

Kragh (1981): Helge Kragh, The Genesis of Dirac's Relativistic Theory of Electrons, Archive for History of Exact Sciences 24 (1981) 31-66

Krajewski (1977): Władysław Krajewski, Correspondence Principle and Growth of Science, Dordrecht 1977

Krüger (1970): Lorenz Krüger (ed.), Erkenntnisprobleme der Naturwissenschaften, Köln 1970

Krüger (1974): Lorenz Krüger, Die systematische Bedeutung wissenschaftlicher Revolutionen, pro und contra Thomas Kuhn, in Diederich (1974) 210-246

Kubli (1970/71): Fritz Kubli, Louis de Broglie und die Entdeckung der Materiewellen, Archive for History of Exact Sciences 7 (1970/71) 26-68

Kuhn (1973): Thomas S. Kuhn, Die Struktur wissenschaftlicher Revolutionen, Frankfurt 1973

Kuhn (1978): Wilfried Kuhn, Quantenphysik, Braunschweig 1978

Lakatos / Musgrave (1968): Imre Lakatos and Alan Musgrave (eds.), Problems in the Philosophy of Science, Amsterdam 1968

Lakatos / Musgrave (1974 a): Imre Lakatos and Alan Musgrave (Hrsg.), Kritik und Erkenntnisfortschritt, Braunschweig 1974

Lakatos (1974 b): Imre Lakatos, Falsifikation und die Methodologie wissenschaftlicher Forschungsprogramme, in Lakatos / Musgrave (1974 a) 89-189

Landau (1927): Lev D. Landau, Das Dämpfungsproblem in der Wellenmechanik, Zeitschrift für Physik 45 (1927) 430-441

Landau / Peierls (1931): Lev D. Landau und R. Peierls, Erweiterung des Unbestimmtheitsprinzips für die relativistische Quantentheorie, Zeitschrift für Physik 69 (1931) 56-69

Landau / Lifschitz (1951): Lev D. Landau and E. M. Lifschitz, The Classical Theory of Fields, Cambridge (Mass) 1951

Landau / Lifschitz (1975): Lev D. Landau und E. M. Lifschitz, Lehrbuch der theoretischen Physik, Band IV a (Relativistische Quantentheorie von W. B. Berestetzki, E. M. Lifschitz, L. P. Pitajewski), Berlin 1975

Landé (1969): Alfred Landé, Quantum Fact and Fiction III, AJP 37 (1969) 541-545

Landé (1971): Alfred Landé, The Decline and Fall of Quantum Dualism, Phil Sci 38 (1971) 221-223

Laue (1914): Max von Laue, Die Freiheitsgrade von Strahlenbündeln, Ann Phys 44 (1914) 1197-1212

Lauener (1917): Henri Lauener, Quine über Ontologie und substantielle Quantifikation, Dialectica 31 (1977) 333-357

Leinfellner (1980): Werner Leinfellner, Grundtypen der Ontologie, in Haller / Grassl (1980) 124-131

Lipperheide (1907): Franz Freiherr von Lipperheide, Spruchwörterbuch, Berlin 1907 (Nachdruck: Berlin 1976)

Lopes / Paty (1977): Leite J. Lopes and M. Paty (eds.), Quantum Mechanics, a Half Century Later, Dordrecht 1977

Ludwig (1971): Günther Ludwig, The Measuring Process and an Axiomatic Foundation of Quantum Mechanics, in d'Espagnat (1971 a) 287-315

Ludwig (1974): Günther Ludwig, Einführung in die Grundlagen der Theoretischen Physik, Band 2: Elektrodynamik, Zeit, Raum, Kosmos, Düsseldorf 1974

Lüders (1956): G. Lüders, Die Entdeckung des Antiprotons, Die Naturwissenschaften 43 (1956) 121-123

MacKinnon (1976): Edward MacKinnon, De Broglie's Thesis: A Critical Retrospective, AJP 44 (1976) 1047-1055

MacKinnon (1977): Edward MacKinnon, Reply to Richard Schlegel, AJP 45 (1977) 872-873

MacKinnon (1980): Edward MacKinnon, The Rise and Fall of the Schrödinger Interpretation, in Suppes (1980) 1-58

Margenau (1935): Henry Margenau, Methodology of Modern Physics, in H. Margenau, Physics and Philosophy: Selected Essays, Dordrecht 1978, 52-89 (zuerst erschienen in Phil Sci 2 (1935) 48-72, 146-187)

Margenau (1936): Henry Margenau, Quantum Mechanical Description, Phys Rev 49 (1946) 240-242

Margenau (1944): Henry Margenau, The Exclusion Principle and its Philosophical Importance, Phil Sci 11 (1944) 187-208

Margenau (1950): Henry Margenau, The Nature of Physical Reality, New York 1950

Marlow (1978): A. R. Marlow (ed.), Mathematical Foundations of Quantum Theory, New York 1978

Maund (1979): J. B. Maund, Tachyons and Causal Paradoxes, Foundations of Physics 9 (1979) 557-574

McLaughlin (1971): Andrew McLaughlin, Method and Factual Agreement in Science, in Buck / Cohen (1971) 459-469

Mehra (1972): Jagdish Mehra, The Golden Age of Theoretical Physics: P. A. M. Dirac's Scientific Work from 1924 to 1933, in Salam / Wigner (1972) 17-59

Mehra (1973): Jagdish Mehra (ed.), The Physicist's Conception of Nature, Dordrecht 1973

Messiah (1965): Albert Messiah, Quantum Mechanics I, Amsterdam 1965

Meyenn (1981): Karl von Meyenn, Paulis Weg zum Ausschließungsprinzip, Teil II, Physikalische Blätter 37 (1981) 13-19

Mercier / Schaer (1964): André Mercier und Jonathan Schaer, Die Idee einer einheitlichen Theorie, Berlin 1964

Mittelstaedt (1974): Peter Mittelstaedt, Über das Einstein-Podolsky-Rosen-Paradoxon, Zeitschrift für Naturforschung 29 (1974) 539-548

Mittelstraß (1980): Jürgen Mittelstraß (Hrsg.), Enzyklopädie Philosophie und Wissenschaftstheorie 1, Mannheim 1980

Morscher (1974): Edgar Morscher, Ontology as a Normative Science, Journal of Philosophical Logic 3 (1974) 285-289

Moyer (1981 a): Donald Franklin Moyer, Evaluations of Dirac's Electron, 1928-1932, AJP 49 (1981) 1055-1062

Moyer (1981 b): Donald Franklin Moyer, Vindications of Dirac's Electron, 1932-1934, AJP 49 (1981) 1120-1125

Nagasaka (1971): Gen-Ichiro Nagasaka: The Einstein-Podolsky-Rosen Paradox Reexamined, in Buck / Cohen (1971) 437-445

Nelkowski (1979): H. Nelkowski et al. (ed.), Einstein Symposion Berlin, Lecture Notes in Physics 100, Berlin/Heidelberg/New York 1979

Neumann (1932): Johann von Neumann, Mathematische Grundlagen der Quantenmechanik, Berlin/Heidelberg/New York 1968 (unveränderter Nachdruck der ersten Auflage von 1932)

Newton (1967): Roger G. Newton, Causality Effects of Particles that Travel Faster Than Light, Phys Rev 162 (1967) 1274

Nickles (1973): Thomas Nickles, Two Concepts of Intertheoretic Reductions, Journal of Philosophy 70 (1973) 181-201

Nordin (1979): Ingemar Nordin, Determinism and Locality in Quantum Mechanics, Synthese 42 (1979) 71-90

Oppenheimer (1930 a): Jacob Robert Oppenheimer, Note on the Theory of the Interaction of Field and Matter, Phys Rev 35 (1930) 461-477

Oppenheimer (1930 b): Jacob Robert Oppenheimer, On the Theory of Electrons and Protons, Phys Rev 35 (1930) 562-563

Oppenheimer (1930 c): Jacob Robert Oppenheimer, Two Notes on the Probability of Radiative Transitions, Phys Rev 35 (1930) 939-947

Pais (1979): A. Pais, Einstein and the Quantum Theory, Rev Mod Phys 51 (1979) 863-914

Park (1968): James L. Park, Nature of Quantum States, AJP 36 (1968) 211-226

Paty (1977): Michel Paty, The Recent Attempts to Verify Quantum Mechanics, in Lopes / Paty (1977) 261-289

Pauli (1927): Wolfgang Pauli, Zur Quantenmechanik des magnetischen Elektrons, Zeitschrift für Physik 43 (1927) 601-623

Pauli (1933): Wolfgang Pauli, Die allgemeinen Prinzipien der Wellenmechanik, in H. Geiger und K. Scheel (Hrsg.), Handbuch der Physik, 2. Auflage, Band 24, Teil 1, Berlin 1933

Pauli / Weisskopf (1934): Wolfgang Pauli und V. Weisskopf, Über die Quantisierung der skalaren relativistischen Wellengleichung, Helvetica Physica Acta 7 (1934) 709-731

Pauli (1948): Wolfgang Pauli, Sommerfelds Beiträge zur Quantentheorie, Die Naturwissenschaften 35 (1948) 129-132

Pauli (1979): Wolfgang Pauli, Wissenschaftlicher Briefwechsel mit Bohr, Einstein, Heisenberg u.a., Band I: 1919-1929, hrsg. von A. Hermann, K. v. Meyenn, V. F. Weisskopf, New York/Heidelberg/Berlin 1979

Peres (1978): Asher Peres, Unperformed Experiments Have No Results, AJP 46 (1978) 745-747

Peters (1970): P. C. Peters, Consistency of the de Broglie Relations with Special Relativity, AJP 38 (1970) 931-932

Petraschen / Trifonow (1969): Marija Ivanovna Petraschen und E. D. Trifonow, Anwendung der Gruppentheorie in der Quantenmechanik, Berlin 1969

Pirani (1970): F. A. E. Pirani, Noncausal Behavior of Classical Tachyons, Phys Rev D 1 (1970) 3224-3225

Planck (1944): Max Planck, Wege zur physikalischen Erkenntnis, Leipzig [4]1944

Planck (1975): Max Planck, Vorträge und Erinnerungen, Darmstadt 1975

Pohl (1964): Robert W. Pohl, Mechanik, Akustik und Wärmelehre, Berlin 1964

Popper (1934): Karl R. Popper, Logik der Forschung, Tübingen 1971 (4. Auflage, erste deutsche Auflage: 1934)

Post (1971): H. R. Post, Correspondence, Invariance and Heuristics: In Praise of Conservative Induction, Studies in the History and Philosophy of Science 2 (1971) 213-225

Price (1973): William C. Price, S. S. Chissick, T. Ravensdale, Wave Mechanics, the First Fifty Years, London 1973

Primas / Gans (1979): Hans Primas und Werner Gans, Quantenmechanik, Biologie und Theoriereduktion, in Kanitscheider (1979 c) 15-42

Putnam (1961): Hilary Putnam, Comments on the Paper of David Sharp, Phil Sci 28 (1961) 234-237

Quine (1952): Willard Van Orman Quine, Mental Entities, in Quine (1976) 221-227

Quine (1955): Willard Van Orman Quine, Posits and Reality, in Quine (1976) 246-254

Quine (1963 a): Willard van Orman Quine, From a Logical Point of View, New York 1963

Quine (1963 b): Willard van Orman Quine, On What There Is, in Quine (1963 a) 1-19

Quine (1963 c): Willard van Orman Quine, Two Dogmas of Empiricism, in Quine (1963 a) 20-46

Quine (1976): Willard van Orman Quine, The Ways of Paradox and Other Essays, Cambridge (Mass) 1976

Raman / Forman (1969): V. V. Raman and Paul Forman, Why Was It Schrödinger Who Developed de Broglie's Ideas?, Historical Studies in the Physical Sciences 1 (1969) 291-314

Rebbi (1979): Claudio Rebbi, Solitons, Scientific American 240,2 (Febr. 1979) 76-91

Rohrlich (1974): F. Rohrlich, The Nonlocal Nature of Electromagnetic Interactions, in Enz / Mehra (1974) 387-402

Rolnick (1969): William B. Rolnick, Implications of Causality for Faster-than Light Matter, Phys Rev 183 (1969) 1105-1108

Rose (1971): M. E. Rose, Relativistische Elektronentheorie (I und II), Mannheim 1971

Sachs (1968): Mendel Sachs, On Pair Annihilation and the Einstein-Podolsky-Rosen-Paradox, International Journal of Theoretical Physics 1 (1968), 387-407

Salam / Wigner (1972): Abdus Salam and E. P. Wigner (eds.), Aspects of Quantum Theory, Cambridge 1972

Schaffner (1970): Kenneth F. Schaffner, Outlines of a Logic of Comparative Theory Evaluation with Special Attention to Pre- and Post-Relativistic Electrodynamics, in Stuewer (1970) 311-373

Schiff (1968): Leonard I. Schiff, Quantum Mechanics, New York 1968

Schilpp (1949): Paul Arthur Schilpp (ed.), Albert Einstein: Philosopher-Scientist, La Salle (Illinois) 1949 (zitiert nach [3] 1970)

Schilpp (1955): Paul Arthur Schilpp (Hrsg.), Albert Einstein als Philosoph und Naturforscher, Stuttgart 1955

Schlegel (1971): Richard Schlegel, The Einstein-Podolsky-Rosen Paradox, AJP 39 (1971) 458

Schlegel (1977): Richard Schlegel, Louis de Broglie's Thesis, AJP 45 (1977) 871-872

Schlieder (1968): S. Schlieder, Einige Bemerkungen zur Zustandsänderung von relativistischen quantenmechanischen Systemen durch Messungen und zur Lokalitätsforderung, Communications in Mathematical Physics 7 (1968) 305-331

Schlieder (1971): S. Schlieder, Zum kausalen Verhalten eines relativistischen Systems, in Dürr (1971) 145-160

Schrödinger (1922): Erwin Schrödinger, Über eine bemerkenswerte Eigenschaft der Quantenbahnen eines einzelnen Elektrons, Zeitschrift für Physik 12 (1922) 13-23

Schrödinger (1926 a): Erwin Schrödinger, Zur Einsteinschen Gastheorie, Physikalische Zeitschrift 27 (1926) 95-101

Schrödinger (1926 b–e): Erwin Schrödinger, Quantisierung als Eigenwertproblem, Ann Phys (1) 79 (1926 b) 361-376 (1. Mitteilung), (2) 79 (1926 c) 489-527 (2. Mitteilung), (3) 80 (1926 d) 437-490 (3. Mitteilung), (4) 81 (1926 e) 109-139 (4. Mitteilung)
(1) – (4) sind wiederabgedruckt in Schrödinger (1963 a)

Schrödinger (1926 f): Erwin Schrödinger, Über das Verhältnis der Heisenberg-Born-Jordanschen Quantenmechanik zu der meinen, Ann Phys 79 (1926) 734-756 (wiederabgedruckt in Schrödinger (1963 a))

Schrödinger (1931 a): Erwin Schrödinger, Zur Quantendynamik des Elektrons, Sitzungsberichte der preussischen Akademie der Wissenschaften, Math.-Phys. Klasse, Berlin 1931, S. 63-72

Schrödinger (1931 b): Erwin Schrödinger, Spezielle Relativitätstheorie und Quantenmechanik, Sitzungsberichte der preussischen Akademie der Wissenschaften, Math.-Phys. Klasse, Berlin 1931, S. 238-247

Schrödinger (1935): Erwin Schrödinger, Discussion of Probability Relations Between Separated Systems, Proceedings of the Cambridge Philosophical Society 31 (1935) 555-563

Schrödinger (1936): Erwin Schrödinger, Probability Relations Between Separated Systems, Proceedings of the Cambridge Philosophical Society 32 (1936) 446-452

Schrödinger (1953/54): Erwin Schrödinger, Relativistic Quantum Theory, The British Journal for the Philosophy of Science 4 (1953/54) 328-329

Schrödinger (1963 a): Erwin Schrödinger, Die Wellenmechanik, Dokumente der Naturwissenschaft, Abteilung Physik, Band 3, hrsg. von A. Hermann, Stuttgart 1963

Schrödinger (1963 b): E. Schrödinger, M. Planck, A. Einstein, H. A. Lorentz, Briefe zur Wellenmechanik, hrsg. von K. Przibram, Wien 1963

Scott (1967): William T. Scott, ‚Erwin Schrödinger, An Introduction to His Writings‘, Amherst (Mass.) 1967

Seeger / Cohen (1974): Raymond J. Seeger and Robert S. Cohen (eds.), Philosophical Foundations of Science, Boston Studies in the Philosophy of Science XI, Dordrecht 1974

Selleri / Tarozzi (1980): F. Selleri and G. Tarozzi, Is Clauser and Horne's Factorability a Necessary Requirement for a Probabilistic Local Theory? Lettere al Nuovo Cimento 29 (1980) 533-536

Selleri / Tarozzi (1981): F. Selleri and G. Tarozzi, Quantum Mechanics, Reality and Separability, Rivista del Nuovo Cimento 4,2 (1981) 1-53

Sexl / Urbantke (1976): Roman U. Sexl und Helmut K. Urbantke, Relativität, Gruppen, Teilchen, Wien/New York 1976

Shimony (1965): Abner Shimony, Quantum Physics and the Philosophy of Whitehead, in Cohen / Wartofsky (1965) 307-330

Shimony (1971): Abner Shimony, Experimental Test of Local Hidden-Variable Theories, in d'Espagnat (1971 a) 182-194

Shimony (1978): Abner Shimony, Metaphysical Problems in the Foundations of Quantum Mechanics, International Philosophical Quarterly 18,1 (1978) 3-17

Shrader-Frechette (1979): K. S. Shrader-Frechette, High-energy models and the ontological status of the quark, Synthese 42 (1979) 173-189

Sklar (1974): Lawrence Sklar, The Evolution of the Problem of the Unity of Science, in Seeger / Cohen (1974) 535-545

Sommerfeld / Runge (1911): Arnold Sommerfeld und J. Runge, Anwendungen der Vektorrechnung auf die Grundlagen der geometrischen Optik, Ann Phys 35 (1911) 277-298

Sommerfeld (1914): Arnold Sommerfeld, Über die Fortpflanzung des Lichtes in dispergierenden Medien I, Ann Phys 44 (1914) 177-202

Sommerfeld (1929): Arnold Sommerfeld, Atombau und Spektrallinien, Wellenmechanischer Ergänzungsband, Braunschweig 1929

Sommerfeld (1940): Arnold Sommerfeld, Zur Feinstruktur der Wasserstofflinien, Geschichte und gegenwärtiger Stand der Theorie, Die Naturwissenschaften 28 (1940) 417-423

Sommerfeld (1967): Arnold Sommerfeld, Atombau und Spektrallinien, 2. Band, 4. Auflage, Braunschweig 1967

Sperber (1974): Gunnar Sperber, On Measurement and Irreversible Processes, Foundations of Physics 4 (1974) 163-179

Speziali (1972): P. Speziali (ed.), Albert Einstein — Michele Besso — Correspondance 1903-1955, Paris 1972

Stapp (1971): Henry Pierce Stapp, S-Matrix Interpretation of Quantum Theory, Phys Rev D 3 (1971) 1303-1320

Stapp (1972): Henry Pierce Stapp, The Copenhagen Interpretation, AJP 40 (1972) 1098-1116

Stapp (1975): Henry Pierce Stapp, Bell's Theorem and World Process, Il Nuovo Cimento 29 B (1975) 270-276

Stapp (1977): Henry Pierce Stapp, Are Superluminal Connections Necessary?, Il Nuovo Cimento 40 B (1975) 191-205

Stapp (1979): Henry Pierce Stapp, Whiteheadian Approach to Quantum Theory and the Generalized Bell's Theorem, Foundations of Physics 9 (1979) 1-25

Stech (1981): Berthold Stech, Die große Vereinigung der Wechselwirkung, Physikalische Blätter 37 (1981) 223-226

Stegmüller (1969): Wolfgang Stegmüller, Probleme und Resultate der Wissenschaftstheorie und Analytischen Philosophie, Band 1, Studienausgabe, Berlin/Heidelberg/New York 1969

Stegmüller (1970): Wolfgang Stegmüller, Probleme und Resultate der Wissenschaftstheorie und Analytischen Philosophie, Band 2, Studienausgabe, Berlin/Heidelberg/New York 1970

Stegmüller (1973): Wolfgang Stegmüller, Probleme und Resultate der Wissenschaftstheorie und Analytischen Philosophie, Band 4, Studienausgabe, Berlin/Heidelberg/New York 1973

Stegmüller (1980): Wolfgang Stegmüller, Neue Wege der Wissenschaftsphilosophie, Berlin/Heidelberg/New York 1980

Strauss (1970): Martin Strauss, Intertheory Relations, in Weingartner / Zecha (1970) 220-284

Stuewer (1970): Roger H. Stuewer (ed.), Minnesota Studies in the Philosophy of Science, Vol. V, Minneapolis 1970

Suppes (1980): Patrick Suppes (ed.), Studies in the Foundations of Quantum Mechanics, East Lansing (Mich.) 1980

Synge (1952): John L. Synge, Vitesse de phase et vitesse de groupe en optique relativiste, Revue optique 31 (1952) 121-122

Synge (1954): John L. Synge, Geometrical Mechanics and De Broglie Waves, Cambridge 1954

Tamm (1930): Ig. Tamm, Über die Wechselwirkung der freien Elektronen mit der Strahlung nach der Diracschen Theorie des Elektrons und nach der Quantenelektrodynamik, Zeitschrift für Physik 62 (1930) 545-568

Ter Haar (1961): D. Ter Haar, Theory and Applications of the Density Matrix, Reports on Progress in Physics 24 (1961) 304-362

Terletskii (1960): Yakov P. Terletskii, The Causality Principle and the Second Law of Thermodynamics, Soviet Physics Doklady 5 (1960) 782

Terletskii (1968): Yakov P. Terletskii, Paradoxes in the Theory of Relativity, New York 1968

Thomson / Reid (1927): George P. Thomson and A. Reid, Diffraction of Cathode Rays by a Thin Film, Nature 119 (1927) 890

Thomson (1928): George P. Thomson, Experiments on the Diffraction of Cathode Rays, Proc Roy Soc A 117 (1928) 600-609

Tonnelat (1966): Marie-Antoinette Tonnelat (ed.), Louis de Broglie, Paris 1966

Van Dam / Wigner (1965): H. Van Dam and P. Wigner, Classical Relativistic Mechanics of Interacting Point Particles, Phys Rev 138 B (1965) 1576-82 (wiederabgedruckt in Kerner (1972))

Vollmer (1975): Gerhard Vollmer, Evolutionäre Erkenntnistheorie, Stuttgart 1975

Waerden (1960): Bartel L. van der Waerden, Exclusion Principle and Spin, in Fierz / Weisskopf (1960) 199-244

Walstadt (1979): Allan Walstadt, Tachyons in an Expanding Universe, Foundations of Physics 9 (1979) 371-374

Weiner (1977): C. Weiner (ed.), History of Twentieth Century Physics, New York 1977

Weingartner / Zecha (1970): P. Weingartner and G. Zecha (eds.), Induction, Physics, and Ethics, Dordrecht 1970

Wentzel (1960): Gregor Wentzel, Quantum Theory of Fields (until 1947), in Fierz / Weisskopf (1960) 48-77

Wessels (1977): Linda Wessels, Schrödinger's Route to Wave Mechanics, Studies in the History and Philosophy of Science 10 (1977) 311-340

Wessels (1980): Linda Wessels, The Intellectual Sources of Schrödinger's Interpretations, in Suppes (1980) 59-76

Weyl (1929): Hermann Weyl, Elektron und Gravitation I, Zeitschrift für Physik 56 (1929) 330-352

Weyl (1931): Hermann Weyl, Gruppentheorie und Quantenmechanik, Darmstadt 1977 (unveränderter Nachdruck der 2. Auflage, Leipzig 1931)

Whewell (1857): W. Whewell, History of the Inductive Sciences, London [3] 1857

Wightman (1948): K. Wightman, Note on Polarization Effects on Compton Scattering, Phys Rev 74 (1948) 1813-1817

Wightman (1962): A. S. Wightman, On the Localizability of Quantum Mechanical Systems, Rev Mod Phys 34 (1962) 845-872

Wightman (1972): A. S. Wightman, The Dirac Equation, in Salam / Wigner (1972) 95-115

Wigner (1956 a): Eugene P. Wigner, Relativistic Invariance of Quantum-Mechanical Equations, Helvetica Physica Acta, Suppl. 4 (1956) 210-226

Wigner (1956 b): Eugene P. Wigner, Relativistic Invariance in Quantum Mechanics, Il Nuovo Cimento 3 (1956) 517-532

Wigner (1967): Eugene P. Wigner, Symmetries and Reflections, Bloomington/ London 1967

Whittaker (1973): Edmund Whittaker, A History of the Theories of Aether and Electricity II, New York 1973

Wilczek (1980): Frank Wilczek, The Cosmic Asymmetry Between Matter and Antimatter, Scientific American 243,6 (Dec. 1980) 60-68

Yang (1950): C. N. Yang, Selection Rules for the Dematerialization of a Particle into Two Photons, Phys Rev 77 (1950) 242-245

Yoshida (1977): Ronald M. Yoshida, Reduction in the Physical Sciences, Halifax 1977

Yourgrau (1968): Wolfgang Yourgrau, A Budget of Paradoxes in Physics, in Lakatos / Musgrave (1968) 178-209

Zahar (1979): Elie G. Zahar, The Mathematical Origins of General Relativity and of Unified Field Theories, in Nelkowski (1979) 370-396

Zeeman (1964): E. C. Zeeman, Causality Implies the Lorentz Group, Journal of Mathematical Physics 5 (1964) 490-493

Zumino (1979): Bruno Zumino, Supersymmetry: A Way to the Unitary Field Theories, in Nelkowski (1979) 114-127

Zweifel (1974): P. F. Zweifel, Measurement in Quantum Mechanics, and the EPR-Paradox, International Journal of Theoretical Physics 10 (1974) 67-72

Sachregister

Printed by Libri Plureos GmbH
in Hamburg, Germany